JN165029

サービスデータ解析入門

―サービス価値を見出す統計解析―

椿　美智子●著

はじめに

21世紀に入り，世界経済におけるサービス分野の占める割合が非常に大きくなり，サービス分野の質・生産性向上や新たな価値を見出すことの重要性が増している。そこで，本書では，サービス・サイエンスにおけるサービス・マーケティング・トライアングルを意識し，顧客，サービス提供者，企業の間の関係の各部分の現象を浮き彫りにし，改善・向上や新たな価値を見出すための統計解析の方法を多く取り上げ，紹介している。また，それは超スマート社会の目標である「必要なもの・サービスを，必要な人に，必要なときに，必要なだけ提供し，社会の様々なニーズにきめ細かに対応でき，あらゆる人が質の高いサービスを受けられ，年齢，性別，地域，言語といった様々な違いを乗り越え，活き活きと快適に暮らすことのできる社会」に向けた統計解析の方法ともなっている。しかし，決して難しい方法ではないので，サービスデータ解析入門として，是非，同様な解析を試みて欲しい。

まず，顧客とサービス提供者との間で行われるインタラクティブ・マーケティングの「真実の瞬間」を浮き彫りにする顧客の購買の仕方の分析，サービス提供者の販売の仕方の分析の両方を，それぞれの個人差を考慮できるタイプ分類の方法と共に紹介している。これらの分析により，必要なもの・サービスを，必要な人に，必要なときに，必要なだけ提供し，様々なニーズにきめ細かに対応できる可能性を示している。

次に，サービス提供者と企業の関係であるインターナル・マーケティングに関しては，サービス提供者の意識やモチベーション・現在の能力による分析により，サービス提供者の活躍・向上が支援可能となり得る分析の試みを示している。

そして，企業と顧客との間のエクスターナル・マーケティングに関しては，超スマート社会におけるサイバー空間を強化することにより，今までよりも直接的かつニーズに適した情報を顧客に示せる可能性があるという意味で，プロセスビッグデータから意味のある変数化を行う方法も紹介している。

さらに，21世紀の知識基盤社会で活躍できるために身に付けておくと有用な統計的問題解決の方法と事例も将来サービス分野で活躍するであろう小・中・高校生にもわかりやすいように示している。

本書はサービスデータ解析入門とし，手法としてはそれほど難しくはない手法でサービス価値を見出す方法を示している。しかし，その中には，統計的確率的アプローチに基づく人工知能と言われているベイジアンネットワーク分析も含まれており，さらに著者らは現在統計的機械学習系の手法でサービス分野の予測を行う研究も行っている。また，本書で示した方法をサイバー空間の強化より実現社会で広く応用されることも視野に入れている。したがって，時代に即したサービスデータ解析入門であることを伝えられればと考えている。

最後になりましたが，本書を執筆する機会を与えて下さり，スケジュールもマネジメントして下さいましたオーム社書籍編集局の皆様，素晴らしいデザインにして下さいましたトップスタジオ様，読者にわかりやすくなるよう各章の図表等整備作業に対する支援をして頂いた電気通信大学大学院情報理工学研究科情報学専攻博士前期課程１年椿研究室の小河原渉君に深く感謝の意を表します。

2018 年 1 月

椿　美智子

目次

第3章 統計的問題解決 3Step 39

第1部

サービスデータと統計的問題解決法

世界経済におけるサービス分野の重要性が高まる中，サービス・（ビッグ・）データ分析前に知っておきたい，分析の考え方にも関わるサービスの特性，サービス・トライアングル・モデル，サービス・プロフィット・チェーンの異質性を考慮した拡張等について説明する。さらに，サービスデータの特徴，基本的な分析，著者の分析実績を示す。また，顧客ニーズの把握，サービスの質の向上等，知識基盤社会での活躍に必要な統計的問題解決3Stepを解説する。

第1章

サービスと統計データ分析

1.1 サービス・サイエンスとは

21世紀に入り，世界経済の中でのサービス分野の占める割合が非常に高くなっており，現在，日本でもGDP，従業者数共に70%以上となっている。また，世界的にも主要国で同じように約70%となっている状況である。**図1.1**を参照されたい。図1.1は，各国の実質GDPにおけるサービス産業の割合の時系列変化を示している。

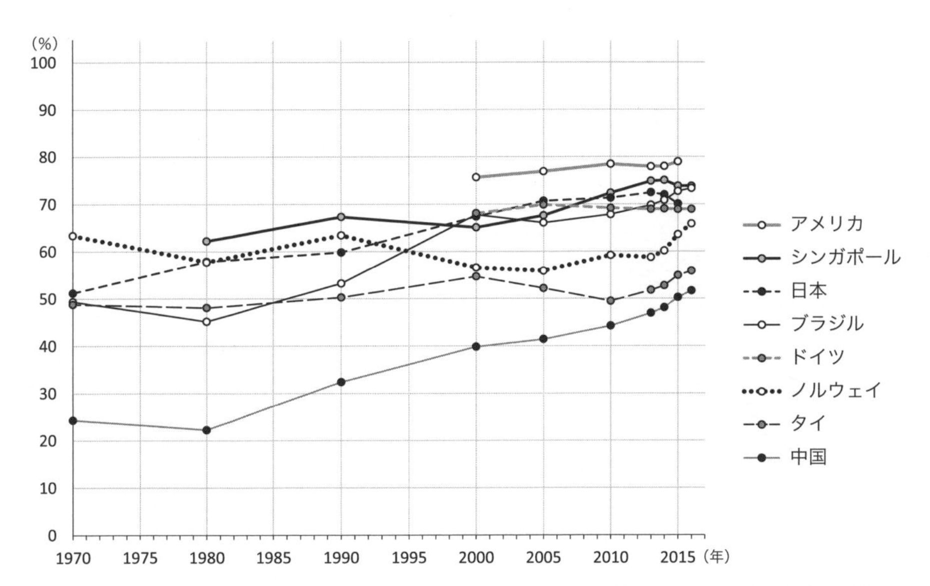

図1.1 GDPにおけるサービス産業の割合（THE WORLD BANKで公開されているデータに基づいてグラフを作成。URL https://data.worldbank.org/indicator/NV.SRV.TETC.ZS）

また，**表 1.1** は日本標準産業分類に基づくサービス産業の分類表を示しているが，サービス分野の領域の幅がかなり広いことがわかる。

しかし，サービス分野の産業の生産性は製造業などと比べて低いといわれており，生産性や質の向上，さらに新しい価値の創造が強く求められている。そのため，サービスに関する研究の必要性が以前より非常に高まり，サービス・サイエンスという学問分野が世界的に主要各国で広まってきている（亀岡（2007）[1]，上林（2007）[2]）。

サービス・サイエンスとは，サービスをサイエンスの対象と捉え，科学的なデータ分析手法や効率的なマネジメント手法，生産性を最大限に高めるための工学的な生産方法を提供し，サービス特性に起因する諸問題を解決し，サービスの生産効率や質を上げ，さらに新しい価値を創造しようという新たな学問領域である。

表 1.1　日本標準産業分類に基づくサービス産業

1	電気・ガス・熱供給・水道業
2	情報通信業
3	運輸業，郵便業
4	卸売業，小売業
5	金融業，保険業
6	不動産業，物品賃貸業
7	学術研究，専門・技術サービス業
8	宿泊業，飲食サービス業
9	生活関連サービス業，娯楽業
10	教育，学習支援業
11	医療，福祉
12	複合サービス事業
13	サービス業（他に分類されないもの）

(1) サービスの特性

表 1.1 のようにサービス分野の領域は非常に広いが，製品の場合とは異なるサービスに共通な特性には，「無形性」，「同時性」，「異質性」などがあり，サービスデータを分析していく上で，非常に重要な要素となってくるため，ここで説明をしておく。

(1-1) 無形性：無形性とは，提供されるサービスが有形物ではなく，手に触れることのできない，サービス提供者の活動の結果としての効果・効能であるという性質を指す。

これは，提供されるサービスの経済的価値が製品よりも曖昧であり，価格設定や質の管理が難しいなどの問題を生じさせる。

(1-2) 同時性：同時性とは，サービスの生産と消費が双方向的に同時に起こるという性質を指す。例えば，教師が教えると同時に学生が学習する，医者が診察をすると同時に患者は診断・治療を受けるというようなことである。

これは，製品を工場で作り，その後，製品利用者に届けるというモデルと大分異なり，サービス生産活動の中にサービス利用者が同時に居合わせるモデルであり，サービス利用者とサービス提供者の間には関与が大きいことを意味している。このことにより，サービス利用者が得られるサービス品質は事前に正確にチェックできないという問題が生じる。しかし，また，サービス利用者とサービス提供者が双方で協力してサービスの価値を共創できる可能性も高いことを意味している。

(1-3) 異質性：異質性とは，同一サービスを購入しようとしても，サービス提供者，サービス提供場所，サービス利用者のパーソナリティ，利用者がそのときに置かれている環境や心理状態により，サービス効果や利用者の受け止め方が異なるという性質を指す。

21世紀に入り，サービス利用者の生活スタイル，価値観，経済環境の多様化から，サービス利用者の特性（異質性）を詳細に分析し，それぞれのニーズに適したサービスを提供・開発することがさらに重要となってきている。

(2) サービス・トライアングルとサービス・プロフィット・チェーン

経済におけるサービス分野の占める割合が大きくなっている現在，サービス・マーケティングの分野においては，サービス・マーケティング・トライアングルモデルを用いて，サービスのコンテクストにおける顧客マネジメントあるいは従業員マネジメントが説明されることが多くなってきている。例えば，Grönroos (2007) [3] を参照されたい。

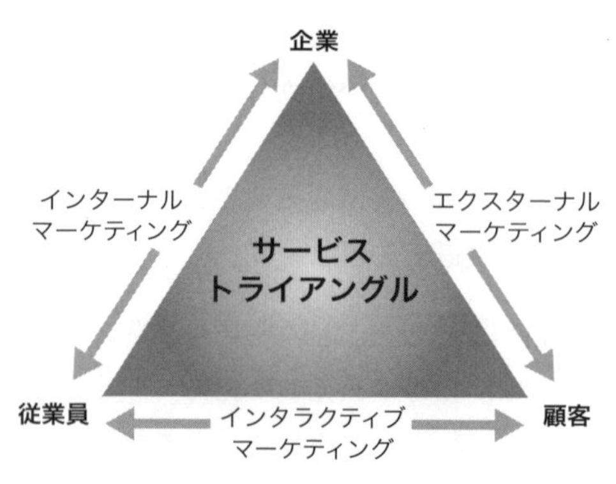

図 1.2 サービス・マーケティング・トライアングルモデル

サービス・マーケティング・トライアングルモデルの3つの頂点は，顧客，サービス提供者（従業員），企業を表している。サービスデータを分析する場合，後に第4章，第5章で示すように，顧客のニーズや特性，購買行動の分析のみを行っている場合が多い。顧客に関して，ニーズや特性，購買行動の分析をタイプ別ビッグデータ分析などにより綿密に分析して結果を導けたときには，第5期科学技術基本計画で掲げられている「超スマート社会」の「必要なもの・サービスを，必要な人に」を把握した段階まで行えたことになる。しかし，それを「必要な時に，必要なだけ提供し，社会の様々なニーズにきめ細かに対応でき，あらゆる人が質の高いサービスを受けられ，年齢，性別，地域，言語といった様々な違いを乗り越え，活き活きと快適に暮らすことのできる社会」の段階に進めるためには，実際にサービス提供者が顧客に対応する「真実の瞬間」において，顧客の必要なもの・サービスを，必要なだけ提供し，きめ細かくニーズに対応して，質の高いサービスを提供できるようにする必要がある。この実行は，それほど簡単なことではない。Society5.0 においては，それをインターネットやロボットを通じてサービス提供する場合も今後はますます増えていくと考えられるが，本書では，まずは，サービス提供者がサービスを提供する場合を考えている。サービス・エンカウンター（企業が提供するサービスと顧客の直接的な接点）の「真実の瞬間」におけるサービスの質を高めて，顧客のニーズに合わせたきめ細かな提供ができるようになるためには，**図 1.2** のトライアングルの底辺に示した顧客とサービス提供者の間でのインタラクティブ・マーケティングを充実させていく必要がある。従来のように，企業のマーケティング部門からマス的に顧客への約束を交わすエクスターナル・マーケティングを行うだけで十分な時代ではなくなってきている。

ここでいうエクスターナル・マーケティングとは，マス・コミュニケーション（広告など），パンフレット，ダイレクトメール，販売，ウェブサイトなどの従来のマーケティング活動プロセスのことで，顧客に約束を交わすことで期待を作っている。これは通常，マーケティングの専門部署が責任を持っており，重要な要素であるが，それだけではマーケティングとして十分でなくなっている時代変化がある。

本書では，時代変化に合わせて，従業員と顧客の間のインタラクティブ・マーケティングを強化するための方法や例を多く示しているが，大きな枠組みで捉えると，第1章，第2章，第3章，第4章，第5章，第7章，第8章の各章で記載している概念や方法は，エクスターナル・マーケティングに適切に応用すれば有効な方法となる。

そして，インタラクティブ・マーケティングとは，従業員と顧客の双方向性のあるコミュニケーションに基づくマーケティングのことをいい，顧客の商品・サービスの購入だけでなく消費プロセスをマネジメントし，約束を実行し，商品・サービスの利用価値の向上をサポートし，顧客との価値の共創も導くマーケティングのことである。インタラクティブ・マーケティングに関係する方法は，第1章，第3章，第4章，第5章，第6章，第7章で記載している。

次に，インターナル・マーケティングとは，企業が従業員に対して行うマーケティングのことである。従業員を顧客のように考え，ニーズに応じたサービスや仕事の提供を目指し，それに伴う組織の成果向上を主要な目的としている。従業員が仕事に誇りを持ち，満足度が高まれば，質の高いサービスが提供されるようになり，顧客満足度を高められ，リピーターが増え，企業の利益につながるとの考え方に基づいている。企業は顧客満足を重視した経営方針を明確に示し，質の高い従業員を育てることが重要となる。同時に組織への理解を深めることで離職率を低下させ，評価制度を確立し高いモチベーションを与えることも求められる。エクスターナル・マーケティングにより約束を交わし多くの顧客を得たとしても，顧客との重要な接点である従業員が提供するサービスの質が低い場合には，高い顧客満足度は望めず離反率が高まる恐れもある。離反率を抑え，ブランドロイヤリティの高い顧客と長期的な関係を維持することが重視される現在のマーケティング活動においては，インターナル・マーケティングは非常に重要な概念といえる。インターナル・マーケティングに関連する概念や方法は，第1章，第6章で示す。

さらに，従業員，顧客，企業の発展的な関係性を表す考えとしてサービス・プロフィット・チェーンモデルが Heskett et al. (1997) [4] らによって推奨されている（**図 1.3**）。

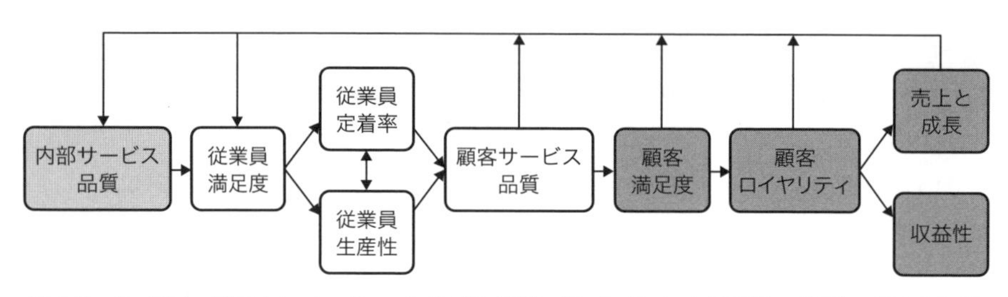

図 1.3 サービス・プロフィット・チェーンモデル（出典：Heskett et al. (1997, p.166) に基づき作成）

顧客の満足のみを考えるのではなく，その前にまず，従業員の満足度を向上させることで従業員のサービスを高めていき，それによって顧客満足度が上がり購買され，そして売上につながるという，従業員（企業）と顧客のリレーションシップを構築することの重要性が一層高まっているという考えである。

しかし，顧客にも従業員にも異質性（個人差）があるため，インタラクティブ・マーケティングにおいて双方の異質性を考慮した上で，充実したサービス・コミュニケーションが行えるようになれば，従業員と顧客の関係性が向上し，顧客のニーズの把握がしやすくなり，購入・利用行動の活性化につながるという考えの下，顧客・従業員の異質性を考慮したサービス・プロフィット・チェーンモデルへの拡張を提案したものが**図 1.4** である（渡部・椿 (2016) [5]）。

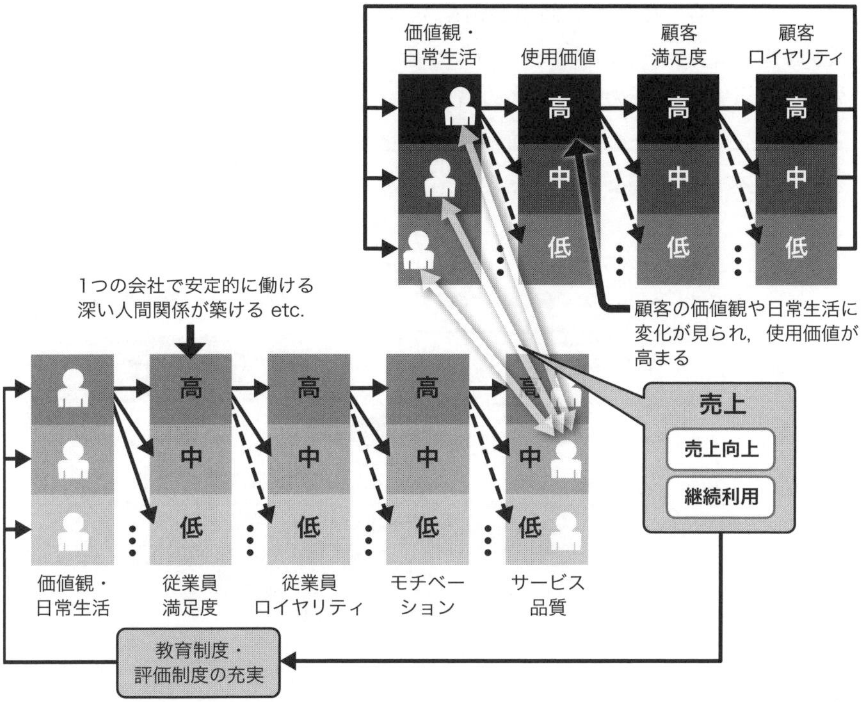

図 1.4　顧客・従業員の異質性を考慮したサービス・プロフィット・チェーンモデルの拡張
（渡部・椿 (2016) [5] より引用）

(3) サービス・ドミナント・ロジック

Vargo and Robert (2004) [6] は，サービス・サイエンスの中で，モノをサービス経済の一形態と捉える「サービス・ドミナント・ロジック (Service-Dominant Logic)」を提唱している。それ以前の「グッズ・ドミナント・ロジック (Goods-Dominant Logic)」は，モノ中心論理で，サービスをモノ経済の特殊形と捉えていた。それに対し，サービス中心論理のサービス・ドミナント・ロジックでは，すべての企業はサービスを提供しており，そこにモノの受け渡しが付随するのが製造業であると捉えている。

そのことによって，「価値概念」や「顧客像」にも変化が表れている。**図 1.5** より，Goods-Dominant Logic では，企業が価値を生産し，顧客の購買時を境に，顧客が価値を消費すると考えられていた。そのため，顧客は交換価値に基づいて形のあるモノの所有に満足を見出す傾向が強かった。しかし，Service-Dominant Logic

では，企業は顧客との新しい価値共創をすべき時代に入っており，顧客と企業（従業員）はサービス・コミュニケーションを継続的にとることによって，顧客にとっての価値を共創し，そのサービスの購入後の使用価値を高めることが重要であると考えられている。そのため，顧客はモノやサービスを実際に使用することに価値を見出す本来の姿になりつつある。

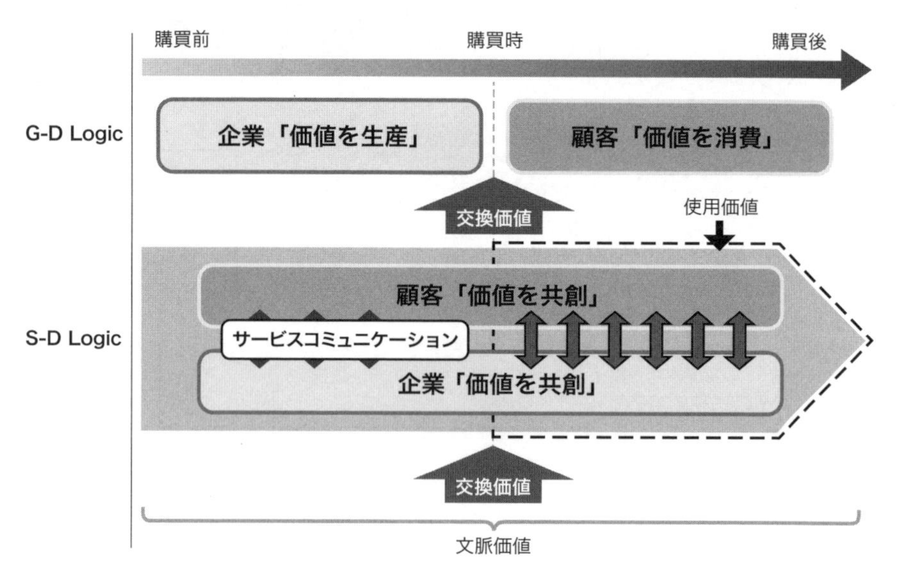

図 1.5　Goods Dominant Logic と Service Dominant Logic

したがって，顧客のニーズや価値観を把握し，顧客の購入後の使用の質を高めることが，顧客のロイヤリティ向上と従業員満足のために重要となっている。しかし，従業員が顧客のニーズや価値観を把握して，顧客の購入後の使用の質を高めることは，顧客の担当が決まっているような場合以外の業種では，それほど簡単なことではない。そこで現在は，顧客情報のビッグデータ分析を行って，その結果を従業員に提示し，従業員のサービス支援を行う取り組みに期待がなされている。したがって，「超スマート社会」の「必要なもの・サービスを，必要な人に，必要な時に，必要なだけ提供し，社会の様々なニーズにきめ細かに対応でき，あらゆる人が質の高いサービスを受けられ，年齢，性別，地域，言語といった様々な違いを乗り越え，活き活きと快適に暮らすことのできる社会」に進めるためには，サービスに関するビッグデータ分析は非常に重要な意味を持っている。

1.2　サービスデータとは

本節では，サービスデータにはどのようなものがあるのかを示す。データ取得の現場やその分析がイメージしやすいように，示せるものに関しては，著者が行ってきた分析についても簡単に説明しておく。

1.2.1　サービスデータ

- 売上データ（顧客のID-POSデータ）：顧客が「いつ」「どこで」「何を」「いくら」買ったかという時系列データ。データに基づいて，ダイレクト・メール（DM）を送っている場合はその変数も含まれている場合が多い。
- 売上データ（POSデータ）：1回の買い物で「いつ」「何を」「いくら」買ったかというデータ（個人を特定できないため，個人の時系列的な傾向は分析できない）。個人を特定できないため，店舗全体として，どの商品が「いつ（曜日や時間帯など）」「どの商品」と共に買われる傾向が強いかなどを分析できる。
- アンケート調査データ（顧客）：顧客のサービスに対するニーズや価値観，購入意識などに関するアンケート調査データ。
- 解約データ：顧客がいつ購買し始め，何を購入し，いつ解約したか，その間の経過が把握できるデータ。
- アンケート調査データ（従業員）：従業員のサービス提供・販売に対する能力や価値観，モチベーション，サービス提供意識などに関するアンケート調査データ。
- 経営データ：経営指標データ，企業経営の方針や実績に関するデータ。

以下は，上記のサービスデータを利用し，著者らが行った分析の実績である。

1）顧客（サービス利用者）のタイプ別のサービス効果分析の提案

顧客のサービスに対するニーズや好み，行動特性（顧客のアンケート調査で得られたアンケートデータ）をきめ細かく分析し，顧客のタイプ分類をし，さらに目的変数（例えば，年間購買金額（売上データ），満足度）に影響を与える説明変数の因果構造のモデリングを行うことで，顧客タイプ別のサービス提供方法の改善を示唆できる分析方法となっている。この分析方法を使用することによって，顧客への対応がきめ細かくなり，サービスの質や生産性の向上が期待できる。さらに，潜在的なニーズに対する新しいサービスの提案も可能となる。この方法については，後の第4章で詳細に説明する。

サービス利用者の異質性に関しては，図書館サービス（椿・椎名・斉藤（2008）[7]）や化粧品サービス（Haraga，Tsubaki and Suzuki（2014）[8]）に関する分析も行っている。この方法については，時系列な方法として，後の第5章で詳細に説明する。化粧品サービスにおいては，購入前後の消費者の動向，つまり目指す自分・目的・期待，使用頻度やメーク場所，使用時の気持ちや実感などについて，顧客の視点でかなり詳細な分析を行っている。

また，この顧客タイプ別サービス効果分析法は，情報通信業，小売，宿泊業・飲食サービス業，生活関連サービスなど広くサービス業に応用できるため，すでにこれらの業種のビッグデータを分析した実績がある。今後はより様々な業種の企業との共同研究・検証を積極的に進めていきたいと考えている。

そのほかに，NHK仙台局との共同研究では，その方法を応用して，被災地児童・生徒達の夢や希望，日常の行動などに関するアンケート調査から，児童・生徒のための復興へ向けた人やメディアの役割や，コンテンツや媒体などについて分析した実績もある。

2）サービス分野での仕事における活躍に必要な能力の研究

社会人基礎力（椿・松田・土井・野口（2012）[9]）やコンピテンシーなど，社会に出てから必要となる能力を早い段階から学生に意識させ，向上させることは重要である。製造業，建築業，土木業，応用化学などでは，関連する各工学系学科で学んできた学生が，知識や技術を生かした就職先に就職しているケースが多い。しかし，サービス分野では情報系以外は，ある特定の学科からの卒業生が多く就職しているわけではなく，文理両方の様々な学科からの卒業生が就職していることが分析の結果からわかっている。特にサービス産業では，付加価値を生む存在である人材の育成も課題となっている。著者は，サービス分野での仕事における活躍に必要な能力を各業種別に学生に提示し，能力向上を支援する業種別キャリア支援分析法を提案している。

3）地域毎の政策・公共・住宅サービスに対するニーズの違い（地域差）の分析

著者らは，地域政策サービスや都市施設，住宅建設などによる調布市内の各地域住民の定住意識の違いを分析している（椿・渡部・八角・佐々木・佐藤・中村（2017）[10]）。

4) 顧客のID-POSデータの分析

顧客が「いつ」「どこで」「何を」「いくら」買ったかという時系列データを分析し，顧客の製品・サービスの利用価値が高まるようなおすすめができるビッグデータ分析を行っている（Miyamoto and Tsubaki (2018) [11]）。この方法については，後の第6章で詳細に説明する。

1.2.2　教育・学習データ

- アンケート調査データ（生徒）：生徒や学生の学習に対する価値観，意識，行動などに関するアンケート調査データ。教育に対する各種の満足度も含む。
- 成績データ：各教科の時系列的な成績のデータ。
- （アセスメント）テスト解答データ：ある能力をどのくらい持っているかを測定するためのテスト解答データ。
- 学習プロセスログデータ：学習者がどのような経過で何をどのように学習したかのプロセスが格納されたログデータ。

以下は、上記の教育・学習データを利用し，著者らが行った分析の実績である。

1) 教育・学習に関する異質性の分析法の提案

表1.1に示したように，教育もサービス・サイエンスの研究対象となっている。著者は，教育・学習における異質性の分析にも非常に力を入れて研究を行っている（池本・関・椿 (2005) [12]，椿 (2007) [13]，椿・若林 (2008) [14]，Tsubaki and Kudo (2010) [15]，椿・村瀬 (2012) [16]）。さらに，ある科目受講の大学生に対して学習行動アンケート調査を行い，学習スタイルの違いがテスト成績にどのように影響を及ぼすかを詳細に分析している（Kurosumi and Tsubaki (2014) [17]）。

また，顧客タイプ別サービス効果分析法の教育バージョンである「学生タイプ別教育・学習効果分析法」は，先行して検証が進んでいる。この分析法により，各タイプの学生の成績向上のための教育・学習効果の傾向の分析，教師の授業改善の各タイプの学生の満足度に与える影響の分析，個々の学生への指導のための分析を行うことができる（椿・岩崎 (2011) [18]，椿・大宅・徳富 (2013) [19]，椿・村瀬・原賀 (2013) [20]）。この方法については，後の第7章で詳細に説明する。

2) 小・中・高校生の統計的問題解決能力教育・学習支援システムの研究

統計的問題解決能力は，将来社会で活躍するために必要となる能力のうちの1つとして，文科省が小・中学生のときから積み上げることを新指導要領に盛り込んでいる。著者は，学習支援システムの開発と共に，統計的問題解決の模範事例や指導例も作成している。この方法については，後の第3章で詳細に説明する。

3) 学習サイクルの研究

学習サイクル「Plan（自分の実力に適した計画），Do（実行），Check（学習方法の効果の確認），Act（標準化，改良）」のまわし方と成果との関係などの研究も行っている（椿・小林・久保田 (2010)[21]，Tsubaki, Oya, Kobayashi (2012)[22]）。

4) 批判的思考能力に関する異質性に関する研究

文部科学省は「社会の期待に応える教育改革の推進」の中で教育改革の7つのポイントの1つとしてクリティカルシンキング（批判的思考力）を重視した大学入試への転換を掲げており，生徒は大学入学以前に批判的思考力を有していることが求められている。21世紀型知識情報社会で活躍するためには，状況を多面的に評価し，いくつかの資料を批判的思考に基づいて総合的に判断して，仕事を構築していく必要があるからである。批判的思考能力に基づきタイプ分類をし，各タイプのそれらの能力がどのように培われてきたかを研究している（常田・椿 (2016)[23]，Tokida and Tsubaki (2016)[24]）。

1.3 基本的な統計手法

サービス・データを分析するためには，難しい方法も提案されているが，ここでは初心者でも分析できるように，既存の統計ソフトを使用する方法を列挙する。また，分析を行うときに参考となる関連文献も示す。

1) 最初の一歩

- 平均，標準偏差（分散），ヒストグラム：購買データや，得点データなど連続変数に関しては，まずは中心的位置を示す平均や，ばらつきを表す標準偏差や分散を確認し，そしてヒストグラムを描き分布の傾向を掴むことが重要である。さらに，顧客の性別や家族構成などのカテゴリカルデータに関しては，頻度分布を描くことが基本である。
  〔参考文献〕椿・大宅・徳富 (2013)[19]，徳富・椿 (2012)[25]
- 相関：連続変数間の関係に関しては，線形的な関係の強さを表す相関係数を示し，カテゴリカルデータに関しては，分割表を示して，2変数間の独立性を検定することが基本である。

〔参考文献〕椿・大宅・徳富 (2013) [19]，徳富・椿 (2012) [25]

- ギャップ分析：サービスは，そのサービスに対する期待がどのくらい高かったかということにも依存して現実のサービスが評価される。そのため，期待と現実のサービスのギャップを分析することが重要である。
  〔参考文献〕工藤・坂本・大塚・久保田・椿 (2010) [26]

2) 購買構造や学習構造の分析

- 因子分析：顧客や学習者のアンケート等で得られたデータを分析し，顧客や学習者が意識している潜在的な因子を抽出することができる。
  〔参考文献〕椿・大宅・徳富 (2013) [19]
- 構造方程式モデリング：さらに，目的変数である購買金額や満足度と潜在変数や観測変数との関係を分析することができる。
  〔参考文献〕椿・大宅・徳富 (2013) [19]，渡部・椿 (2015) [27]
- ベイジアン・ネットワーク分析：構造方程式モデリングは各変数が正規分布に従っていると仮定し，線形構造を分析しているが，カテゴリカルデータや非線形構造の場合にはベイジアン・ネットワーク分析が有効である。
  〔参考文献〕Miyamoto and Tsubaki (2017) [11]

3) 変数の次元の縮約

- 主成分分析：サービスデータで変数が非常に多い場合に，次元を縮約して，わかりやすく現象を解釈するために有力な方法である。
  〔参考文献〕椿 (2007) [13]
- 制約付き主成分分析：顧客の男女別の傾向や，年代別の傾向など，制約を入れて分析することに意味がある場合の主成分分析として有用な方法である。
  〔参考文献〕Tsubaki, Kakuta and Murata (2009) [28]
- 分解的手法：サービス購買ビッグデータは，商品の数に比べて顧客が購買する商品は限られて少ないため，非常に0が多くスパースなデータとなっている。そのようなデータの次元縮約のためには Factorization Machines などの分解的手法が有効である。
  〔参考文献〕Miyamoto and Tsubaki (2018) [29]

4）目的変数に影響を与えている説明変数を抽出するための分析

- 重回帰分析：目的変数に影響を与えている要因となっている説明変数を抽出するための方法として有用である。
〔参考文献〕常田・椿 (2016) [23]
- 一般化線形モデル：目的変数が正規分布に従わず，指数型分布族に拡張した場合のモデル化である。ロジスティック回帰分析が使われることは多い。
〔参考文献〕椿・渡部・八角・佐々木・佐藤・中村 (2017) [10]
- 線形混合モデル：個人差を含めてモデル化したい場合など，誤差項以外に，個人差などを表す確率変数を導入しモデル化を行う場合に有用なモデルである。
〔参考文献〕Maeda，Tsubaki and Iwasaki (2016) [30]
- 階層的モデル：各支店の傾向とそこで購入している顧客，1つの学校の各学年の傾向と学年内の生徒など，階層的にモデル化した方が妥当な場合に有用な方法である。
〔参考文献〕椿・村瀬・原賀 (2013) [20]

5）顧客や学習者の異質性の分析

- クラスタリング：顧客や従業員，学習者などをタイプ分類して特性を把握したい場合に有用な方法である。
〔参考文献〕渡部・椿 (2016) [5]，Miyamoto and Tsubaki (2018) [11]，椿・大宅・徳富 (2013) [19]
- 潜在クラス分析：顧客や利用者を，構造方程式を仮定して潜在的なクラスに分類したいときに有用な方法である。
〔参考文献〕椿・椎名・斉藤 (2008) [7]
- 判別分析：ある目的変数において満たす場合と満たさない場合を判別するために有用な説明変数を抽出したい場合に有効な方法である。
〔参考文献〕椿 (2007) [13]
- tree分析（ランダム・フォレスト）：学習者や顧客などを，まず一番重要な変数により分類し，分類されたそれぞれのグループをさらに次に重要な変数により分類し，学習者や顧客をセグメントしたいときに有用な方法である。また，顧客が次回購入するかどうかを予測する場合にはランダム・フォレストなどが有効である。
〔参考文献〕Ogawara，Tsubaki and Nagamori (2016) [31]

6) パターン認識分析

- SVM（Support Vector Machine：サポートベクターマシーン）：教師あり学習を用いるパターン認識モデルの１つである。分類や回帰へ応用できる。
〔参考文献〕原賀（2014）[32]
- SOM（Self-Organizing Map：自己組織化マップ）：ニューラルネットワークの一種であり，コホネンによって提案されたモデルである。教師なし学習によって入力データを任意の次元へ写像することができる。主に1～3次元への写像に用いられ，多次元のデータの可視化が可能となる方法である。
〔参考文献〕Tsubaki and Mori（2007）[33]

7) サービスや学習に関する文章データの分析

- テキストマイニング：学習に関して学習者が記述した文章や，サービスに関して顧客が記述した文章をテキストマイニング手法により分析することによって，有用な知見を得ることができる。
〔参考文献〕椿・小林・久保田（2010）[21]
- Keyグラフ：テキストマイニング手法の一種である。特に，低頻出語ではあるが頻出語と共に出現している言葉に注目することでチャンスを発見できる可能性の高い方法である。
〔参考文献〕村瀬・森・椿（2011）[34]

8) 地域差を分析するための方法

- GIS空間情報モデル：支店がどこに位置しているか，その周りにはどのようなお店や施設が存在しているかなどの地理的空間情報を用いてモデル化するときに有効な方法である。
〔参考文献〕椿・渡部・八角・佐々木・佐藤・中村（2017）[10]

9) 学習における能力をモデル化・推定するための理論

- 項目反応理論：テストなどから能力を推定する場合に有用な理論である。そのテストによりその能力が測れるかの識別力や，テストの難易度，各被験者の能力特性が推定でき，学習における能力をモデル化し推定したい場合に有用な方法である。
〔参考文献〕常田・椿（2016）[23]

【参考文献】

[1] 亀岡秋男監修 (2007)：『サービス・サイエンス－新時代を拓くイノベーション経営を目指して－』, NTS。

[2] 上林憲行 (2007)：『サービス・サイエンス入門－ICT技術が牽引するビジネスイノベーション－』, オーム社。

[3] Grönroos,C. (2007)：*Service Management and Marketing : Customer Management in Service Competition*,3rd, John Wiley & Sons Limited, (近藤宏一［監訳］／蒲生智哉［訳］(2013)：『北欧型サービス志向のマネジメント－競争を生き抜くマーケティングの新潮流－』, ミネルヴァ書房)。

[4] Heskett, J.L., Sasser, W.E. Jr. and Schlensinger, L.A. (1997), *The Service Profit Chain: How Leading Companies Link Profit and Growth to Loyalty, Satisfaction, and Value*, New York: Free Press.

[5] 渡部裕晃・椿美智子 (2016)：タイプ別サービス効果分析システムを用いた顧客と従業員のマッチングに関する研究, 経営情報学会誌, Vol.24, No.4, pp.231-238.

[6] Vargo, S. L. and Robert, F. L. (2004)："Evolving to a New Dominant Logic for Marketing,"*Journal of Marketing*, Vol.68, No.1, pp.1-17.

[7] 椿美智子・椎名宏樹・斉藤誠一 (2008)：市立図書館利用の構造と潜在クラス, 日本図書館情報学, Vol.54, No.2, pp.71-96.

[8] Haraga,S., Tsubaki,M. and Suzuki,T. (2014)："Expansion of the Analytical System of Measuring Service Effectiveness by Customer Type to Include Repeat Analysis," *International Journal of Social and Humanity*, Vol.4, No.2, pp.194-200.

[9] 椿美智子・松田洋平・土井由希子・野口裕貴 (2012)：" 理工系大学生の社会人基礎力向上のための要素間の関係についての研究 ", 行動計量学, Vol.39, No.1, pp.1-20.

[10] 椿美智子・渡部裕晃・八角知里・佐々木淳・佐藤晋太郎・中村雄太 (2017)：階層一般化線形混合モデルを用いた定住意識の地域差・年代差の分析に関する研究－都市施設・住宅情報と市民意識を組み合わせたデータを用いて－, 地域学研究, Vol.47, to appear.

[11] Miyamoto,Y. and Tsubaki,M. (2018)："Purchase Analysis Based on the Relationship between Customers and Service Providers,"*Journal of Management Studies*, Vol.54, to appear.

[12] 池本賢司・関秀明・椿美智子 (2005)：" 高校教育の質的向上に対する要望と生徒側の特性との関係解析のためのアンケート調査設計とモデル構築 ", 行動計量学, Vol.32, No.1, pp.1-19.

[13] 椿美智子 (2007)：『教育の質的向上のための品質システム工学的データ分析』，現代図書〈2007 年度日経品質管理文献賞受賞〉。

[14] 椿美智子・若林咲 (2008)：“SRM の提案と学習型タイプ別セグメンテーション”，日本経営工学会誌，Vol.59，No.3，pp.269-281.

[15] Tsubaki,M. and Kudo, M. (2010)：“A Study on Proposal and Analysis of Models Measuring Educational Effects for Assurance of Education Quality and Improvement of Student Satisfaction,” *International Journal of Education and Information Technologies*, Vol.5, pp.113-122.

[16] 椿美智子・村瀬諒 (2012)：“T 法 (1) を用いた教育効果測定モデルの研究”，品質工学会誌，Vol.20，No.1，pp.56-64.

[17] Kurosumi,S. and Tsubaki,M. (2014)：“A Study on Interactive Educational and Learning Communication in Consideration of Simultaneity and Heterogeneity for Improving the Quality of Education,” *International Journal of Social Science and Humanity*, Vol.4, No.2, pp.132-137.

[18] 椿美智子・岩崎晃 (2011)：“ベイジアンネットワークを用いた学生タイプ別教育効果分析における測定精度・予測精度の検証”，教育情報研究，Vol.26，No.4，pp.25-36.

[19] 椿美智子・大宅太郎・徳富雄典 (2013)：“タイプ別教育・学習効果システムの提案”，教育情報研究，Vol.28，No.3，pp.15-26.

[20] 椿美智子・村瀬諒・原賀修平 (2013)：“タイプ別教育・学習効果システムの階層的分析への拡張”，教育情報研究，Vol.29，No.2，pp.15-28.

[21] 椿美智子・小林高広・久保田一樹 (2010)：“学習型 PDCA 及び CAPD サイクルを用いた学習過程テキスト情報の個人差を考慮した分析”，教育情報研究，Vol.25，No.4，pp.15-27.

[22] Tsubaki, M., Oya,T. and Kobayashi,T. (2012)：“Analysis for the Design of Effective Learning Activities Using Learning-Type PDCA and CAPD Cycles on the Basis of Characteristics of Individual Students,” *International Journal of Knowledge and Learning*, Vol.8, No.1-2, pp.150-165.

[23] 常田将寛・椿美智子 (2016)：“批判的思考スキルによるタイプ分けと各タイプの学生の教育・学習経験の各スキルに与える影響の分析”，日本教育工学学会論文誌，Vol.39，No.4，pp.259-270.

[24] Tokida,M. and Tsubaki,M. (2016)：“Classification of Students into Types based on Clitical Thinking Skills and Analysis of the Effect of Students' Education and Learning Experiences on Skills by Type,” *Educational Technology Research*, ETR39, pp.83-96.

[25] 徳富雄典・椿美智子 (2012)：“顧客タイプ別サービス効果分析システムの提案”，研究・技術計画学会 第 27 回年次学術大会講演要旨集，pp.25-28.

[26] 工藤雅己・坂本卓也・大塚祥子・久保田一樹・椿美智子 (2010)：“ギャップ分析表を用いたサービス分野における質向上のための顧客の重視点・不満点分析”，日本品質管理学会第 92 回研究発表会要旨集，pp.55-58.

[27] 渡部裕晃・椿美智子 (2015)：“タイプ別サービス効果分析システムを用いた顧客と従業員のマッチングに関する研究”，経営情報学会 2015 年度春季全国研究発表大会要旨集，pp.1-4.

[28] Tsubaki,M., Kakuta,T. and Murata,S. (2009):“Constrained Categorical Conjoint Analysis,” *New Trains in Psychometrics*, pp.481-490.

[29] Miyamoto,Y. and Tsubaki,M. (2018)：“Prediction of Purchase Behaviors based on Customer Demand using Factorization Machines,” *Proceedings of 5th International Conference on Advances and Management Sciences, to appear*.

[30] Maeda,Y., Tsubaki,M. and Iwasaki,M. (2016)：“A Research of Analysing the Effectiveness of Speaking-pen on English Learning in Consideration of Individual Differences Using a Linear Mixed-Effect Model,” *Proceedings of International Conference on Education 2016*, pp.6-11.

[31] Ogawara,W., Tsubaki,M. and Nagamori,N. (2016):“A Study on Analysing Speaking-pen Learning Log Data Considering Interests for Improvement of Primary School Children's English Ability,” *Proceedings of International Conference on Education 2016*, pp.12-18.

[32] 原賀修平 (2014)：“顧客タイプ別サービス効果分析システムのオンライン化に伴う自動化への拡張に関する研究，”平成 26 年度電気通信大学大学院情報理工学研究科修士論文。

[33] Tsubaki,M. and Mori,D. (2007)：“Analysis of Learning-Type PDCA and CAPD Cycles using Self-Organiging Map,” *Proceedings of European Conference on Educational Research 2007*, N16-194.

[34] 村瀬諒・森俊明・椿美智子 (2011)：“KeyGraph と他者評価による学習型 PDCA サイクルの廻し方と成果の関係に関する研究，”日本品質管理学会第 93 回研究発表会要旨集，pp.81-84.

第2章

サービスデータの特徴と基本的な分析

2.1　サービスデータの特徴

第1章で，現代はサービス経済の時代に入っていることを示した。さらに，サービスの製品とは異なる特徴として，「無形性」，「同時性」，「異質性」があることも説明した。本節では，「無形性」，「同時性」，「異質性」があるからこそ製品の場合とは異なってくる，「サービスの質」の定義・尺度，サービスデータの特徴，注意すべき点を示す。

2.1.1　サービスの質の定義（モデル）・尺度

(1) 探索品質・経験品質・信用品質

Zeithaml (1981) [1] は，顧客がモノ財（製品）・サービス財の使用価値を知る方法から，以下に示す3つの品質があることを示している。

1) 探索品質（Search Quality）

顧客がある商品（製品・サービス）を購入しようとする場合，通常は，その商品の機能やデザイン，価格などについて，ほかの商品と比較・検討しながらその商品の品質を判断する。このように購入前に探索的に評価できる品質のことを「探索品質」という。

2) 経験品質（Experience Quality）

実際に，商品を使用・経験してはじめて把握できる品質のことを「経験品質」という。例えば，ヘアーサロンではじめて髪の毛をカットしてもらう場合，自分が期待している品質を満たすようにカットされるかどうかは，実際に経験してみなければ把握できない。

3) 信用品質（Credence Quality）

商品（製品・サービス）の購入後，あるいは消費後においても，ある程度の時間が経過して成果や結果を把握できる時期にならないと顧客が正しく評価できるとは限らない品質を「信用品質」という。例えば，医師の診断が妥当であったかどうかは，多くの患者には診察時あるいは診察直後に正しく評価することはできない。

上記3つの品質の中で，有形の商品（製品）を選択する場合には，まず「探索品質」，次に「経験品質」により判断すると考えられる。それに対し，無形の商品（サービス）の場合には，無形であり，さらに同時性もあるため購入前に本当に得られるサービスの品質を評価することは難しく，「経験品質」と「信用品質」が重要となってくる。そして，顧客や提供者側の異質性が大きいため，さらに「経験品質」と「信用品質」の評価においても個人差がより大きくなるのが通常である。

(2) SERVQUALモデル

SERVQUAL（SERVice QUALity）モデルは，Parasuraman，Zeithaml，Berry（1988）[2]により提案されたサービスの質の測定尺度である。SERVQUALは，サービスに対する顧客の数値化された「期待」と「実際の経験」とを比較することにより，サービスの品質を測定している。すなわち，

Q = P − E，（Quality（品質）= Performance（実績）− Expectation（期待））

によるQを測定している。因子分析などの統計手法により分析され，最終的にサービスの品質を構成する下記のような5つの評価項目にまとめられている。サービスの質測定尺度の草分けとしてSERVQUALモデルが提案されて以来，数多くの研究がこのモデルの適用を試みてきた。この5つの尺度を見出すことができない場合もあるといった疑問点も指摘されてはいるが，医療機関，小売店，銀行，ファストフード店など，様々なサービス分野でサービスの質評価の尺度として活用されている。

1) 物的要素（Tangibles）

サービス企業組織によって使われている設備や用具，素材の魅力，さらに，外観，サービス従事者の外見といった有形の項目

2) 信頼性（Reliability）

サービス企業組織が，顧客に対して失敗のない完璧なサービスを提供したり，同意がなされた時間までにサービスを遂行したりするといった項目。約束したサービスを信頼できる方法で，約束した期日までに確実に実行する能力に関わる項目。

3) 反応性（Responsiveness）

サービス企業組織の従業員が，顧客を手助けし，顧客の要望に進んで応えようと反応することや，顧客にサービスを提供する適切な時期を知らせ，迅速なサービスを行うことなどの項目。

4) 確信性（Assurance）

サービスの信用品質は，サービス購入時には評価できないことも多い。そこで，信用品質の評価ができるようになるまでの間，従業員の行動が顧客にその企業の信用に確信を与えると共に，企業が顧客に安全を保障するなどの項目。従業員の知識と礼儀正しさなどを通して，企業への信用と信頼を得る能力に関わる項目。

5) 共感能力（Empathy）

サービス企業組織側が，顧客の諸問題を理解し，最も顧客の関心のある行動をすること，顧客に対し個別に注意を払うこと，顧客にとって便利な時間を設定することを通して，顧客への共感を示す能力の項目。顧客に対する思いやりや個別の配慮に関わる項目。

(3) 近藤（2000）モデル

近藤（2000）[3]は，サービス商品を構成する品質カテゴリとして，「結果品質」，「過程品質」，「道具品質」，「費用」の4つに整理し，顧客がサービス購入を決定する場合に，サービス品質を判断する上で必要な情報を，この4カテゴリを基に検討することを提案している。

近藤（2000）[3]では，サービスの質に関する情報を整理するための新しい枠組みを提案するために，顧客がサービス購入を決定しようとする場合に必要な品質情報を，A）マーケティング・ミックスの要素，B）コア・サービスの要素，C）顧

客価値の要素，D）客観的水準の4軸について検討を行っている。

A）マーケティング・ミックスの要素

マーケティング・ミックスとは，顧客による商品の購入を実現するために，企業が市場に働きかけるマーケティング活動要素のことである。一般に，**製品，価格，立地（流通），プロモーション**の4要素を指すが，サービス商品の場合には**人材，提供過程，物的要素**の3要素を加えることが多い。

B）コア・サービスの要素

サービスのコアとなるものの質については，SERVQUALの5次元を利用することができる。

C）顧客価値の要素

一般に，特定の商品（製品・サービス）を購入するかどうかは，最終的にはその商品についての「顧客価値」の大きさにより決定される。顧客価値とは，顧客側から見た価値のことで，商品を入手するために支払うコストの全体（価格とその他の入手コスト）と，得られるベネフィットとの対比によって決まる。ハーバードのサービス研究グループが1990年にまとめた（Heskett, Sasser and Hart[4]），サービスについての顧客価値の式を示しておく。

$$\text{顧客価値} = \frac{\text{サービスの結果品質} + \text{過程品質}}{\text{価格} + \text{入手コスト}}$$

D）客観的水準

顧客の主観的な質の評価とは別に，サービスの品質を評価する基準として，第三者機関によって情報公開される品質情報がある。各種格付け機関や，行政機関や中立的な第三者機関の定めた基準や規格（ISO9000のような国際標準化機構が定めた品質に関する国際規格など），情報システムをアウトソーシングする場合にサービス提供企業の評価を行うCOPC（Customer Outsourcing Performance Center）などや，サービスを購入する企業の財務状況や信用度などの品質情報がある。

顧客の主観的な評価の基準としてどの要素が重要なのかという視点から，A）マーケティング・ミックスの要素，B）コア・サービスの要素，C）顧客価値の要素の軸を中心として抽出した諸要素を**「結果品質」，「過程品質」，「道具品質」，「費用」**

の4カテゴリにまとめている。近藤（2000）[3]で示されている各品質要素の定義を示して行く。

1）結果品質

サービスのコア機能の達成度を示す品質を，「**結果品質**」として測定する。例えば，教育サービスにおいて国語力が向上したか，医療サービスにおいて患者の病気が治ったか，飲食サービスにおいて食事に満足することができたかなどを示す。SERVQUALの「信頼性」が「**結果品質**」に対応する。

また，単一機能だけでなく複数ニーズを満たす多機能の特徴を持っているか，顧客の個別ニーズにどの程度応えられるか，プリサービス／アフターサービスが充実しているか，サービス使用後問題が生じた場合にうまく解決できたか（例えば，事故の補償，払い戻し）なども「**結果品質**」に含まれる。したがって，「**結果品質**」に含まれる評価項目は，「目的達成度」，「単機能か多機能か（品揃えや選択可能性）」，「カスタマイゼーションの程度」，「プリサービス／アフターサービスの充実度」，「例外的対応や事後処理の適切さ」などとなっている。

2）過程品質

「**過程品質**」は，サービス提供過程で顧客が経験する快適さや心理的安心感，任せられると感じる信頼感に基づく品質である。サービス提供者が礼儀正しく丁寧な態度で接してくれるか，顧客に気を配り，迅速に対応してくれるかなどに関連する品質である。サービス提供の場合には，**結果品質**を購入時に把握できないことも多い。そこで顧客は，サービスのプロセスにおいて理解しやすい「**過程品質**」を評価することで，そのサービスの品質を評価しようとする。最初に接する従業員の態度に安心感が持てれば，「このレストランでの食事には満足できるだろう」，「このホテルでは快適に過ごせるだろう」，「この病院の治療は信頼できるだろう」，「この塾に通うと国語力が伸びるだろう」などと考えるのである。したがって，「**過程品質**」は，顧客にとって重要であるだけでなく，サービス企業にとっても重要なマーケティング要素となっている。サービス・エンカウンターにおける「真実の瞬間」には，個々の顧客接点でのサービス提供者の姿勢がサービス全体の信頼性（「**結果品質**」）の高さを予想させ，心理的な充足感を与え好印象付ける要素があるからである。したがって，「**過程品質**」に含まれる評価項目は，「サービス提供者の知識・技術水準」，「マンパワー量の適切さ」，「サービス提供者の礼儀正しさ・プライバシー尊重の態度」，「サービス提供スピード」，「事前・事後・途中プロセスにおける情報の充実度と提供方法」，「顧客の課題・問題への理解力・共感力」，「全ての顧客に対する公正さ」などとなっている。

3）道具品質

「**道具品質**」とは，サービス生産の手段となる設備，建物，機械などの「物的な要素」と「システム」の2要素の品質の高さを表すものである。「システム」については，顧客への情報提供の程度，顧客の時間的・肉体的・精神的入手コストを引き下げる仕組み上の工夫（予約の取りやすさ，待ち時間，ほかの機関とのネットワークなど），契約内容の明確度（解約，返金など），苦情窓口の整備などのデザインに関連している。したがって，「**道具品質**」に含まれる項目は，「建物・設備の充実度（スペース，新しさ，性能，多機能，使い勝手，バリアフリーへの配慮など）」，「建物，部屋，設備などの快適度」，「建物，設備などの安全性（衛生，火災，物理的）」，「物的な要素の美的水準」，「プライバシーを考慮した設備」，「営業条件・立地条件（顧客にとっての利便性）」，「入手コスト（時間的・肉体的・精神的）を引き下げるシステムの工夫」，「契約内容（値段，解約，返金など）の明確度」，「パンフレット，ガイドブックなどによる情報の充実度」，「苦情対応システムの適切さ」などとなっている。

4）費用

「**費用**」には，サービス商品の「価格」と「価格以外の金銭的費用」が含まれている。「価格」については，顧客の立場から納得でき，適正と判断できるかが重要である。価格以外の金銭的費用については，顧客の「入手コスト」のうち，金銭的な支出のみが費用に含まれる。表示された価格以外に追加費用の請求はあるか，その追加請求の内容は適切か，遠隔地に立地しているサービス機関であるために交通費が多く掛かるかなどである。したがって，「**費用**」カテゴリに含まれる評価項目は，「価格の適切さ」，「価格以外の金銭的費用の適正さ」，「情報の入手しやすさ（費用面）」などとなっている。

（4）サービス品質と満足

顧客にサービスを繰り返し購入してもらうには，顧客がそのサービスに満足しているかが非常に重要である。そこで，ここではサービス品質と満足との関係を示しておく。

近藤（1999）[5]は，サービス品質と満足の違いを次の3点にまとめている。

- 「サービス品質」がサービス商品の特定の各側面に関する評価であるのに対し，「満足」は複数の要因が関係して形成される総合的な感覚であり，サービスを利用する際の状況的な要因の全てが「満足」の形成に影響を与える。
- 「サービス品質」が顧客の主観的な評価ではあっても，なるべく客観的な基準を利用しようとする知的な認知プロセスであるのに対して，「満足」はそのサービスの取引に特定的な感情的で直接的な感覚である。
- 「サービス品質」の評価が，事前，最中，事後の全てのプロセスで起こる長期的な評価であるのに対し，「満足」はサービスを体験した後の短期的な感覚である。

しかし，概念上の違いは明白であるが，実際の計測段階ではその差は明らかでないという指摘もあり，例えば，Taylor and Cronin (1994) [6] の実証研究で示されているように，「サービス品質」と「顧客満足」は一方向の因果関係を持っているのではなく，相互の因果関係が有意な結果となっていると考えられる。

(5) サービス品質＋ユーザビリティーとユーザエクスペリエンスの視点

サービス商品も品質の高さが顧客満足度を高め，新規購入，リピート購入を促進すると考え，サービス品質の考え方について示してきた。しかし，顧客のサービスに関する利用価値を高めなければならなくなったサービス・ドミナント・ロジックの時代にあっては，ユーザビリティー（使いやすさ：有効さ，効率，満足度）の度合いを測ることも重要となってきている。さらに，ある利用状況（日時，場所，環境など）において，あるユーザが，ある製品・サービスを使って，ある目標を達成するユーザビリティーだけではなく，顧客の要求の明確化をするために観察調査などを行い，利用文脈を幅広く捉え，時間軸を長く見据え，人間の感性や感情も考慮し，ユーザ体験を総合的に捉えるユーザエクスペリエンス（UX：User Experience）を検討・分析し，それをサービスデザインに反映する重要性が増している。ユーザビリティーとユーザエクスペリエンスの測定などに関しては，山崎・松原・竹内 (2016) [7] や山岡 (2016) [8] に詳しい。参照されたい。

著者らは，データ分析の結果に基づいて，ユーザエクスペリエンスを検討する方法を提案している（塀 (2017) [9]）。

今後は，サービス品質のデータと共に，ユーザビリティーやユーザエクスペリエンスに基づくデータも詳細に分析することにより，さらにより良いサービスデザインを設計することができる可能性があると思われる。

2.1.2 サービスデータの特徴 ―無形性・同時性・異質性を考慮して―

ICT（Information and Communication Technology）の発展により，購買行動に関する様々なデータ観測が行われており，量も増大してきている。特に，1990年代からは，小売業では会員カードやポイントカードなどにより，顧客の購買行動を記録したID-POSデータが大量に蓄積されてきており，このことは今後のサービス業の様々な面での発展に大きく寄与する可能性がある。ID-POSデータは，POSデータで得られていた「いつ」，「どこで」，「何が」，「何個」買われたという情報に，「誰が」という情報が加わり，各顧客の購買行動を把握することができ，ID-POSデータ分析においては顧客の「異質性」を踏まえた上での詳細な分析も可能なのである。さらに，ポイントカードや会員カードでは，顧客の「性別」や「年齢」などの属性や，居住や購買「地域」が購買履歴と組み合わされ蓄積されていることも多い。ID-POS大規模データを分析した，新ソリューションの提案や，新価値創造を行うことは，様々な業種の企業の成長にとって非常に重要なものとなってきている。しかし，データが非常に大規模であるため，その貴重なデータが十分に活用されていない場合も多い。また，得られた情報に関しても，マーケティング部門など企業の中枢が分析し，その結果を利用することまでは行われていても，サービスの現場において，分析結果に基づき，従業員が顧客に対して実際にアプローチするまでには至っていないことが多い。サービスの現場では，それらの情報を随時更新しながら，顧客へのサービスに適用させようという試みも行われてはいるが，従業員にもかなりの「異質性」があり，さらに生産と消費の「同時性」による従業員と顧客とのマッチングも関係することから，現時点では顧客のニーズに対応した従業員のサービス技術向上に手間や時間が非常にかかり，難しい状況となっている。しかし，サービス現場で観測される情報を，企業全体として得られているビッグデータの詳細な分析と照らし合わせ，最適なサービスの提供を行うようにするリアルタイムビッグデータの活用が望まれ始めている。サービスの品質向上，顧客の利用価値を深めることによる満足度向上のため，発展していくICTやIoTと，それに伴って得られる大規模データを十分に活用し，企業のさらなる成長に繋げていくことが求められる時代となっている。

また，製品の場合は有形であるため，長さや重さなど，連続型変数として測定がしやすく，正規分布を仮定してのデータ分析ができることも多い。一方，サービスの方は「無形性」という特性があるため，計測が難しいことも多く，変数化自身に工夫が必要なことも多い。また，何とか変数化を行っても，それは離散型変数のことも多く，離散型変数に対する分析を行う必要があることも多い。

さらに，サービスの特性としての「同時性」に関しては，同時に行われている「購入」と「販売」に対して，「購入している」顧客視点での分析と「販売している」従業員あるいは企業視点での分析を，同一データから両方とも行って，検討・考察した方が有益である場合が多い。なぜなら，顧客は企業視点でサービスを購入しているわけではなく，しかしながら企業は売上が上がらなければ発展して行けないからである。本書では，顧客視点での分析法を第4章，第5章，第7章で，従業員及び企業視点での分析法を第6章で示している。

2.2 サービスデータの基本的な分析

最初から難しい手法を用いた分析から始めることを避けるため，本節では，サービスデータを基本的な方法で分析し，サービスデータの分析において製品の場合とは異なる注意点を示す。

2.2.1 分析データ —売上データ—

本節では，ある企業X社のサービスを購入した顧客の購買行動を記録したID-POSデータを分析すると仮定する。本ID-POSデータには，顧客を区別する「顧客コード」，購入された「店舗コード」が記載されおり，2016年4月から2017年3月までに各顧客が何月にどのサービスカテゴリ中のサービスをいくつ購入したかという情報が記載されている。その一部を**表2.1**に示す。

表2.1　顧客の購買行動を記録したID-POSデータ（一部抜粋）

店舗コード	顧客コード	サービスA 2016-4	サービスB 2016-4	サービスC 2016-4	サービスD 2016-4	サービスE 2016-4
10023	1000001	0	2	0	1	1
10023	1000002	0	3	1	1	0
10023	1000003	1	0	0	1	0
10023	1000004	2	0	2	1	1
10023	1000005	0	0	4	0	1
⋮	⋮	⋮	⋮	⋮	⋮	⋮

本節では，X社が販売しているサービスカテゴリのうち，サービス商品購入の時系列的傾向の強い5カテゴリ（サービスA，サービスB，サービスC，サービスD，サービスE）を分析・検討する。

2.2.2 販売履歴からの店舗別販売力比較と時系列的変化の傾向

(1) 店舗別の販売力の比較

本項では，X社の各店舗（店舗aと店舗b）の販売力の比較を行う。

店舗aと店舗bについて，顧客数や5サービス商品カテゴリの販売個数などを**表2.2**に示す。

表2.2　5サービス商品カテゴリに関する顧客の購入人数・割合

(1) 店舗a

	サービスA	サービスB	サービスC	サービスD	サービスE
購入した顧客の人数	400	2,000	3,000	1,000	700
購入していない顧客の人数	9,600	8,000	7,000	9,000	9,300
この期間の合計の顧客の人数	10,000	10,000	10,000	10,000	10,000
購入した顧客の割合	4.00%	20.00%	30.00%	10.00%	7.00%
購入していない顧客の割合	96.00%	80.00%	70.00%	90.00%	93.00%

(2) 店舗b

	サービスA	サービスB	サービスC	サービスD	サービスE
購入した顧客の人数	1,000	3,800	5,000	3,000	1,300
購入していない顧客の人数	19,000	16,200	15,000	17,000	18,700
この期間の合計の顧客の人数	20,000	20,000	20,000	20,000	20,000
購入した顧客の割合	5.00%	19.00%	25.00%	15.00%	6.50%
購入していない顧客の割合	95.00%	81.00%	75.00%	85.00%	93.50%

ここで，顧客全体からこの期間の店舗aと店舗bの顧客n_a，n_b人を抽出したと考え，サービスAの顧客の購入確率p_a，p_bが等しいか，p_aよりp_bの方が大きいかどうかを検定してみよう。

帰無仮説：$p_a = p_b$，対立仮説：$p_a < p_b$

検定統計量は，

$$u=\frac{\hat{p}_a-\hat{p}_b}{\sqrt{\frac{\hat{p}_a(1-\hat{p}_a)}{n_a}+\frac{\hat{p}_b(1-\hat{p}_b)}{n_b}}}$$

であり，n_a，n_b が大きい場合，近似的に標準正規分布に従っていると考えられ，$u<-u(\alpha)$であれば，有意水準 α で帰無仮説を棄却し，$u\geq-u(\alpha)$であれば帰無仮説を採択する。

ここで，$u(\alpha)$は標準正規分布の α %点である。

サービス A の場合，$\hat{p}_a$=0.04，$\hat{p}_b$=0.05 であるから，

$$u=\frac{0.04-0.05}{\sqrt{\frac{0.04\times0.96}{10000}+\frac{0.05\times0.95}{20000}}}=\frac{-0.01}{\sqrt{0.00000384+0.000002375}}=\frac{-0.01}{\sqrt{0.000006215}}$$
$$=\frac{-0.01}{0.0024929901}=-4.011$$

となり，$-u(0.01)=-2.329$ と比較し，有意水準 1%で帰無仮説が棄却されることがわかる。

各サービスの同様な検定結果を**表 2.3** に示す。ただし，サービス B，サービス C，サービス E においては，対立仮説：$p_a>p_b$として検定している。

表 2.3　各サービスの購買率の店舗間比較

	サービス A	サービス B	サービス C	サービス D	サービス E
検定統計量	− 4.011	2.054	9.075	− 12.752	1.618
有意性	1%有意	1%有意水準で棄却されない	1%有意	1%有意	1%有意水準で棄却されない

表 2.3 の比較・考察により，サービス C では店舗 a の方が購買確率が有意に高く，サービス A と D では店舗 b の方が購買確率が有意に高いことがわかる。

さらに，各サービスの販売価格を考慮して検討を行う。**表 2.4** に各サービスの販売価格を考慮し，売上金額を表示しておく。ただし，販売価格が高いサービスは低いサービスに比べるとやはり購入する顧客が少なくなってしまうため，合計売上金額のみでは議論できない。また，ここでの議論は単純化して行っている。

ここで，サービスAの総コストが3,000円，サービスCの総コストが2,000円であった場合，店舗bではサービスAの売上－コスト＝19,000,000円－3,000円×1,000人＝19,000,000 － 3,000,000 ＝ 16,000,000円，サービスCの売上－コスト＝20,000,000円－2,000円×5,000人＝20,000,000 － 10,000,000 ＝ 10,000,000円となるため，サービスCよりはサービスAの販売促進を促す方策により力を入れた方が効率的であることがわかる。

これに対し，店舗aではサービスAの売上－コスト＝7,600,000円－3,000円×400人＝7,600,000 － 1,200,000 ＝ 6,400,000円，サービスCの売上－コスト＝12,000,000 － 2,000円×3,000人＝12,000,000 － 6,000,000 ＝ 6,000,000円となるため，やはりサービスCよりはサービスAの販売促進を促す方策により力を入れた方が効率的であることがわかる。ただし，その差は店舗bより小さいこともわかる。

表2.4　5サービス商品カテゴリの販売価格を考慮した分析

(1) 店舗a

	サービスA	サービスB	サービスC	サービスD	サービスE
購入した顧客の人数	400	2,000	3,000	1,000	700
販売価格	19,000	5,000	4,000	6,000	18,700
この期間の合計の顧客の人数	10,000	10,000	10,000	10,000	10,000
購入した顧客の割合	4.00%	20.00%	30.00%	10.00%	7.00%
売上金額	7,600,000	10,000,000	12,000,000	6,000,000	13,090,000

(2) 店舗b

	サービスA	サービスB	サービスC	サービスD	サービスE
購入した顧客の人数	1,000	3,800	5,000	3,000	1,300
販売価格	19,000	5,000	4,000	6,000	18,700
この期間の合計の顧客の人数	20,000	20,000	20,000	20,000	20,000
購入した顧客の割合	5.00%	19.00%	25.00%	15.00%	6.50%
売上金額	19,000,000	19,000,000	20,000,000	18,000,000	2,4310,000

さらに，各2つのサービス商品カテゴリを両方購入した顧客の人数を**表2.5**に，その比率を**表2.6**に示し，併買の観点からの検討を行う。

表2.5　各2つのサービス商品カテゴリを両方購入した顧客の人数

(1) 店舗a

	サービスA	サービスB	サービスC	サービスD	サービスE
サービスA	400	200	150	100	50
サービスB	200	2,000	1,500	500	300
サービスC	150	1,500	3,000	1,000	100
サービスD	100	500	1,000	1,000	70
サービスE	50	300	100	70	700

(2) 店舗b

	サービスA	サービスB	サービスC	サービスD	サービスE
サービスA	1,000	500	400	500	400
サービスB	500	3,800	2,900	1,000	500
サービスC	400	2,900	5,000	1,900	500
サービスD	500	1,000	1,900	3,000	200
サービスE	400	500	500	200	1,300

表2.6　各2つのサービス商品カテゴリを両方購入した顧客の比率

(1) 店舗a

	サービスA	サービスB	サービスC	サービスD	サービスE
サービスA	0.040	0.020	0.015	0.010	0.005
サービスB	0.020	0.200	**0.150**	**0.050**	**0.030**
サービスC	0.015	**0.150**	0.300	**0.100**	0.010
サービスD	0.010	**0.050**	**0.100**	0.100	0.007
サービスE	0.005	**0.030**	0.010	0.007	0.070

(2) 店舗b

	サービスA	サービスB	サービスC	サービスD	サービスE
サービスA	0.050	**0.025**	**0.020**	**0.025**	**0.020**
サービスB	**0.025**	0.190	0.145	**0.050**	0.025
サービスC	**0.020**	0.145	0.250	0.095	**0.025**
サービスD	**0.025**	**0.050**	0.095	0.150	**0.010**
サービスE	**0.020**	0.025	**0.025**	**0.010**	0.065

さらに，店舗aと店舗bのサービスAとサービスBを共に顧客が購入する確率p_a，p_aが等しいか，p_aよりp_bの方が大きいかどうかを検定してみよう。検定の仕方は，各サービスの購入確率の差の場合と同じである。

帰無仮説：$p_a = p_b$，対立仮説：$p_a < p_b$

検定統計量は,

$$u = \frac{\hat{p}_a - \hat{p}_b}{\sqrt{\frac{\hat{p}_a(1-\hat{p}_a)}{n_a} + \frac{\hat{p}_b(1-\hat{p}_b)}{n_b}}}$$

であり, $u < -u(\alpha)$であれば，有意水準αで帰無仮説を棄却し, $u \geq -u(\alpha)$であれば帰無仮説を採択する。ここで, $u(\alpha)$は標準正規分布のα％点である。

サービスAとBの併買の場合, $\hat{p}_a=0.020$，$\hat{p}_b=0.025$であるから,

$$u = \frac{0.020-0.025}{\sqrt{\frac{0.020\times 0.980}{10000} + \frac{0.025\times 0.975}{20000}}} = \frac{-0.005}{\sqrt{0.00000196 + 0.0000012187}}$$
$$= \frac{-0.005}{\sqrt{0.0000031687}} = \frac{-0.005}{0.0017800842} = -2.776$$

となり, $-u(0.01) = -2.326$と比較し，有意水準1％で帰無仮説を棄却がされることがわかる。

各サービスの併買の同様な検定結果を**表2.7**に示す。ただし，表2.6 (1) の太字で表示されているサービス間の併買については，対立仮説：$p_a > p_b$とし，サービスBとDの併買については，対立仮説：$p_a \neq p_b$としている（両側検定の1％点 − 2.576）。

表2.7　各2つのサービス商品カテゴリを両方購入した顧客の購買率の店舗間比較

	サービスA	サービスB	サービスC	サービスD	サービスE
サービスA		− 2.776	− 3.189	− 10.093	− 5.146
サービスB	1%有意		1.148	0.000	2.461
サービスC	1%有意	1%有意水準で棄却されない		1.371	− 10.093
サービスD	1%有意	1%有意水準で棄却されない	1%有意水準で棄却されない		− 2.750
サービスE	1%有意	1%有意	1%有意	1%有意	

さらに，サービス A 及びサービス D の店舗 a と店舗 b における各月の販売個数を**図 2.1** の (1) と (2)，**図 2.2** の (1) と (2) に示す。

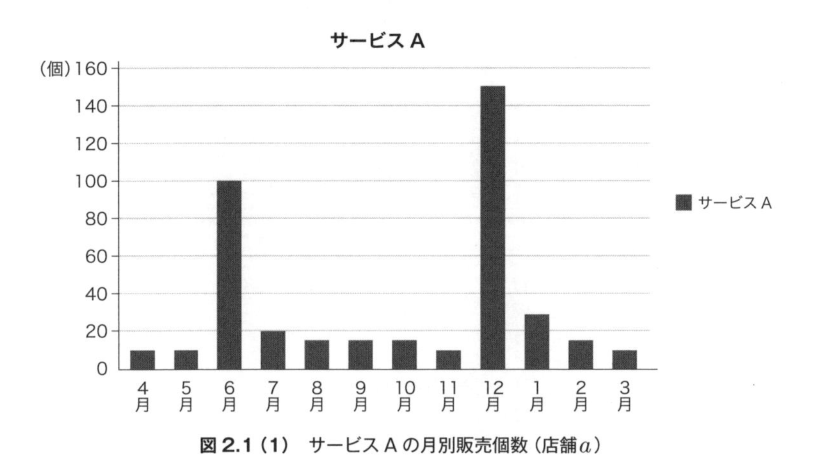

図 2.1 (1)　サービス A の月別販売個数（店舗 a）

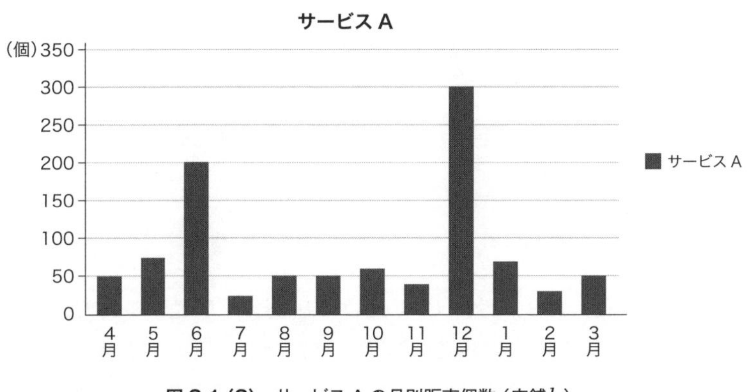

図 2.1 (2)　サービス A の月別販売個数（店舗 b）

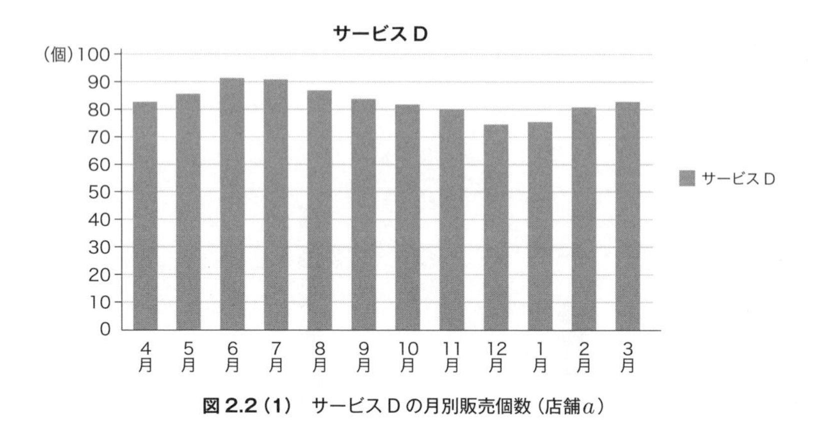

図 2.2 (1) サービスDの月別販売個数（店舗a）

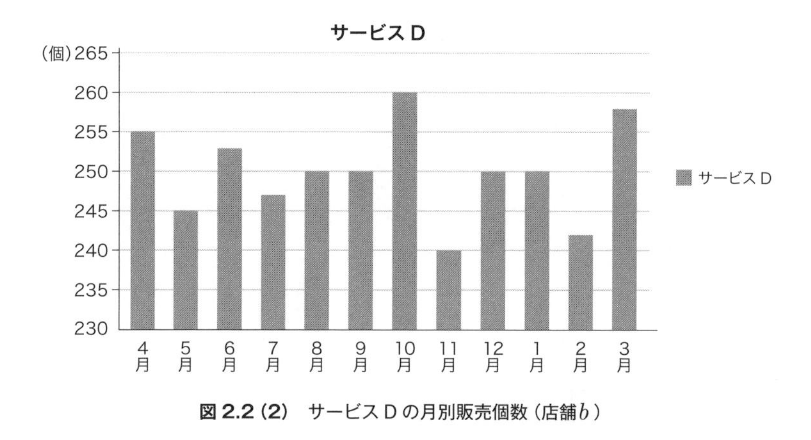

図 2.2 (2) サービスDの月別販売個数（店舗b）

図2.1の (1) と (2) より，サービスAは，店舗a，店舗bの両方共，ボーナス時の6月と12月によく購入されているサービスであることがわかる。

一方，図2.2の (1) は，80個を中心に前半6ヶ月は若干多め，後半6ヶ月は若干少なめの周期性があり，図2.2の (2) は250個を中心に，各月で周期性はなく，バラついていることがわかる。

時系列的な傾向を知って，顧客に時期的な要素を用いたアプローチをすることも重要である。

【参考文献】

[1] Zeithaml,V.A.（1981）："How Consumer Evaluation Processes Differ Between Goods and Services,"J.H.Donnelly and W.R.George(eds), *Marketing of Services* AMA, p.186

[2] Parasuraman,A., Zeithaml,V.A. and Berry,L.L.（1988）："SERVQUAL: A Multiple-Item Scale for Measuring Consumer Perceptions of Service Quality," *Journal of Retailing*, Vol.64, No.1, pp.12-40.

[3] 近藤隆雄（2000）："サービス品質の評価について"，経営・情報研究，Vol.4, pp.1-16.

[4] Heskett,J.L., Sasser,W.E. and Hart,C.W.L.（1990）：*Service Breakthroughs*, The Free Press, pp.5-10.

[5] 近藤隆雄（1999）：『サービス・マーケティング』，生産性出版。

[6] Taylor,S.A. and Cronin,J.J.（1994）：Modeling Patient Satisfaction and Service Quality, " *Journal of Health Care Mark*, Vol.14, No.1, pp.34-44.

[7] 山崎和彦・松原幸行・竹内公啓編著（2016）：人間中心設計入門，近代科学社。

[8] 山岡俊樹編著（2016）：サービスデザイン―フレームワークと事例で学ぶサービス構築―，共立出版。

[9] 塀真太朗（2017）："現在の仕事の遂行能力に影響する学生時代の意識・行動についてのタイプ別トランジション構造分析"，平成28年度 電気通信大学情報理工学部卒業研究論文.

第3章

統計的問題解決 3Step

3.1 統計的問題解決法

21 世紀社会では，知識基盤社会で活躍できるように，それぞれのメンバーが科学的なマネジメント手法を身に付けておく必要がある。統計的問題解決 3Step は，そのようなマネジメント手法を徐々に身につけていくためのわかりやすい方法である。

3.1.1 サービスに対する統計的問題解決 3Step

(1) Step1：顧客ニーズの把握

第 1 章で説明したサービス・マーケティング・トライアングルの中で，まず，サービス・製品を購入してくれる顧客のニーズを把握することが重要である。

顧客ニーズの把握が的確でない場合には，ニーズと実際のサービスの間にギャップが生じ，期待した顧客購買行動には至らないことが多い。そのため，顧客のニーズを個人差も考慮しながら詳細に的確に把握することが重要である。

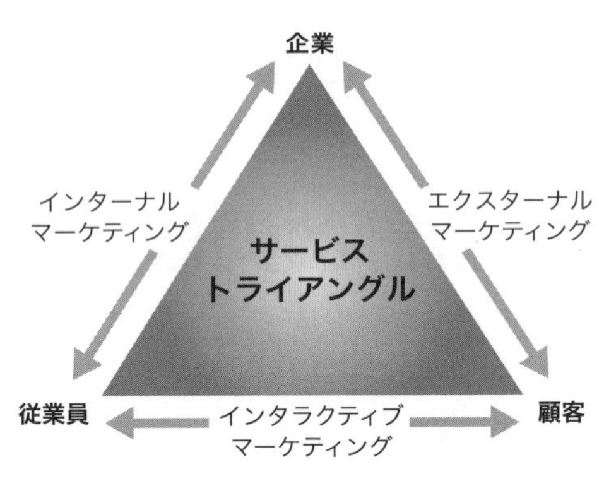

図 3.1 サービス・マーケティング・トライアングルモデル（再掲）

(2) Step2：サービスの質の向上のためのメカニズム分析

最終的に，顧客にサービスを行うのは従業員である。したがって，実際にサービスの質を向上させるためには，従業員のサービス・パフォーマンスと，顧客ニーズとの関係のメカニズム分析を，企業あるいは担当部署が全体として行うことが重要である。

(3) Step3：対策特定のための詳細なデータ分析及び実施・検証

さらに，顧客と従業員双方の個人差を考慮しながら，それぞれの対策特定のための詳細な分析を行い，特定化された対策を実際に実施し，検証を行う。その検証結果から，その対策で上手くいったこと，さらにサービス技術が向上されれば上手くいくこと，サービス担当者を交代しなければ上手くいかないことなどを精査し，さらにサービスの質を向上させることが重要である。

本書では，3.2 節で学習に対する統計的問題解決の適用事例を詳細に示すが，サービスに対する統計的問題解決についても，例えば，テーマ「顧客のニーズに合わせたお勧め力を向上させよう！」などを実践されたい。

3.2 学習に対する統計的問題解決の適用事例

前回（平成 20 年告知），及び今回（平成 29 年告知）の小学校・中学校学習指導要領の改訂を受けて，初等・中等教育の段階から統計的問題解決能力を養うために，従来日本の製品の品質向上に貢献してきた QC（Quality Control：品質管理）的問題解決法を拡張した「問題解決基本 3Step」の適用の仕方について示す。例として，小・中・高校生の「時間を上手く使おう」というテーマに対して，問題解決基本 3Step を適用し，学習時間の管理が上手くできていない場合の問題解決の仕方を示し，各ステップを上手く行うための方法論を示す。

統計教育の重要性が国際的に認識されている中で，諸外国の教育状況から見ても，日本における義務教育課程での統計教育は大きく遅れていた。このことを受け文部科学省は，平成 20 年 3 月に前回の，そして平成 29 年 3 月に小学校学習指導要領及び中学校学習指導要領等を公示した。

今回の改訂により算数・数学について，統計教育に関する内容として，小学校の「データ活用」では，データの収集や，数量の整理や分類整理，表やグラフで表現しデータの分布を捉え，データの分析をして考察を行い，問題解決の方法を知ることが盛り込まれている。また，中学校の「データの活用」において，第 1 学年では目標に応じてデータを収集して分析し，そのデータの分布の傾向を読み取り，批判的に考察し判断する，不確定な事象の起こりやすさの傾向を読み取り表現するという内容が扱われる。第 2 学年では四分位範囲や箱ひげ図を用いて分布を読み取ること，確率を用いて不確定な事象を把握し説明することが扱われる。第 3 学年では母集団と標本調査の関係が扱われる。各学年における詳細な内容については，**表 3.1** を参照されたい。

表 3.1　小・中学校での統計の学習内容

小学校	中学校
1 年生（数量の整理）： ものの個数について，簡単な絵や図などに表したり，それらを読み取ったりすること。 データの個数に着目し，身の回りの事象の特徴を捉えること。 **2 年生（データの分布）：** 身の回りにある数量を分類整理し，簡単な表やグラフを用いて表したり読み取ったりすること。 データを整理する観点に着目し，身の回りの事象について表やグラフを用いて考察すること。 **3 年生（データの分布）：** 日時の観点や場所の観点などからデータを分類整理し，表に表したり読んだりすること。 棒グラフの特徴やその用い方を理解すること。 データを整理する観点に着目し，身の回りの事象について表やグラフを用いて考察して，見出したことを表現すること。	**1 年生（データの分布）：** ヒストグラムや相対度数などの必要性と意味を理解すること。 コンピュータなどの情報手段も用いるなどしてデータを表やグラフに整理すること。 目標に応じてデータを収集して分析し，そのデータの分布の傾向を読み取り，批判的に考察し判断すること。 **（不確定な事象の起こりやすさ）：** 多数の観察や多数回の試行によって得られる確率の必要性と意味を理解すること。 多数の観察や多数回の試行の結果を基にして，不確定な事象の起こりやすさの傾向を読み取り表現すること。

<table>
<tr>
<td>
4 年生（データの収集とその分析）：
データを２つの観点から分類整理する方法を知ること。
折れ線グラフの特徴とその用い方を理解すること。
目的に応じてデータを集めて分類整理し，データの特徴や傾向に着目し，問題を解決するために適切なグラフを選択して判断し，その結論について考察すること。
5 年生（データの収集とその分析）：
円グラフや帯グラフの特徴とそれらの用い方を理解すること。
データの収集や適切な手法の選択など統計的な問題解決の方法を知ること。
目的に応じてデータを集めて分類整理し，データの特徴や傾向に着目し，問題を解決するために適切なグラフを選択して判断し，その結論について多面的に捉え考察すること。
（測定した結果を平均する方法）：
平均の意味について理解すること。
概括的に捉えることに着目し，測定した結果を平均する方法について考察し，それを学習や日常生活に生かすこと。
6 年生（データの収集とその分析）：
代表値の意味や求め方を理解すること。
度数分布表を表わすグラフの特徴及びそれらの用い方を理解すること。
目的に応じてデータを収集したり適切な手法を選択したりするなど，統計的な問題解決の方法を知ること。
目的に応じてデータを集めて分類整理し，データの特徴や傾向に着目し，代表値などを用いて問題の結論について判断するとともに，その妥当性について批判的に考察すること。
（起こり得る場合）：
起こり得る場合を順序よく整理するための図や表などの用い方を知ること。
事象の特徴に着目し，順序よく整理する観点を決めて，落ちや重なりなく調べる方法を考察すること。
</td>
<td>
2 年生（データの分布）：
四分位範囲や箱ひげ図の必要性と意味を理解すること。
コンピュータなどの情報手段を用いるなどしてデータを整理し箱ひげ図で表すこと。
四分位範囲や箱ひげ図を用いてデータの分布の傾向を比較して読んだりすること。
（不確定な事象の起こりやすさ）：
多数回の試行によって得られる確率と関連付けて，場合の数を基にして得られる確率の必要性と意味を理解すること。
簡単な場合について確率を求めること。
同様に，確かと思われることに着目し，場合の数を基にして得られる確率の求め方を考察し表現すること。
確率を用いて不確定な事象を捉え考察し表現すること。
3 年生（標本調査）：
標本調査の必要性と意味を理解すること。
コンピュータなどの情報手段を用いるなどして無作為に標本を取り出し，整理すること。
標本調査の方法や結果を批判的に考察し表現すること。
簡単な場合について標本調査を行い，母集団の傾向を推定し判断すること。
</td>
</tr>
</table>

学習指導要領の改定では，社会の中でこれらの内容を活用するために身に付けることに重点を置き，単なる知識の習得にならない実践力の育成に力を注いでいる。

そこで，指導要領改訂に基づく（前回の「資料の活用」）「データの活用」などの導入を受けて，初等・中等教育の段階から統計的問題解決能力を養うために，従来多くの現実問題解決に適用され，統計的方法を用いて問題解決に有用性を示してきたQC（品質管理）的問題解決法である「問題解決ストーリー」を，教育の場に合った形に拡張することによって，小・中・高校生が統計的問題解決法を身に付けられやすくする試みがなされている。

山下・鈴木・神田・椿・土屋 (2011) [1] は，QC 的問題解決法を，小・中・高校生の問題解決能力向上のために初等・中等教育の場に合った形に拡張した問題解決基本 3Step を提案している。

また，渡辺・椿 (2012) [2] は，問題解決学としての統計学について，様々な角度から考察を行っている。

そこで，本節では，初等・中等教育の段階から統計的問題解決能力を養うための「問題解決基本 3Step」を活用する場合の学習方略，教師が問題解決を教える場合の方法論を検討し示す。実際に問題解決活動を行う例として，小・中・高校生の学習行動をデータにより確認・検証した上で，小・中・高校生の「時間を上手く使おう」というテーマを設定し，問題解決基本 3Step を適用し，学習時間の管理が上手くできていない場合の問題解決の仕方の事例を作成し示す。解決にあたって，各ステップを上手く行うための方法論を検討すると共に，教師が行うべき指導の方法を示す。

3.2.1 問題解決基本 3Step

QC 的問題解決法を，小・中・高校生の問題解決能力向上のために初等・中等教育の場に合った形に拡張したものが問題解決基本 3Step（山下・鈴木・神田・椿・土屋，2011 [1]）である。問題解決基本 3Step は小・中・高校生の理解を得られやすいよう，大きく 3 つのステップに分かれている。

山下・鈴木・神田・椿・土屋 (2011) [1] で提案された問題解決基本 3Step の詳細を以下に示す。

<問題解決基本 3Step>

- **Step1（現象）**：現象を正しく捉える
  1) データで現象を捉え，解決したい問題を明確にする
  2) 問題のありかを見つけ，着目したい事象に絞り込む
- **Step2（因果・メカニズム）**：現象の因果・メカニズムを追求し，原因を特定する
  3) 要因をもれなく挙げる

4) 仮説を立てる
5) 仮説をデータで確かめる

- **Step3（対策）**：特定した原因へ対策を講じる

6) 真の原因への解決案を検討する
7) 解決案を実行し，効果を把握する

以上の“帰納”を繰り返し行うことにより，優れた見通しのよい“演繹”の力を育み，変化に対応しうる生きる力と創造性を養う。

3.2.2　問題解決基本各3Stepの学習方略・コスト感の視点からの検討

本項では，問題解決基本3Stepを小・中・高校生に広く利用してもらうために必要な学習方略とその利用，また各学習方略の有効性とコスト感について，各Step毎に検討した結果を示す。

3.2.2.1　学習方略とコスト感

(1) 学習方略について

学習方略とは，学習者が外界から刺激や情報を取捨選択して取り入れ，分類・変換や，記憶，判断などをして，自分の知識の体系の中に組み入れていく認知過程・情報処理過程のことである。

近年の学習方略の発展は，人間の学習課程を情報処理システムとみなしたWeinstein and Mayer (1986) [3] の学習方略と，自己調整学習の流れであるZimmerman and Martinez-Pons (1986) [4] の学習方略の大きく2つの流れに分けられる。それらの学習方略について，それぞれ**表3.2**と**表3.3**に示しておく。

表3.2　Weinstein and Mayer (1986) [3] の学習方略のタイプ

主要方略	具体的方法
1) リハーサル 記憶材料の提示後にそれを見ないで繰り返すこと	・逐語的に反復する ・模写する ・ノートに書く ・下線を引く ・明暗をつける　など

2) 精緻化 イメージや既知の知識を加えることによって学習材料を覚えやすい形に変換し，本人の知識構造に関連付ける操作	・イメージあるいは文を作る ・言い換える ・要約する ・質問する ・ノートをとる ・類推する ・記憶術を用いる　など
3) 体制化 学習の際，学習材料の各要素がばらばらではなく，全体として相互に関連を持つようにまとまりを作ること	・グループに分ける ・順に並べる ・図表を作る ・概括する ・階層化する ・記憶術を用いる　など
支援方略	**具体的方法**
4) 理解監視 学習者が自ら授業の単元あるいは活動に対する目標を確立し，その達成程度を評価し，修正するといったことをよりよく行うための活動	・理解の失敗を自己監視する ・自問する ・一貫性のチェックをする ・再読する ・言い換える　など
5) 情緒的・動機付け 学習者自らが注意を集中し，学習に伴う不安を制御した上で，学習意欲を維持し，時間を効果的に用いるよう工夫すること	・不安を処理する ・注意散漫を減らす ・積極的信念を持つ ・生産的環境を作る ・時間を管理する　など

表 3.3　Zimmerman and Martinez-Pons (1986) [4] の学習方略のタイプ

1) 自己評価	学習者自身が学習の進行状況や質を評価すること
2) 体制化と変換	学習を促進するために学習内容を学習者自身で評価すること
3) 目標設定とプラニング	学習の目標や下位目標を学習者が自ら設定し，目標達成のための学習の順序，時期，活動について計画を立てること
4) 情報収集	課題を行うときに，その課題に関する情報を学習者が入手すること
5) 記録とモニタリング	クラスでの討論をノートにとったり，間違った単語をリストにしたりなど，学習に関する記録をとること
6) 環境構成	学習しやすい環境を整えること
7) 自己強化	自分の学習遂行の成功や失敗に対して賞や罰を与えること
8) リハーサルと記憶	学習内容についてしっかりと記憶しようとすること
9) 援助要請	友達や大人，教師から援助を受けること
10) レビュー	授業やテストに備えて，教科書・ノート・テストなどを見直すこと

しかし，佐藤（1998）[5]などの従来研究では，様々な方略が提案されてきているものの，学習者はなかなか方略を自発的に利用してはいないことが指摘されている。

(2) コスト感について

学習者が方略を自発的に利用していない理由として，コスト感（行うことがどれほど大変であると思うか）が挙げられる。ここでは，方略を使用しない状態とコスト感について説明をする。

1）媒介欠如

学習者が方略を使用しない状態にもいくつかの段階が考えられる。最も初期に起こるのは，そもそも方略に関する知識を持っておらず，方略自体が学習者のレパートリーにない状態である。この状態は「媒介欠如」と呼ばれている。この段階にある学習者は，まず方略というものを知る必要がある。

2）産出欠如

しかし，方略があることを知識として知っていても，学習者は必ずしも方略を使うわけではない。有効な方略を知っていても，実際に使用しないというこの状態は「産出欠如」と呼ばれる。

3）利用欠如

方略をある程度自発的に使用するものの，問題解決の促進に結び付いていない状態は，「利用欠如」と呼ばれる。

佐藤（1998）[5]では，コスト感が高いと生徒が学習方略を使用することはなくなり「産出欠如」が生まれるが，コストの高さに見合った有効性を生徒が認知することで方略の使用に結び付くと述べている。

3.2.2.2　各3Stepの学習方略・コスト感の視点からの検討

本節では，各3Stepについて，学習方略，コスト感の視点から検討を行い，各Stepを行うときに学習者が行うべきこと，教師がすべきことを考察し示す。各Stepで行うべき学習方略に基づく指導法には，下線を引いて示すことにする。

まず，**表3.4**に問題解決基本3Stepと従来行われてきたQC的問題解決ストーリーの対応関係について示す。

表 3.4　問題解決基本 3Step と QC ストーリーの対応

問題解決基本 3Step	QC ストーリー
Step1：現象	1：テーマの選定 2：現状把握
Step2：因果・メカニズム	3：解析
Step3：対策	4：対策 5：効果の確認 6：標準化 7：残された問題点と振り返り

(1) Step1：現象

「Step1：現象」は表 3.4 で示した通り，QC ストーリーの「テーマの選定」，「現状把握」に当たる。

テーマの選定について，教師は学習動機の点から考えて，小・中・高校生にとって興味・関心のある現象，普段の生活から問題があると認識しているような現象をテーマとして扱わせることが重要となる。

現状把握では，定めたテーマに関するデータを収集し，問題点を明らかにすることが目的である。

<学習方略>

データの収集では，生徒がテーマに関係していると思う「変数」をできるだけ挙げさせ（「情報収集方略」指導法），教師の助言などによって変数を絞らせる（「援助要請方略」指導法）。しかし，複数の変数を収集させることで，目的としている変数に関しては，色々な説明変数が背後にあり，それが目的とする変数の分布にどう影響を与えるのかという疑問に自発的に気付く用意をさせておくことが重要である。

また，問題点を見つけるために，収集したデータを図表で表すことが必要になるが，データに対し適切なグラフを選択するためには，統計教育各グラフの特徴を以下のように明確に整理させておかなければならない（「体制化方略」指導法）。

a) 数の大小を比較する：棒グラフ，面積グラフ，地図グラフ
b) 時間的な変化を示す：折れ線グラフ

c）内訳を示す：帯グラフ，円グラフ

d）項目間のバランスを見る：レーダーチャート

ここで，棒グラフ，層別棒グラフ，レーダーチャートの使い方を，**表3.5～表3.7**，**図3.2**に，小・中・高校生にもわかりやすい表現で示しておく。

①棒グラフ

表3.5 棒グラフの有効な使い方

棒グラフではどこに注目する？

棒グラフ		
1	一番大きい項目がわかる	比較
2	一番小さい項目がわかる	比較
3	項目ごとの差がどのくらい離れているかわかる	比較
4	縦軸は時間や数量，割合などを取るとよいよ	比較
5	横軸は比較可能な分類項目を取るとよいよ	比較
6	横軸の項目の並びに意味がある場合は（よくする，あまりしない，全然しないなど），徐々に上がるまたは下がるといった傾向が確認できるよ	因果関係
7	横軸の項目を並べ替えることで傾向が見えることがあるよ（都道府県データの場合，北から順にするなど）	因果関係

②層別棒グラフ

表3.6 層別棒グラフの有効な使い方

層別棒グラフではどこに注目する？

層別棒グラフ		
1	層別するときには，どういう違いを見たいか確認することが大事だよ	因果関係
2	縦軸は人数や割合などを取るとよいよ	比較
3	結果に関わりそうな原因項目で層別するとよいよ	因果関係
4	原因となる層別として，男女や年齢といった層別もよく行われるよ	因果関係
5	原因となるもの，例えば年齢で層別すると，年齢ごとの結果の違いがわかるよ！	因果関係
6	結果に違いが見られたら，その結果で層別にしてみるとよいよ	因果関係
7	結果で層別する場合，横軸は並びに意味のある項目（よくする，あまりしない，全然しないなど）を取った方がよいよ	因果関係
8	結果となるもので層別すると，結果の違いに影響されている要因がわかるよ	因果関係

③レーダーチャート

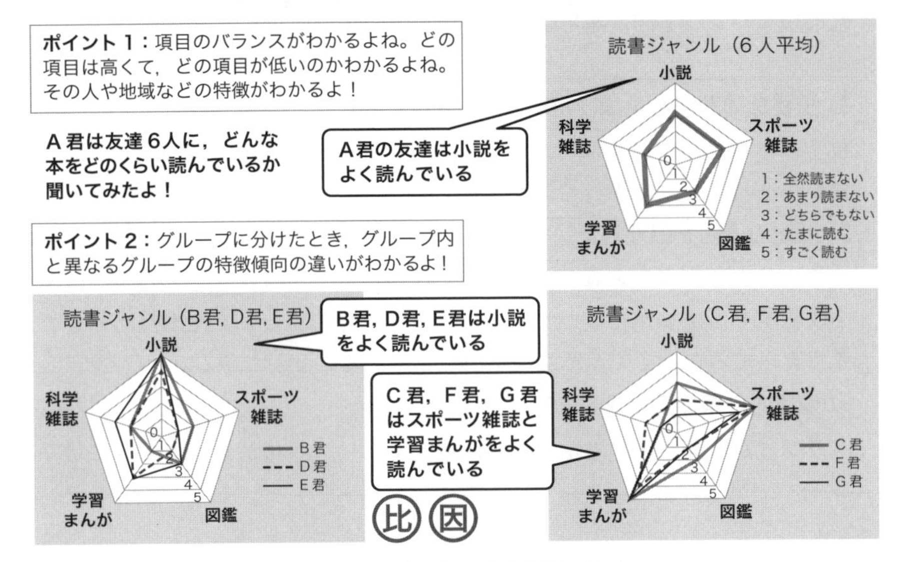

図3.2　レーダーチャートの有効な使い方

表3.7　レーダーチャートの有効な使い方

レーダーチャートはどこに注目する？

	レーダーチャート	
1	項目間のバランスがわかるよ	比較
2	どの項目が高くて，どの項目が低いかわかるよ	比較
3	項目は同じ尺度のものを取るとよいよ（5段階，時間，点数など）	比較
4	同じ形をしたものでグループに分けられるよ	因果関係
5	グループに分けたとき，グループの違いがわかるよ	因果関係
6	目標とするグループと比較すると自分のどこが足りないかがわかるよ	因果関係
7	対策後の効果が確認できるよ	因果関係
8	対策後の副作用が効果と同時に確認できるよ（問題は改善したが、ほかの項目が悪くなってしまったなど）	因果関係 比較

④パレート図

また，統計的問題解決には，上記のグラフ以外に，パレート図が用いられる。その有用性も示しておく。**パレート図**とは，横軸の項目別の棒グラフを左から大きい順に並べ，縦軸の右側にその割合を百分率で表した図である。

パレート図は問題解決の様々なツールの中でも最もよく使われる手法で，重要問題や主原因を選び出すために不可欠なツールである。

一般的に，パレート図が適用されるのは以下のような場合である。

1）重要な問題点を見つけたいとき（重点思考）

日常にある多くの問題の中から，解決したい重要な問題を選び出し，改善目標を決める場合に使う。

2）問題の原因を調査したいとき

問題について原因を調査し，改善に結び付けるときに使う。どのように問題を改善すべきかわからないとき，パレート図の項目の中で比率が高いものに焦点を当てることで問題解決の糸口を見つけることができる。

3）改善・対策の効果を見たいとき

改善や対策の前と後で効果を比較，確認したいときにパレート図は有効である。

問題点の発見にパレート図は有効であるが，一般的に棒グラフや折れ線グラフなどと比較して，小・中・高校生には馴染みがない。これは上記の「媒介欠如」に当たる。

ここで，パレート図の使い方を，**表3.8**に，小・中・高校生にもわかりやすい表現で示しておく。

表3.8 パレート図の有効な使い方

パレート図ではどこに注目する？

パレート図		
1	一番問題となっている項目がわかるよ。割合もわかるからね	比較
2	1，2番目の問題が全体でどのくらいの割合なのかわかるよ	比較
3	どんな項目が問題の要因としてあるか確認できるよ	因果関係
4	縦軸には結果に関わるものを取るとよいよ	因果関係
5	横軸には要因となる項目を取るとよいよ	因果関係
6	主要因以外にも改善しやすそうな項目から改善していこう！	因果関係
7	ある項目を改善したら全体のうちどのくらいの割合で問題が改善されるかわかるよ	因果関係
8	対策後の変化がわかるよ	因果関係

(2) Step2：因果・メカニズム

「Step2：因果・メカニズム」は，QC ストーリーの「解析」に当たる。Step1 で着目した目的変数についてもれなく要因を挙げ，その中から原因を特定し，仮説を立てる。特性要因図を用いることで原因と結果の因果関係を検証することは有効である。特性要因図は，今回の小学校・中学校学習指導要領の改訂には含まれていないが，問題解決のために非常に有用な図であるため，ここでは，その説明をしておく（「媒介欠如」）。

⑤特性要因図

特性要因図とは，特性（結果）とそれに影響を及ぼしていると思われる要因（原因）との関連を整理して，魚の骨のような図に体系的にまとめたものをいう。特性要因図の例として**図 3.3** を参照されたい。

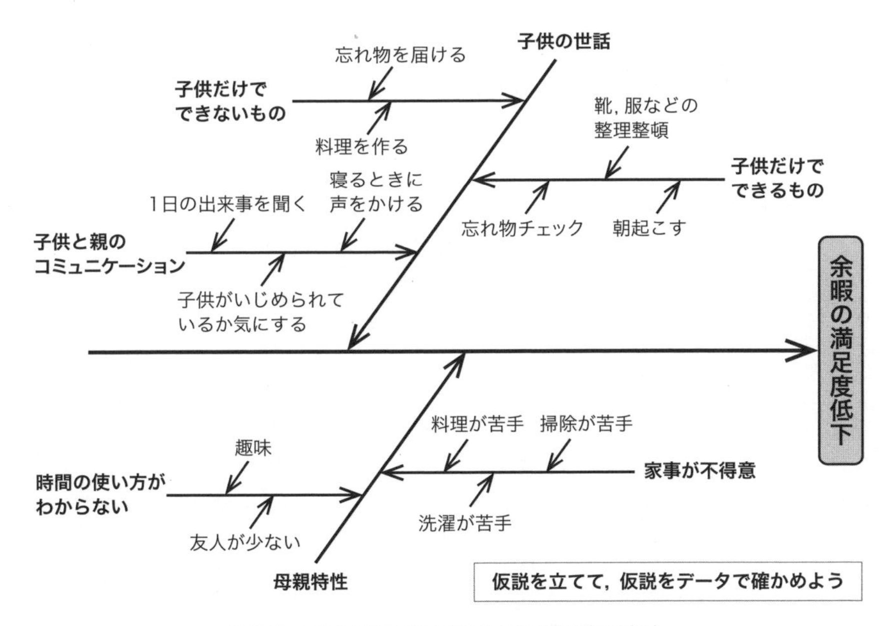

図 3.3　特性要因図の例（母親の余暇の満足度の低下）

ここでは，特性要因図作成の描き方を示しておく。

1) 対象となる特性（結果）を決め，特性と背骨を記述する。

2) 特性に対してなるべく抽象度の高い要因を挙げる。これらが大骨に書かれる要因の候補になる。
3) 挙がった要因をモレ，ダブり，抽象度から検討して，最終的な要因を決定する。これらを大骨として記述する。
(要因をどのようにグループに分けるか (大骨の決定) を理解させる (「体制化方略」))。
4) 大骨の要因の抽象度をもう一段具体的 (詳細) にして，中骨として記述する。さらに詳細化できる場合，子骨，孫骨というように詳細化する。詳細化の程度は，「具体的な対策」を立てられるところまでである。
(大骨→中骨→子骨の順に要因が具体化されていることを理解させる (「精緻化方略」指導法，及び「体制化方略」指導法)。
5) 重要な要因に印を付ける。すべての要因に対して対策を取ることは困難なので，重要度や有効性に応じて要因を選択する。

ここで，**表3.9** に特性要因図の使い方を小中学生にもわかりやすい表現で示しておく。

表3.9　特性要因図の有効な使い方

特性要因図ではどこに注目する？

特性要因図		
1	特性は，問題となっているものを取り上げるとよいよ	因果関係
2	大骨→中骨→子骨の順で整理されているかな？	具体化・抽象化
3	過去に合った事案 (経験) から視野を広くして要因を挙げていこう！	因果関係
4	要因はできるだけ細かく，より具体的に考えるとよいよ	具体化・抽象化
5	友達から意見をもらおう！　足りない要因がわかってくるよ！	具体化・抽象化
6	特性に関係のない要因はないかな？	因果関係
7	改善に取り掛かりやすい要因がわかるよ	因果関係

Uesaka, Manalo, and Ichikawa (2007) [6] では，図表があまり活用されないという問題を改善するための指導法の開発を行っており，本書ではこれを基に特性要因図の有効性を上手く認知させるための指導法を検討した。

1] 特性要因図がどのような図であるか，またその適用場面や有効性について説明する。
2] 手本として，教師が特性要因図を作成し，原因を発見するまでの一連のプロセスを生徒に見せる。
3] 生徒に問題解決を行わせ，特性要因図使用のスキルを向上させるとともに，有効性を実感させる。

(3) Step3：対策

「Step3：対策」では，「Step2：因果・メカニズム」において特定した原因について改善するための対策を検討する。

問題解決基本 3Step は様々なテーマに対し適用することができる。そのため，テーマによって取るべき対策も異なる。身近な現象がテーマであれば，生徒の一般的な知識から対策が立てられるが，環境問題などの専門的な知識を必要とするテーマに関しては，生徒が知識を有していなければ有効な対策は立てられない。

対策を検討する際に，テーマに関する専門的な知識を生徒が持っていない場合，生徒は調べ学習を行い，有効な対策を検討すべきである（「情報収集方略」指導法）。または，教師からの援助を要請する（「援助要請方略」指導法）。教師は，生徒からの援助の要請に応えられるよう，取り扱うテーマに関して事前に調査を行っておく必要がある。

3.2.3　問題解決基本 3Step の事例の提案

本項では，実際に「時間を上手く使おう」という小・中・高校生に身近なテーマを取り上げ，問題解決基本 3Step を用いて各生徒が問題解決を行うという設定の事例を作成する。事例を真似て学習するために提示するので，学習方略のタイプの「リハーサル」に当たる。

時間が上手く使えないことに対する原因は各生徒により様々であることから，本書では原因が異なる事例を 2 通り提案する。

事例を作成するにあたり，中学生の学習行動をデータにより確認・検証するために分析したデータは，東京大学社会科学研究所附属社会調査・データアーカイブ研究センターSSJ データアーカイブから提供を受けた（『モノグラフ中学生の世界　勉強する中学生・勉強しない中学生，2003』ベネッセコーポレーション寄託）の個票データである。

3.2.3.1　事例 1

(1) Step1：現象

A 君は 1 週間の生活時間を**図 3.4** のように記録し，記録から A 君の 1 日当たりの生活時間についてパレート図を描いてみる。**図 3.5** を参照されたい。

月/日	曜日	8:00　9:00　10:00　11:00　12:00　13:00　14:00　15:00　16:00　17:00　18:00　19:00　20:00　21:00　22:00　23:00　0:00
月/日	日	睡眠／朝食／手伝い／買い物／昼食／テレビ／ゲーム／夕食／家族／テレビ／勉強／入浴／ゲーム／PC／就寝
月/日	月	睡眠／朝食／支度／通学／授業／部活／帰宅／夕食／テレビ／勉強／入浴／テレビ／ゲーム／就寝
月/日	火	睡眠／朝食／支度／通学／授業／部活／帰宅／夕食／勉強／テレビ／入浴／PC／テレビ／漫画／就寝
月/日	水	睡眠／朝食／支度／通学／授業／部活／帰宅／夕食／テレビ／入浴／テレビ／就寝
月/日	木	睡眠／朝食／支度／通学／授業／部活／帰宅／夕食／テレビ／入浴／漫画／勉強／就寝
月/日	金	睡眠／朝食／支度／通学／授業／部活／帰宅／夕食／家族／テレビ／入浴／テレビ／就寝
月/日	土	睡眠／朝食／支度／通学／部活／帰宅／昼食／友人と遊ぶ／夕食／家族／テレビ／入浴／テレビ／ゲーム／勉強／就寝

図 3.4　A 君の 1 週間の生活時間

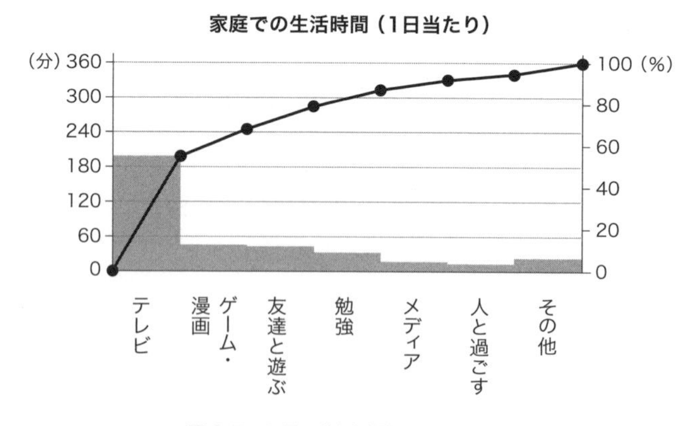

図 3.5　A 君の生活時間のパレート図

次に，それが全国の生徒の生活時間と比較してどうであるかを把握するためにグループで調査を行い，検討する。ここでは，全国の生徒と自分の生活時間を比較しているので，学習方略のタイプの「体制化方略」に当たる。

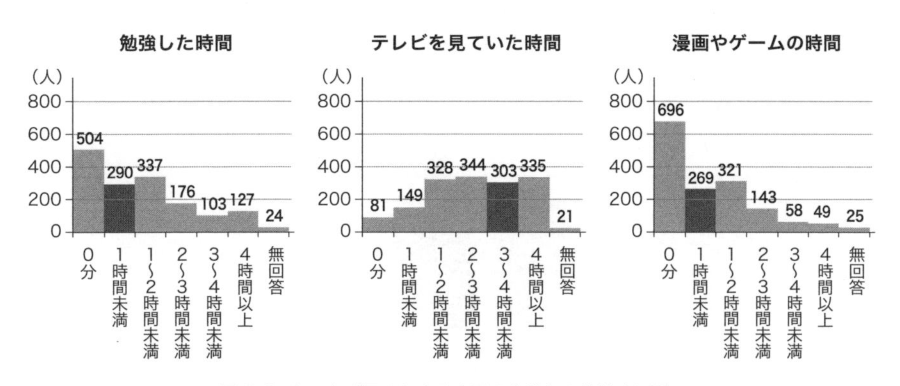

図 3.6　ヒストグラムによる全国の生徒との比較（A 君）

ヒストグラムにより比較したところ（「体制化方略」），A 君の勉強時間は少なく，テレビを見る時間が多いことから，ほかの生徒と比べて時間が上手く使えていないことがわかった（**図 3.6**）。

(2) Step2：因果・メカニズム

時間が上手く使えていないことに対し，グループで特性要因図（**図 3.7**）を描いた結果（「体制化方略」），「計画を立てて勉強していない」ことが原因の1つであるという仮説を立てた。

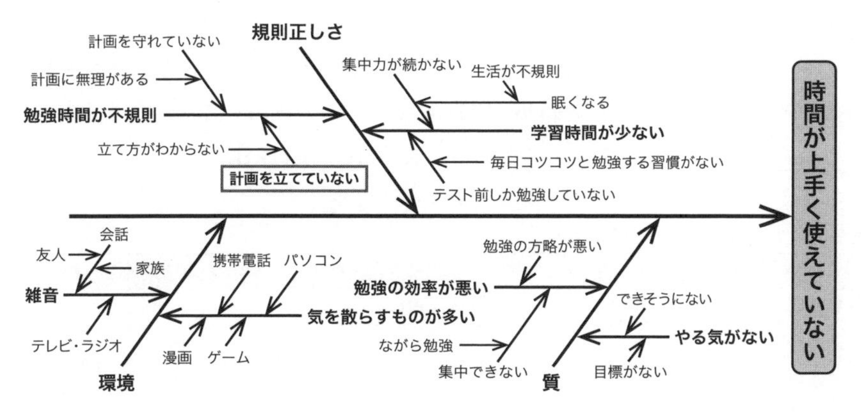

図 3.7　A 君の特性要因図

全国調査のデータをもとに仮説に関して層別棒グラフにより確認してみたところ，成績の高い生徒ほど「計画を立てて勉強している」ことがわかった。**図 3.8** を参照されたい。

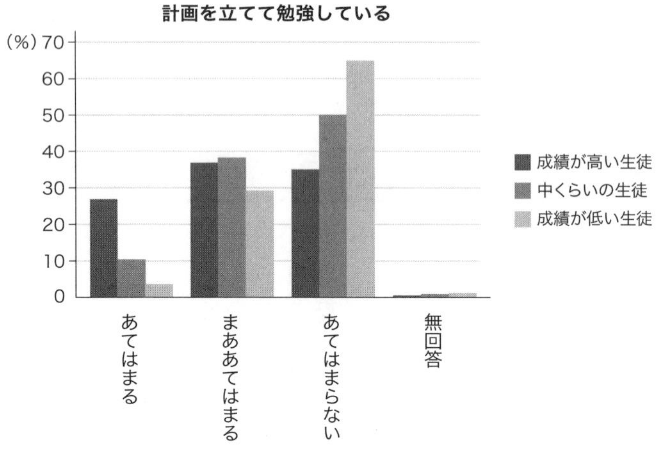

図 3.8 A 君の仮説の確認

(3) Step3：対策

上手に計画を立てるための対策を考える。

無理のない計画を立てる（「目標設定とプラニング方略」）ための方法をグループで調べることになった。

その結果，自己効力感（ある課題に対し，やり遂げられると感じる程度）を基に勉強時間を配分し，時間を上手に使うことがよいという研究があることがわかった。その方法に従い，毎日の勉強時間とそれによって自分が取れると思う成績（自己効力感），またその結果（定期的なテストの成績）についてモニタリングを行った（「記録とモニタリング方略」）（**表 3.10**，**図 3.9**）。

表 3.10 A 君のモニタリングの結果

	毎日の勉強時間（分）	テストの予想点（点）	テストの結果（点）
1 週目	30	60	45
2 週目	30	55	45
3 週目	45	60	55
4 週目	45	60	70
5 週目	45	70	65
6 週目	45	65	65
7 週目	60	70	75
8 週目	60	75	75

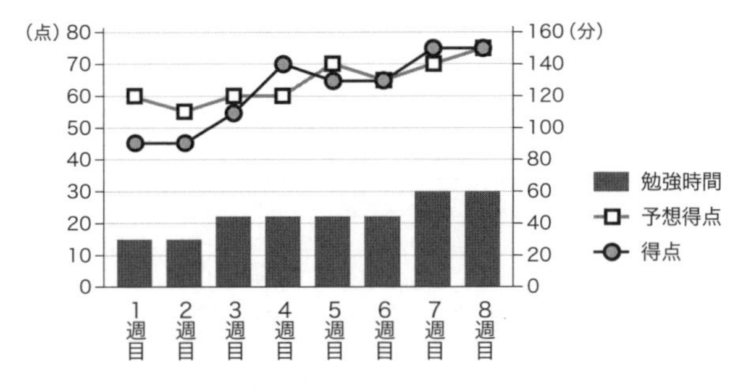

図 3.9　自己効力感のモニタリング

70点を取るために，A君は勉強時間を1日30分増やす必要があるとわかり，毎日1時間だけは勉強する計画を立てた。

自分の立てた計画通り勉強することで目標を達成することができ，A君の自己効力感は高くなったことがグラフより確認できた。もう一度パレート図を描いて，対策を行う前のものと比べてみた結果，少なかった勉強時間を増やすことに成功していることがわかる（**図 3.10**）。

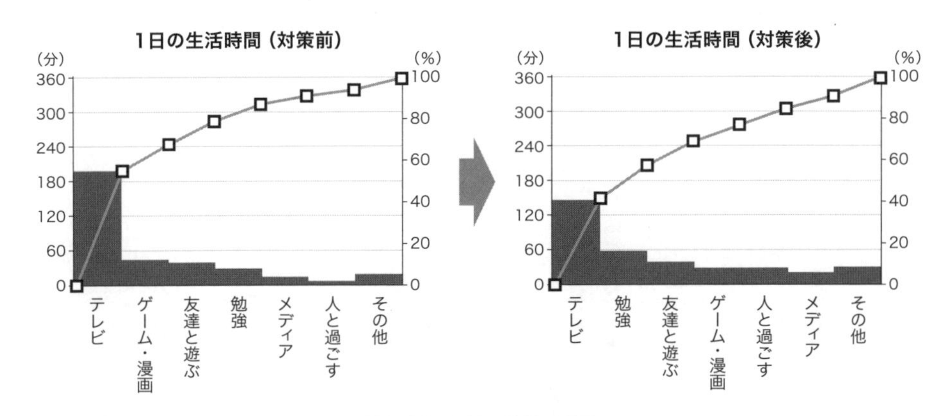

図 3.10　A君の効果の確認

3.2.3.2　事例2

次に，A君と同じグループのB君の時間の使い方に関する問題解決を示す。

(1)Step1：現象

A 君と同様に 1 週間の生活時間を**図 3.11** のように記録し，自分の時間の使い方の振り返りを行った。

月/日	曜日	8:00	9:00	10:00	11:00	12:00	13:00	14:00	15:00	16:00	17:00	18:00	19:00	20:00	21:00	22:00	23:00	0:00
月/日	日	睡眠	朝食	手伝い	勉強	昼食	テレビ	ゲーム	夕食	家族	テレビ	勉強	入浴	ゲーム	PC	就寝		
月/日	月	睡眠	朝食	支度	通学	授業	部活	帰宅	夕食	テレビ	勉強	入浴	テレビ	就寝				
月/日	火	睡眠	朝食	支度	通学	授業	部活	帰宅	夕食	勉強	テレビ	入浴	PC	テレビ	漫画	就寝		
月/日	水	睡眠	朝食	支度	通学	授業	部活	帰宅	夕食	テレビ	入浴	勉強	テレビ	就寝				
月/日	木	睡眠	朝食	支度	通学	授業	部活	帰宅	夕食	テレビ	入浴	テレビ	漫画	勉強	就寝			
月/日	金	睡眠	朝食	支度	通学	授業	部活	帰宅	夕食	家族	ゲーム	入浴	勉強	テレビ	就寝			
月/日	土	睡眠	朝食	支度	通学	部活	帰宅	昼食	友人と遊ぶ	ゲーム	夕食	家族	テレビ	入浴	テレビ	ゲーム	勉強	就寝

図 3.11 B 君の 1 週間の生活時間

また，B 君は 1 週間の生活時間の調査からどの時間帯に勉強を行い，テレビを見ているのか確認するために各時間帯で何分勉強したのか，もしくはテレビを見たのか，1 週間の累積を示すグラフを描くことにした（「体制化方略」）（**図 3.12**）。

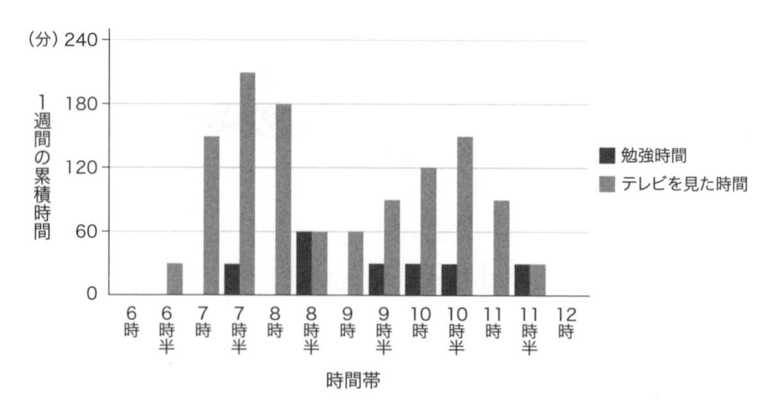

図 3.12 B 君の勉強時間とテレビを見た時間の 1 週間の累積時間

(2) Step2：因果・メカニズム

A君と同様に，グループで作成した特性要因図を描いた結果，「テレビ・ビデオをつけっ放しにしながらの勉強」が原因の1つであるという仮説を立てた（**図3.13**）。

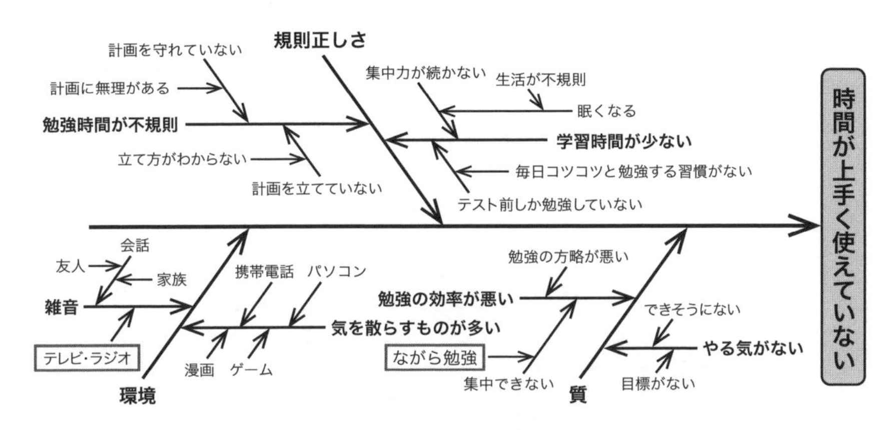

図3.13　B君の特性要因図

全国調査のデータを基に仮説を確認してみたところ，成績の低い生徒ほど「テレビやラジオをつけっ放しにしている」ことがわかった（**図3.14**：「体制化方略」）。

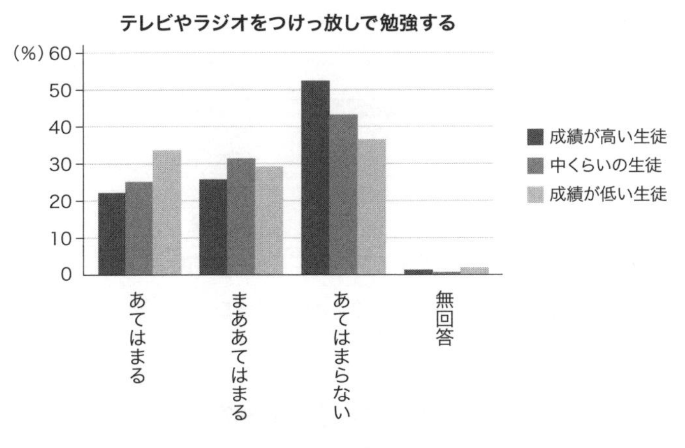

図3.14　B君の仮説の確認

(3) Step3：対策

Step2の仮説から，B君はテレビを見ながら勉強する習慣がついてしまっている生活の改善をする，つまり勉強するときは勉強に集中し，テレビを見るときはテレビに集中するという生活を送ることにした（**図 3.15**）。対策によって実際に効果が得られたかグラフを描いて，対策を行う前のものと比べてみる（「体制化方略」）。同じ勉強時間でも対策前よりも成績が向上したことから勉強の効率が上がったといえる。**図 3.16** を参照されたい。

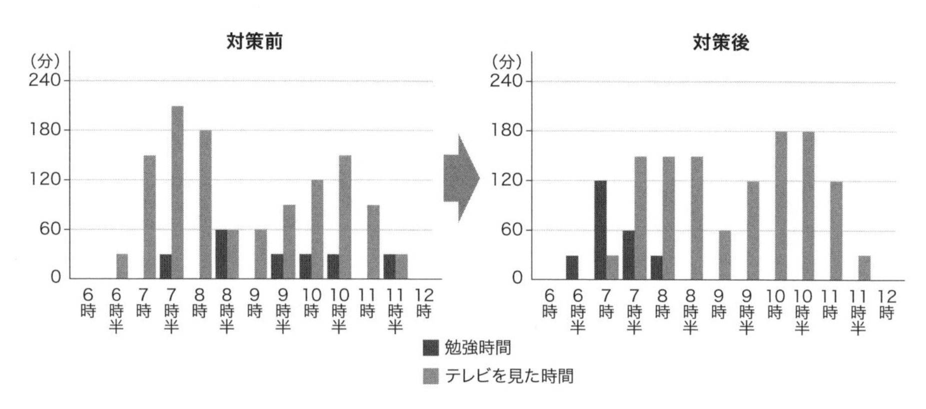

図 3.15　B君の生活改善の確認

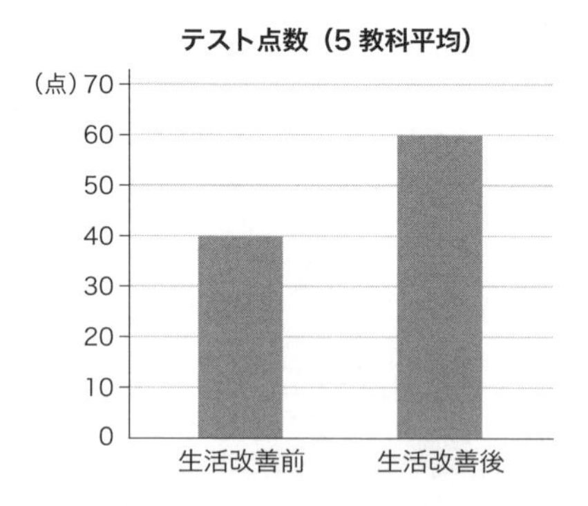

図 3.16　B君の効果の確認

3.2.4　学習に対する統計的問題解決の適用事例に関するまとめ

前節では，初等・中等教育の段階から，統計的問題解決能力を養うために，問題解決 3Step を有効に活用するための学習方略を検討すると共に，実際に教員が生徒に指導する際の指導法を示した。

Step1 では，データの収集において，生徒がテーマに関係していると思う「変数」をできるだけ挙げさせ（「情報収集方略」指導法），教師の助言によって変数を絞らせる（「援助要請方略」指導法）ことが必要であることを示した。

また，問題点を見つけるために，収集したデータを図表で表すことが必要になるが，データに対し適切なグラフを選択するためには，統計教育において各グラフの特徴を明確に整理させておかなければならない（「体制化方略」指導法）ことを示した。

Step2 では，要因をどのようにグループに分けるか（大骨の決定）を理解させる（「体制化方略」指導法）が必要であることを示した。また，大骨→中骨→子骨の順に要因が具体化されていることを理解させる（「精緻化方略」指導法及び「体制化方略」指導法）も重要であることを示した。

Step3 では，対策を検討する際に，テーマに関する専門的な知識を生徒が持っていない場合，生徒は調べ学習を行い，有効な対策を検討すべきである（「情報収集方略」指導法）こと，または，教師からの援助を要請する（「援助要請方略」指導法）ことが有益であることを示した。教師は，生徒からの援助の要請に応えられるよう，取り扱うテーマに関して事前に調査を行っておく必要があることも示した。

実際に「時間を上手く使おう」という小・中・高校生に身近なテーマを取り上げ，問題解決基本 3Step を用いて各生徒が問題解決を行うという設定の事例を作成した。事例を真似て学習するために提示するので，学習方略のタイプの「リハーサル」に当たることを示した。

時間が上手く使えないことに対する原因は各生徒により様々であることから，本著では原因が異なる事例を2通り提案した。

1つ目は，計画を立てて勉強することにより改善される例で，自己効力感の概念を取り入れることにより，生徒にとって無理のない対策の立て方を示した。

2つ目は，勉強するときは勉強に集中し，テレビを見ながらの勉強は行わないことにより改善される例を示した。

事例内でグラフを描いていることは，「体制化方略」に当たっている。

無理のない計画を立てる（「目標設定とプラニング方略」）ための方法をグループで調べたところ，自己効力感を基に勉強時間を配分し，時間を上手に使うことがよいという研究があることがわかった。その方法に従い，毎日の勉強時間とそれによって自分が取れると思う成績（自己効力感），またその結果（定期的なテストの成績）についてモニタリングを行った（「記録とモニタリング方略」）。

また，QC七つ道具の活用と論理的思考力の関係については，椿・鈴木・神田・池田（2011）[7]を参照されたい。

【参考文献】

[1] 山下雅代・鈴木和幸・神田範明・椿美智子・土屋祐介（2011）："初等中等教育における問題解決ストーリー"，JSQC第95回研究発表会要旨集，pp.73-76.

[2] 渡辺美智子・椿広計編者（2015）：『問題解決学としての統計学―すべての人に統計リテラシーを』，日科技連出版社。

[3] Weinstein,C.E. and Mayer,R.（1986）：The Teaching of Learning Strategies. Wittrock, M.C（Ed.），*Handbook of Research on Teaching*, NewYork: Macmillan, pp.315-327.

[4] Zimmerman,B.J. and Martinez-pons,M.（1986）：Development of a Structured Interview for Assessing Student Use of Self-regulated Learning Strategies, *American Educational Research Journal*，Vol.23, pp.614-628.

[5] 佐藤純（1998）："学習方略の有効性の認知・コストの認知・好みが学習方略の使用に及ぼす影響"，教育心理学研究，Vol.46, pp.367-376.

[6] Uesaka, Y., Manalo, E., and Ichikawa,S（2007）："What Kinds of Perceptions and Daily Learning Behaviors Promote Students' Use of Diagrams in Mathematics Problem Solving?"*Learning and Instruction*,Vol.17, pp322-335.

[7] 椿美智子・鈴木和幸・神田範明・池田宰（2011）："QC七つ道具の活用と論理的思考能力の関係に関する研究"，日本品質管理学会第95回研究発表会研究要旨集，pp.77-80.

第2部

タイプ別サービスデータ統計分析

顧客と従業員の間のインタラクティブ・マーケティング，企業と従業員の間のインターナル・マーケティングを，顧客のニーズや従業員の販売の個人差（タイプ）を考慮しながらより質高く行うためのサービス活動支援分析法を，様々な角度（顧客タイプ別サービス効果分析，販売ベイジアンネットワーク分析等）から示す。さらに，時系列な顧客タイプの変化の分析方法，サービス価値を見出すアンケート分析やプロセスデータ分析法を示し，その中で現象の本質を捉えられる変数化の方法も示していく。

第4章

サービスデータの構造分析

4.1 サービス利用の構造分析と顧客のタイプ分け

4.1.1 顧客（利用者）タイプ別サービス効果分析法 1

製品に関しては顧客満足度が非常に重要視され，実際に顧客の要望やニーズを考慮した製品開発が行われてきている。現在，経済における割合が大きくなっているサービス分野に関しても，顧客満足，サービス品質，顧客ロイヤルティに関する研究が多くなされている（Li et al. (2012) [1], Shing et al. (2012) [2] など）ことから，顧客満足度が重要視されてきたことがわかる。

しかし，サービス産業においては，顧客満足度が重要視されているにもかかわらず，大企業の分析センターでの分析や分析委託以外，多くの中小企業や店舗では詳細な分析をしてまでは考慮されていないのが現状であった。自社でタイムリーにデータの調査・分析を行うことが困難であったり，コストや業務の負担が大きいからである。

しかし，近年ではサービス分野の充実が経済発展につながるとの認識から，サービス・サイエンスが重要視されはじめ，経済産業省，（株）インテージ，サービス産業生産性協議会が，サービスに関する満足度調査システムとしてSES (Service Evaluation System) を開発し，提供している。SESでは中小企業を対象に，調査の依頼を受けアンケート項目を提案し，回収データを基にクロス表による顧客の属性データごとの利用頻度や，来店前の期待形成の評価，店舗施設の評価，サービス商品の評価，スタッフの評価，事後フォローの評価などを行い，満足度と相関が高い品質評価項目を，サービス品質の改善により満足度の向上につなげられるものとして考察している。また，満足度の低い顧客，ターゲット層の顧客，新規顧客の開拓のための情報把握などを依頼者にフィードバックしている。しかし，調査の集計・分析には約2～3週間かかる。また，特性や好み，要望などにより顧客を総合的にタイプ分けし，顧客タイプ別サービス効果分析は行っていない。

顧客満足度調査において，因子分析や，因子と目的変数との関係の分析は，進藤・戸梶 (2010) [3]，田中・戸梶 (2009) [4] などでも行われている。進藤・戸梶 (2010) [3] では，広島県下で成長中の新興都市である東広島市の中心市街地に立地する小規模小売店を対象として顧客満足を調査している。ここでは，主成分法により因子を抽出した後，バリマックス回転を行っている。その後，因子分析で得られた因子における年齢差の分析や，因子得点を説明変数，満足度を目的変数とした回帰分析を行っているが，潜在因子の因子得点に基づくクラスタリングを行って，その顧客タイプごとの傾向を分析することは行っていない。また，田中・戸梶 (2009) [4] では，広島県内の医療機関及び通院所，リハビリセンター施設において，リハビリサービスを利用している外来患者及び利用者を対象とし，「欲求の充足に基づく顧客満足測定尺度 (Customer Satisfaction Scale based on Need Satisfaction: CSSNS)」の因子的妥当性を検証するために，検証的因子分析を行って因子構造モデルの適合度を検討している。

サービスは利用者の個人差が大きい。したがって，サービス利用者全体での分析を行うだけでは，それぞれの利用者の満足度を上げることは難しい。なぜなら，平均的な利用者の把握をしても，それは一部にしか適用できず，個人差の大きい現実の利用の把握とは異なってしまうからである。そこで，利用されているニーズや利用者の特性から，サービス利用の構造を分析し，利用者をサービス利用構造に基づいたタイプに分け，詳細に分析できる「タイプ別サービス効果分析法」を紹介する。

本章で示す分析法の目的は，各サービス業店舗におけるサービス効果を，顧客行動や好み・要望などに基づく顧客のタイプごとに分析し，効果の特徴を捉え，タイプごとに比較することによって，サービスの知覚品質・利用品質を高めるためのサポートがしやすくなることである。先行研究，Tsubaki and Oya (2011) [5]，椿・大宅・徳富 (2013) [6] によって開発された学生タイプ別教育・学習効果分析システムを教育・学習だけでなくサービス全般のデータに関して分析できるよう「顧客（利用者）タイプ別サービス効果分析法」へと拡張したものである。

「顧客（利用者）タイプ別サービス効果分析法」では，

1) 因子分析によるサービス利用構造の把握
2) 得られた因子得点に基づくクラスタリングによる顧客（利用者）タイプ分類
3) 構造方程式モデリングによる目的関数とサービス利用構造の関係の分析
4) 条件付き確率分布による顧客（利用者）タイプ別サービス効果分析
5) 属性などのカテゴリ変数に対する条件付き確率分布による顧客（利用者）タイプ別サービス効果分析

の順で分析を行う。

提案する分析法では，1) サービスの利用構造を分析した因子分析で得られた 3) 因子に基づき満足度との関係を構造方程式モデリングによって分析するだけでなく（進藤・戸梶 (2010)[3] ではここまで分析），さらに 2) 因子得点に基づくクラスタリングを行うことによって，特性や好み，要望などによる総合的な利用構造による顧客（利用者）のタイプ分けをする。さらに，それぞれに対し 4) 条件付き確率分布で比較・検討することにより，顧客（利用者）タイプ別のサービス効果を分析でき，タイプ別のサービス改善・解決策を見出すことができるように構成している。

本方法では，さらにサービス分野に対するアンケート調査において，同世代の学生・生徒のみが含まれていることが多い教育・学習データの場合よりも利用者の属性の幅が広いため，性別・職業・家族構成などの名義尺度の項目が多い。さらに，Yes，No による 0-1 選択や名義尺度による質問項目も多いため，5) において，カテゴリ変数に対する条件付き確率分布による顧客（利用者）タイプ別サービス効果分析もできるように拡張を行っている（**図 4.1**）。

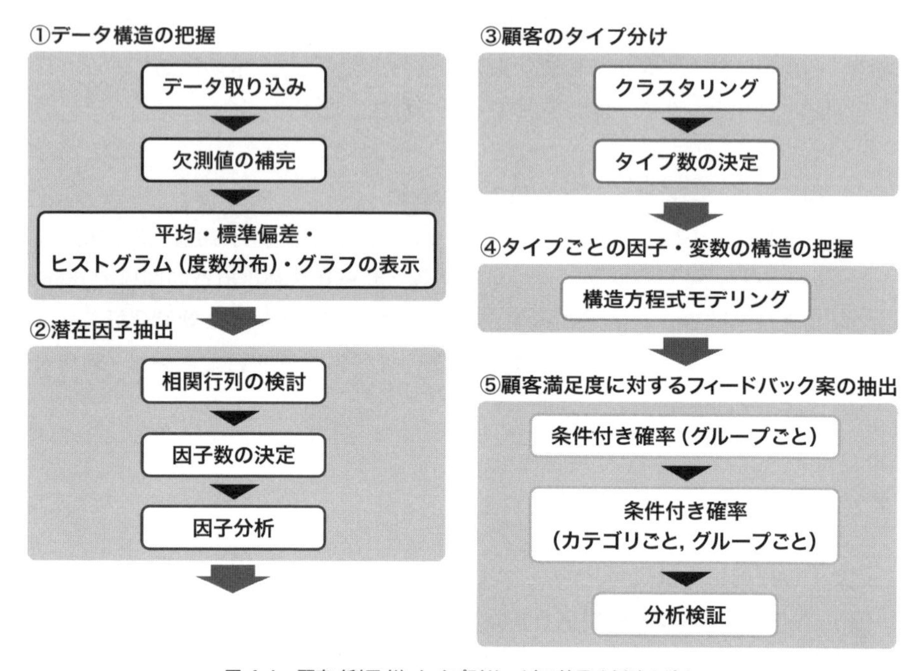

図 4.1　顧客（利用者）タイプ別サービス効果分析法の流れ

「顧客（利用者）タイプ別サービス効果分析法」において，より効果的かつ迅速に分析結果を反映させるために，各サービスの利用頻度・満足度，総合的な満足度データを取ることが重要であると考えられる。そのことにより，総合的な満足度に対してどのサービス要素による影響が大きいのか，顧客（利用者）の利用率やリピート率が高いのかを知ることが可能になり，どのサービスに改善が必要なのか，重点を置くべきなのかを把握することができる。

また，世代や生活環境による利用者の個人差の把握もサービス分野では重要であり，性別・年齢・職業・家族構成などの属性データごとのアプローチも踏まえるために，このようなカテゴリ変数項目もアンケート項目に含める必要がある。

そのほかに，各店舗の特徴や他店舗との特徴を比較することも重要である。各店舗が知りたい情報に応えるため，多くの変数（項目）に対応し，店舗ごとに比較できるようにすることが重要である。

「顧客（利用者）タイプ別サービス効果分析法」の流れ

①データ構造の把握

顧客（利用者）が店舗・サービスを評価したアンケート回答を集計・分析するため，まずデータを確認し，データの欠測値を補完する。顧客満足度調査を含む，社会・マーケティング調査において，欠測値は必ず出現する問題である。先行研究 Tsubaki and Oya (2011) [5]，椿・大宅・徳富 (2013) [6] における教育・学習データの場合のように，教師の指示で再提出が可能なのとは異なり，調査結果を確認し，欠測の項目に対して再び回答者に聞いて補完することは困難である。しかし，欠測値のあるデータを削除するとサンプル数が減り，調査対象母集団に対する分析結果の信頼性が低くなってしまう。そのため，欠測値処置が不可欠となる。本分析においては，リストワイズ法，ペアワイズ法，平均値代入法（カテゴリ変数の場合は最頻値代入法），偏回帰法，多重代入法を比較・検証した結果，多重代入法により欠測値を補完している。欠測値の補完法に関しては，渡辺・山口 (2000) [7] などを参照されたい。

また，教育・学習データとは異なり，顧客満足度を調査するための社会・マーケティング調査では居住地・家族構成・職業・性別など，属性に関するカテゴリ変数も多種多様であり，カテゴリ変数における欠測値の補完も重要になってくる。

顧客満足度を調査するにあたって，カテゴリ変数は非常に重要な要素となっている。

Tsubaki and Oya (2011) [5]，椿・大宅・徳富 (2013) [6] の分析法では，因子分析・クラスタリング・構造方程式モデリング・条件付き確率分布の多変量解析を行っている。因子分析は，基本的に間隔尺度・比例尺度の変数にしか使えず，順序尺度の変数に使う場合は5段階以上の選択肢が求められる（荻生・繁桝 (1996) [8]）。名義尺度の変数を量的尺度の変数にするには2値データにする必要があるが，因子分析では扱うことができない。そこで本章の分析では，カテゴリ変数における欠測値補完方法も含めて検討を行った。カテゴリ変数では，偏回帰法・多重代入法など，量的尺度を対象とした欠測値補完法は使用できない。そのため，カテゴリ変数の名義尺度を量的尺度と同等の扱いができるようにダミー変数を用いている。

ダミー変数とは，名義尺度の項目ごとに，「0」と「1」の2値を持つ変数に置き換えることにより，量的尺度として扱うことができるようにした変数である。ダミー変数を用いれば，量的変数に対して適用できる多くの分析手法が使えるようになる。したがって，偏回帰法・多重代入法などの量的尺度を対象とした欠測値補完法を使用できるようになる。しかし，ダミー変数を用いると分析における変数の数が増えてしまう。したがって，ダミー変数を用いる場合には，できるだけサンプル数を増やすとともに，不用意にダミー変数を追加しないようにすることも考えなくてはいけない（兼子（2011）[9]）。ダミー変数の具体例（変数：結婚有無）を**図 4.2** に示す。

ID	結婚
1	1
2	2
3	2
4	2
5	2
6	3
7	2
8	2

1：未婚
2：配偶者あり
3：配偶者離死別

ダミー変数化

ID	未婚
1	1
2	0
3	0
4	0
5	0
6	0
7	0
8	0

ID	配偶者あり
1	0
2	1
3	1
4	1
5	1
6	0
7	1
8	1

ID	配偶者離死別
1	0
2	0
3	0
4	0
5	0
6	1
7	0
8	0

図 4.2 ダミー変数化

ダミー変数を用いることにより欠測値補完を行うことができる。しかし，カテゴリ変数も量的尺度と扱われ，偏回帰法などによる補完がなされるため，補完後の値が 0.8，0.2 など 0，1 以外の値も取ってしまう。そこで，0，1 のダミー変数の補完にあたっては，量的尺度として補完がなされた後，0.5 以上であった場合は 1，0.5 未満の場合は 0 の値を取るようにダミー変数に変換することとした（Scafer (1997) [10] を参照されたい）。ただし，カテゴリ変数をダミー変数に変換し，欠測値の補完を行う場合，0.5 以上の場合 1，0.5 未満のとき 0 というルールのみで補完を行うと，さらに，1つのカテゴリ変数に対するダミー変数において，複数のダミー変数が1に補完されてしまう恐れも出てくる。

そこで，本分析では，Alison（2001）[11]の方法により変換を行うこととした。図4.2に示した変数（結婚の有無）を例にとり，**表4.1**に欠測箇所を示し説明をする。表4.1においてa, b, cが欠測値を表している。未婚・配偶者あり・配偶者離死別のダミー変数に関しては，図4.2に示すように，元は1つの変数であるため，a, b, cのいずれか1つのみが1，ほかの2つは0に補完されなくてはならない。

欠測値aに着目したとき，Alison（2001）[11]によると，

- 欠測値の中でaが最大値を取るとき
  $a > b > c \geq 0.5$もしくは，$a > b \geq 0.5 \cap c < 0.5$，$a \geq 0.5 \cap 0.5 > b > c$のとき
  （$b < c$の場合も同様）　⇒　$a = 1, b = 0, c = 0$に補完
  a, b, c全てが0.5より小さい場合は　⇒　全て0に補完
- b, cが最大値を取るときも同様

に補完される。

表4.1　ダミー変数における欠測値の処置

ID	未婚
1	1
2	0
3	0
4	0
5	a
6	0
7	0
8	0

ID	配偶者あり
1	0
2	1
3	1
4	1
5	b
6	0
7	1
8	1

ID	配偶者離死別
1	0
2	0
3	0
4	0
5	c
6	1
7	0
8	0

②潜在因子の抽出（因子分析）

顧客満足度アンケートによって得られた量的変数の相関行列を考察し，主因子法による因子分析を行うことにより，データに潜む共通因子を抽出することができ，各属性変数と質問項目のクロス表のみでは把握しづらい顧客（利用者）のサー

ビス利用の特徴要素（因子）を見出すことができる。

③顧客（利用者）のタイプ分け（クラスタリング）

因子分析によって得られた因子得点に基づきクラスタリングを行うことにより，顧客（利用者）のタイプ分けをする。ほかのシステムで用いられているような年齢・性別などの属性データによるグループ分けではなく，特性や好み，要望などによる総合的なサービス利用構造によるクラスタリングで分類することにより，因子の特徴を考慮した顧客（利用者）のサービス利用によるタイプ分けができる。

顧客（利用者）タイプ別サービス効果分析法の④タイプごとの因子・変数と目的変数との関係構造の把握，⑤顧客満足度に対するフィードバック案の抽出に関しては，4.2 節「タイプごとのサービス効果分析」で示す。

4.1.2 図書館サービス調査データによる分析結果 1

本章の応用データとしては，調布市立図書館サービスに関する市民意識調査データ（以下，図書館サービス調査データ）を用いる。本アンケート調査対象は，調布市在住の 15 歳以上の住民中の 1,500 人で，調布市の住民基本台帳の中から系統無作為抽出法により抽出されている（2004 年 12 月実施）。有効回答率は 582/1,500 = 38.8% であった。回答者の男女比は，男：女 = 261 人：318 人（性別無回答 3 人 [0.5%]）であり，年齢構成は，10 代：20 代：30 代：40 代：50 代：60 代：70 代以上 = 18 人：58 人：98 人：107 人：110 人：100 人：89 人（年齢無回答 2 人 [0.3%]）であった。調査は質問紙法，郵送法により実施された。

調査項目を**表 4.2** に示す。

表 4.2 図書館サービスに関する調査項目

(1) 図書館に関する項目	
・利用頻度	問 1：調布市中央図書館と分館 10 館の利用頻度（5 段階選択）
・サービスの利用頻度	問 2：調布市図書館のサービスの利用頻度（5 段階選択）
	ア）資料の貸し出し
	イ）資料の予約サービス
	ウ）館内での資料の閲覧
	エ）調べもの（館内資料を使って自分で）

・サービスの利用頻度	オ）調べもの（館内のCD-ROM，パソコン，インターネットなどを使って自分で）
	カ）調べもの（職員に依頼して）
	キ）児童向けイベント
	ク）ハンディキャップ・サービス
	ケ）サークル活動
	コ）講演会・文学散歩・セミナー等イベント
	サ）調布市立図書館のホームページ利用
・満足度	問3：調布市立図書館に対する総合的な評価（満足度）（5段階評価＋1項目）
・要望	問4：調布市立図書館の今後の取り組みについて（5段階選択）
	ア）インターネットや携帯電話に対応したサービス
	イ）パソコンやインターネットのアドバイス
	ウ）利用者の個人情報保護
	エ）地域情報充実
	オ）地域コミュニティーとの連携
	カ）ボランティア活動の場提供
	キ）ほかの地域の図書館との連携
	ク）民間サービスの提供
・地域情報化	問5：地域情報化拠点となるための取り組みについて（5段階選択）
	ア）行政サービスについての情報提供
	イ）大学との連携
	ウ）高等学校との連携
	エ）中学校との連携
	オ）小学校との連携
	カ）幼稚園や保育園との連携
	キ）福祉機関との連携
	ク）医療や健康に係わる情報提供
	ケ）商業振興や新事業の創設に係わる情報提供
	コ）防災拠点との連携
	問6：地域情報化拠点としての図書館をイメージ可能か（5段階評価）
・期待度	問7：調布市立図書館に対する全体的な期待度（5段階評価＋1項目）

(2) 個人に関する項目	
・デモグラフィックス（個人の特徴）	F1：性別　1）男　2）女（2値変数）
	F2：年齢　1)15〜19歳　〜　14)80歳以上（14段階選択）
	F4：調布市在住年数　1)1年未満　〜　7)20年以上（7段階選択）
・家族構成	F3：結婚　1）未婚　2）配偶者あり　3）配偶者離死別　（名義尺度）
	F5：居住形態（名義尺度）
	F6：家族構成（2値変数）
・仕事	F7：職業（名義尺度）
・時間的余裕	F8：交通手段（名義尺度）
	F9：片道の通勤・通学時間　1）15分未満　〜　7）2時間以上（7段階選択）
	F10：平日の平均自由時間　1）1時間未満　〜　6）5時間以上（6段階選択）
・金銭的余裕	F12：書籍購入費　1)1,000円未満　〜　11)5万円以上（11段階選択）
	F13：1ヶ月に自由に使えるお金（11段階選択）
・本の選好	F11：よく読む本や興味のある情報のジャンル（2値変数）

本節では，図書館サービス調査データを応用例として用い，本提案方法「タイプ別サービス効果分析法」の特徴と有用性を示す。Rによる多変量解析に関しては，尾賀（2010）[12]を参照されたい。

1）データ構造の把握（ヒストグラム）

本方法ではまず，調査データの構造を把握するために，欠測値の補完を行った後，変数ごとにヒストグラム・平均・標準偏差の表示を行うが，ここでは省略する。

2）潜在因子抽出（因子分析）

次に，潜在因子を抽出するために，相関行列の考察・検討をした後，因子分析を行う。スクリープロット（**図4.3**）を参考にし，第8因子までを採用することとした。ここで，因子分析で，主因子法，プロマックス回転を用いている。第8因子までの因子負荷量を**表4.3**に示す。

表4.3より，第1因子：「地域情報化拠点となるための取り組みに対する行政・福祉・医療・健康・商業・防災に関する関心」，第2因子：「図書館サービスの利用頻度」，第3因子：「地域情報の充実や地域コミュニティーとの連携に対する要望」，第4因子：「年齢・在住年数」，第5因子：「時間的金銭的余裕」，第6因子：「イベント・サークルの利用頻度」，第7因子：「地域情報化拠点となるための取り組

みに対する教育機関との連携に関する関心」，第８因子：「インターネット・携帯電話・パソコンに対応した要望」と解釈した。それぞれ，市立図書館に対する市民の関わりの特徴的な因子が抽出できていることがわかる。

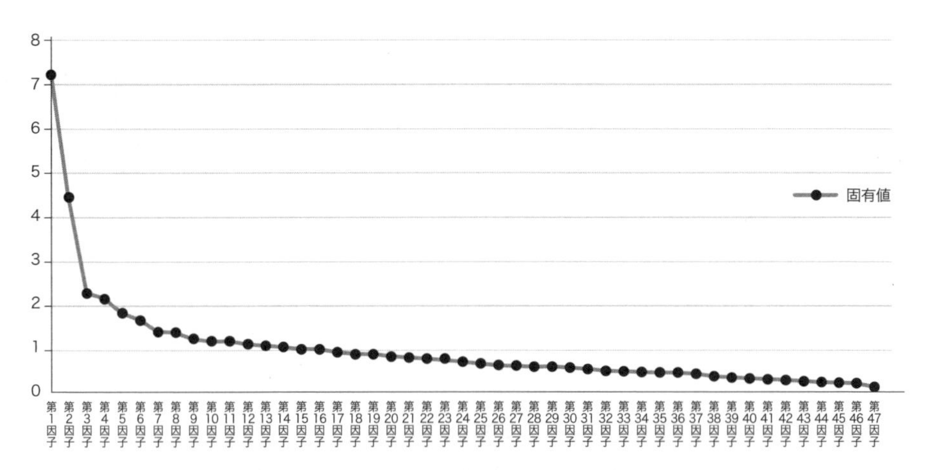

図 4.3　スクリープロット（図書館サービス調査データ）

表 4.3　因子負荷量（図書館サービス調査データ）

	第1因子	第2因子	第3因子	第4因子	第5因子	第6因子	第7因子	第8因子
行政	0.4482	−0.0404	0.1010	0.0675	0.1138	−0.0353	0.1032	0.1627
福祉機関	0.6890	0.0627	−0.0142	0.0809	−0.0539	−0.0699	0.1919	−0.0718
医療	0.8160	0.0325	−0.0901	0.0507	−0.0981	−0.0787	−0.0215	0.1028
商業	0.6670	−0.0522	−0.0933	−0.0950	−0.0250	−0.0313	0.0260	0.0895
防災	0.7205	0.0014	−0.0840	0.0243	−0.0589	−0.0371	−0.0058	−0.0197
利用（本館）	0.0250	0.7175	−0.0323	−0.0254	0.0819	−0.0613	0.0919	−0.1407
貸し出し	−0.1866	0.6885	−0.0520	0.0303	−0.1838	−0.0412	0.1377	0.0553
予約	−0.0281	0.6374	−0.1800	0.0204	−0.0732	0.0878	0.0270	0.0496
閲覧	−0.0275	0.7618	0.0492	−0.0676	0.0735	0.0242	−0.0146	−0.1024
調べ物 1	0.2428	0.6261	−0.0083	−0.0433	0.1578	0.1279	−0.0263	−0.1206
調べ物 2	0.0623	0.5101	−0.0070	−0.2050	0.1322	0.1267	−0.1219	−0.0285
ホームページ	−0.0798	0.4917	−0.0720	−0.1984	0.0755	0.0192	−0.0419	0.1596
地域情報	−0.1186	−0.0724	0.9132	0.0544	0.1159	0.0080	−0.0458	0.0539
地域コミュニティー	−0.0056	−0.1544	0.7693	0.0429	−0.0291	0.0911	−0.0119	0.1731
年齢	−0.0580	−0.1407	0.0927	0.8336	−0.0406	0.0222	−0.0299	−0.0504
在住年数	−0.0303	0.1068	−0.0143	0.5045	0.0279	0.0609	−0.0003	−0.0918

通勤通学時間	− 0.0065	0.1868	− 0.0799	− 0.2674	0.4684	− 0.2153	0.0457	0.1048
書籍購入費	0.0068	0.0407	0.1272	− 0.0276	0.6245	0.1180	− 0.0583	− 0.0320
お金自由	− 0.1153	− 0.0048	0.0524	0.1127	0.5580	0.0249	− 0.0273	− 0.0063
イベント	0.0605	− 0.0629	0.0500	− 0.1888	− 0.3164	0.4552	− 0.0242	0.1212
サークル	− 0.0741	− 0.1390	0.1172	0.0889	0.0900	0.7153	0.0002	0.1072
イベント 2	− 0.1527	0.0689	0.1060	0.2128	0.1151	0.4441	0.1090	− 0.0253
大学	0.2737	0.0856	0.0550	− 0.0459	0.1390	0.0520	0.4297	0.0739
高校	0.1701	− 0.0004	− 0.0706	− 0.0638	0.0082	0.1251	0.8105	0.0020
中学	0.0334	− 0.0317	− 0.0473	− 0.0736	− 0.0283	0.1234	0.9414	− 0.0445
小学	− 0.0479	− 0.0664	− 0.0028	− 0.0556	− 0.0860	0.0892	0.9055	0.0497
幼稚園	0.1403	− 0.0062	0.0286	− 0.0569	− 0.1036	0.0039	0.5955	0.0559
インターネット	− 0.0079	− 0.0051	0.0124	− 0.2377	0.1444	0.0163	0.0432	0.7177
パソコン	0.1106	− 0.1539	0.0576	0.0627	− 0.0232	0.1234	0.0217	0.6467
ボランティア	0.0146	0.0199	0.3941	0.0586	− 0.0303	0.0568	0.0619	0.4302

3) 顧客（利用者）のタイプ分け（クラスタリング）

そして，顧客（利用者）のタイプ分けをするために，②潜在因子抽出で得られた因子得点に基づいて，ウォード法によるクラスタリングを行う。④の構造方程式モデリングに適したサンプル数を確保しており，クラスタ間の特徴差がより大きいクラスタ数である 4 を採用した（**表 4.4**）。

表 4.4　クラスタリング結果の比較・検討

2クラスタ	第1因子	第2因子	第3因子	第4因子	第5因子	第6因子	第7因子	第8因子	人数
グループ1	0.4579	0.2178	0.3822	− 0.1497	− 0.0618	0.2184	0.5306	0.3363	296
グループ2	− 0.5095	− 0.2423	− 0.4253	0.1666	0.0688	− 0.2430	− 0.5905	− 0.3742	265

3クラスタ	第1因子	第2因子	第3因子	第4因子	第5因子	第6因子	第7因子	第8因子	人数
グループ1	0.1745	0.9918	0.1484	− 0.4374	− 0.2536	0.7732	0.2608	0.5005	134
グループ2	− 0.5095	− 0.2423	− 0.4253	0.1666	0.0688	− 0.2430	− 0.5905	− 0.3742	266
グループ3	0.6923	− 0.4225	0.5756	0.0882	0.0968	− 0.2406	0.7538	0.2004	161

4クラスタ	第1因子	第2因子	第3因子	第4因子	第5因子	第6因子	第7因子	第8因子	人数
グループ1	0.1745	0.9918	0.1484	− 0.4374	− 0.2536	0.7732	0.2608	0.5005	134
グループ2	− 0.2479	− 0.2326	− 0.1688	0.0553	0.0858	− 0.2988	− 0.3917	− 0.0153	191
グループ3	− 1.1758	− 0.2670	− 1.0785	0.4500	0.0256	− 0.1009	− 1.0965	− 1.2881	75
グループ4	0.6923	− 0.4225	0.5756	0.0882	0.0968	− 0.2406	0.7538	0.2004	161

5クラスタ	第1因子	第2因子	第3因子	第4因子	第5因子	第6因子	第7因子	第8因子	人数
グループ1	0.1292	0.9861	0.1050	− 0.4945	− 0.2764	0.5017	0.2362	0.4798	125
グループ2	− 0.2479	− 0.2326	− 0.1688	0.0553	0.0858	− 0.2988	− 0.3917	− 0.0153	191
グループ3	− 1.1758	− 0.2670	− 1.0785	0.4500	0.0256	− 0.1009	− 1.0965	− 1.2881	75
グループ4	0.6923	− 0.4225	0.5756	0.0882	0.0968	− 0.2406	0.7538	0.2004	162
グループ5	0.8047	1.0700	0.7506	0.3564	0.0633	4.5433	0.6024	0.7891	8

クラスタリングの結果の各グループ因子得点平均値プロットを**図4.4**に示し，各グループの人数比率，満足度，期待度の平均を**表4.5**（2）に示す。本書では，単に統計的クラスタリングによってグループ分けしたものを「グループ」，それを解釈したものを「タイプ」と呼ぶ。

タイプ1は「年齢・在住年数は高くはなく，図書館サービス，イベント・サークルの利用頻度が高く，インターネット・携帯電話・パソコンに対する要望が強いタイプ」，タイプ2は「年齢・在住年数は中くらいで，利用頻度も中くらい，各種要望も中くらいのタイプ」，タイプ3は「年齢・在住年数はやや高いが，図書館サービス・イベント・サークルに対する利用頻度は中程度で，要望・関心は低いタイプ」，タイプ4は「年齢・在住年数は中くらいで，図書館サービスの利用頻度は一番低いが，地域情報化拠点となるための取り組みに関する関心や地域情報の充実や地域コミュニティーとの連携に対する要望は高いタイプ」であることがわかる。本章では，因子得点は標準正規分布に従うことより，初心者向けとして，各タイプ平均を参照し，− 0.5未満を低，− 0.5以上0.5未満を中，0.5以上を高と3段階評価を基準としている。さらに，各タイプのメディアン，実際の分布の偏りも考慮した5段階評価を後述の章で紹介する。

また，人数比率は，タイプ1，2，3，4でそれぞれ23.84%，33.99%，13.35%，28.83%となっており，満足度，期待度の平均はタイプ1が一番高く，次に満足度はタイプ2，期待度はタイプ4が高い。タイプ4は現在の図書館サービスをあまり利用できてはおらず満足はしていないが，期待はしていることがわかる。そして，タイプ3は満足度と期待度の平均が共に一番低いことがわかる。タイプ3は図書館サービスをある程度利用してはいるが，満足度も期待度も低いタイプであることがわかる。

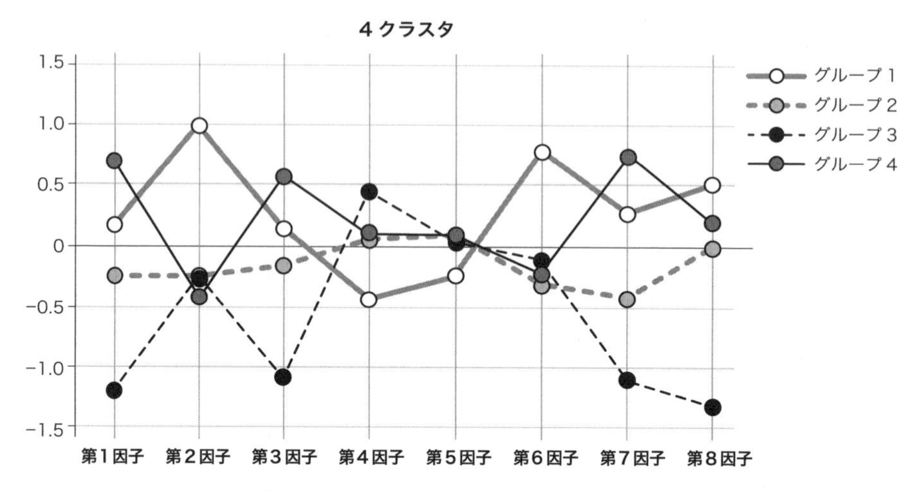

図 4.4 4クラスタの場合のクラスタリング結果

表 4.5（1） 各グループの因子得点平均

4クラスタ	グループ1	グループ2	グループ3	グループ4
第1因子	0.1745	− 0.2479	− 1.1758	0.6923
第2因子	0.9918	− 0.2326	− 0.2670	− 0.4225
第3因子	0.1484	− 0.1688	− 1.0785	0.5756
第4因子	− 0.4374	0.0553	0.4500	0.0882
第5因子	− 0.2536	0.0858	0.0256	0.0968
第6因子	0.7732	− 0.2988	− 0.1009	− 0.2406
第7因子	0.2608	− 0.3917	− 1.0965	0.7538
第8因子	0.5005	− 0.0153	− 1.2881	0.2004
人数	134	191	75	161

表 4.5（2） 各グループの人数比率・満足度・期待度の平均

	人数（%）	満足度の平均	期待度の平均
グループ1	23.84	4.24	4.10
グループ2	33.99	2.83	3.37
グループ3	13.35	2.71	2.56
グループ4	28.83	2.79	4.08

4.2 タイプごとのサービス効果分析

4.2.1 顧客（利用者）タイプ別サービス効果分析法 2

「顧客（利用者）タイプ別サービス効果分析法」の流れの続きを説明する。

④顧客（利用者）タイプごとの因子・変数と目的変数との関係の構造把握

構造方程式モデリングにより，各因子・変数と目的変数（満足度や期待度）との関係を分析する。どの因子・説明変数が目的変数に大きく影響しているかを明らかにすることにより，サービスの改善点を見出すことができるようにする。

⑤顧客満足度に対するフィードバック案の抽出

④によって抽出された説明変数を条件とした目的変数に対する条件付き確率分布を求めることにより，顧客（利用者）タイプ別のサービス効果の実態を把握する。性別・年齢などのカテゴリ属性変数におけるサービス効果の差も検討する。このとき，本方法では，各タイプ内でのカテゴリ変数ごとの条件付き確率分布も考察できるように，拡張を行っている。顧客（利用者）タイプごとの条件付き確率分布の特徴を比較検討することにより，顧客（利用者）タイプによるサービス改善アプローチ方法を導くことができる。

さらに，タイプごとに，満足度と期待度を目的変数としたベイジアンネットワーク分析を行い，確率推論を行うことによって，満足度や期待度を上げられる要因となる変数を抽出する。

4.2.2 図書館サービス調査データによる分析結果 2

本節では，図書館サービス調査データに適用した結果を示す。

4) タイプごとの因子・変数の構造の把握（構造方程式モデリング）

因子分析によって求められた因子に基づいて，タイプごとに構造方程式モデリングを行い，構造の把握を行う。目的変数は，1) 図書館の現状につながる因子の発見のために「満足度」，及び 2) 将来性を知るために「期待度」の 2 変数を検討し，両方を含めたモデリングを行っている（**図 4.5**，**表 4.6**）。

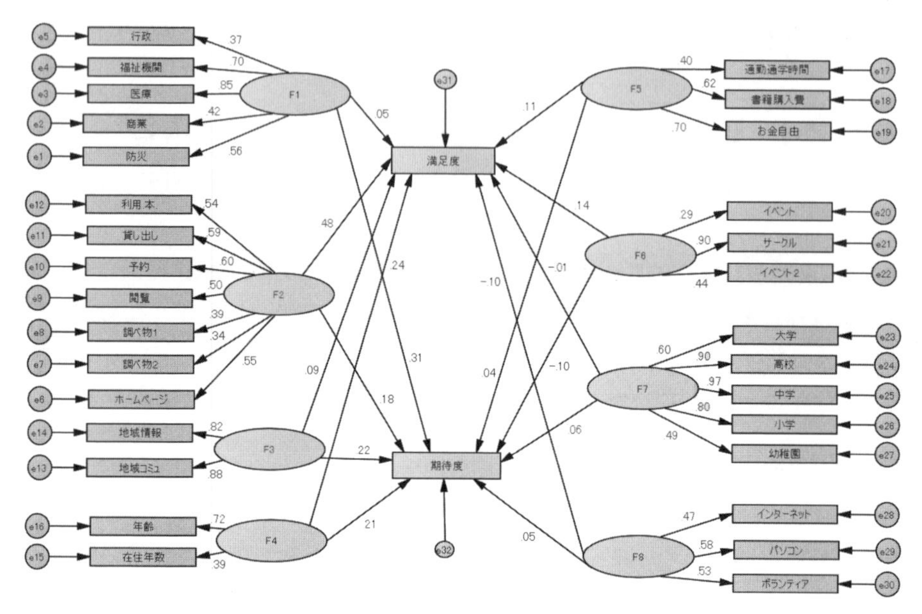

図 4.5（1） 構造方程式モデリング タイプ 1 (GFI=0.676, AGFI = 0.619)

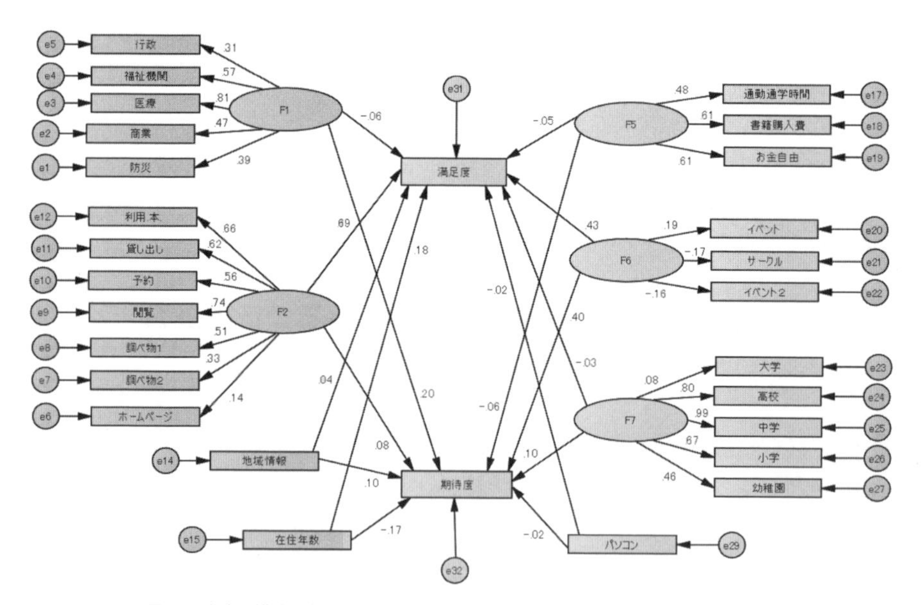

図 4.5（2） 構造方程式モデリング タイプ 2 (GFI = 0.775, AGFI = 0.731)

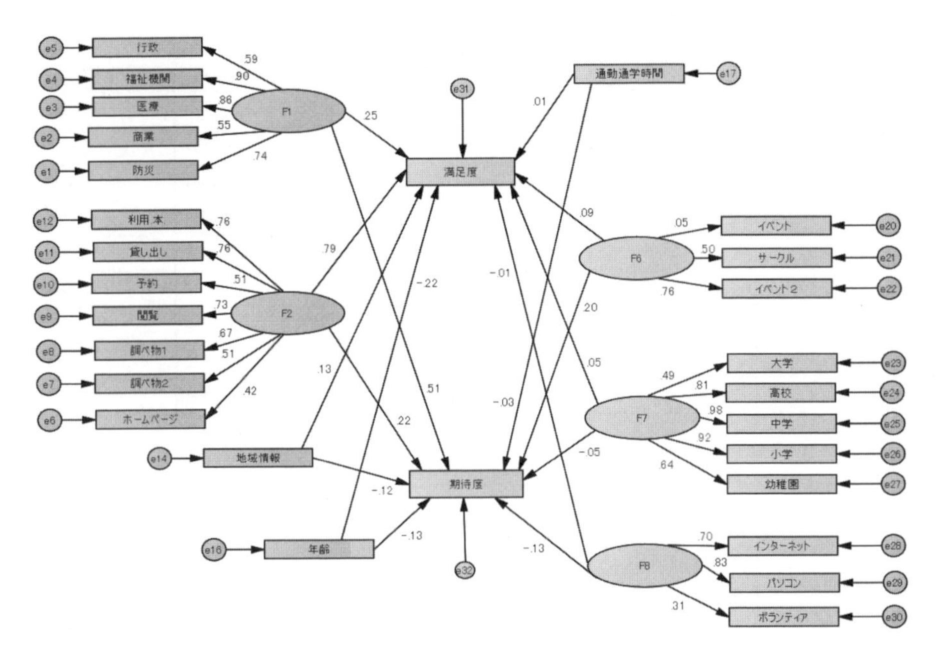

図 4.5 (3)　構造方程式モデリング タイプ 3 (GFI = 0.617, AGFI = 0.541)

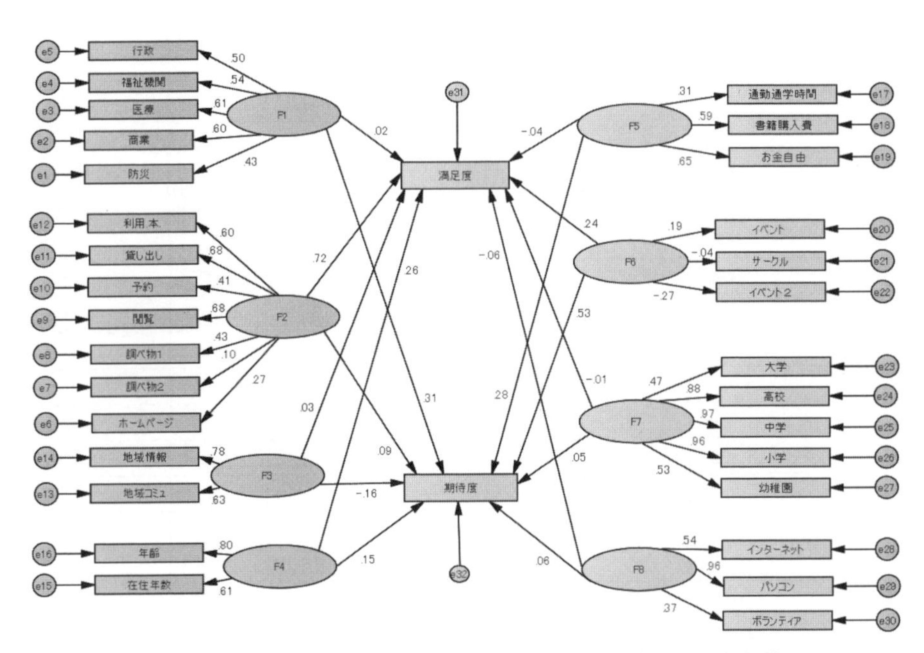

図 4.5 (4)　構造方程式モデリング タイプ 4 (GFI = 0.784, AGFI = 0.746)

表 4.6 (1)　パス係数の推定結果表（タイプ 1）

			推定値	標準誤差	検定統計量	確率	標準化推定値
防災	<---	F1	1.000				0.562
商業	<---	F1	0.679	0.171	3.966	<0.001	0.425
医療	<---	F1	1.149	0.199	5.771	<0.001	0.845
福祉機関	<---	F1	1.057	0.189	5.599	<0.001	0.700
行政	<---	F1	0.615	0.172	3.576	<0.001	0.375
ホームページ	<---	F2	1.000				0.550
調べもの 2	<---	F2	0.496	0.162	3.070	0.002	0.337
調べもの 1	<---	F2	0.545	0.158	3.454	<0.001	0.390
閲覧	<---	F2	0.693	0.166	4.174	<0.001	0.505
予約	<---	F2	1.016	0.219	4.643	<0.001	0.600
貸し出し	<---	F2	0.732	0.159	4.600	<0.001	0.590
利用（本館）	<---	F2	0.822	0.189	4.351	<0.001	0.538
地域 コミュニティー	<---	F3	1.000				0.881
地域情報	<---	F3	0.963	0.289	3.326	<0.001	0.818
在住年数	<---	F4	1.000				0.394
年齢	<---	F4	2.868	1.781	1.610	0.107	0.724
通勤通学時間	<---	F5	1.000				0.400
書籍購入費	<---	F5	1.895	0.613	3.090	0.002	0.619
お金自由	<---	F5	2.416	0.835	2.894	0.004	0.695
イベント	<---	F6	1.000				0.286
サークル	<---	F6	2.667	1.496	1.783	0.075	0.903
イベント 2	<---	F6	1.054	0.397	2.657	0.008	0.437
大学	<---	F7	1.000				0.595
高校	<---	F7	1.550	0.198	7.834	<0.001	0.896
中学	<---	F7	1.646	0.204	8.088	<0.001	0.972
小学	<---	F7	1.401	0.192	7.283	<0.001	0.797
幼稚園	<---	F7	0.777	0.155	5.027	<0.001	0.487
インターネット	<---	F8	1.000				0.468
パソコン	<---	F8	1.554	0.588	2.645	0.008	0.583
ボランティア	<---	F8	1.277	0.465	2.743	0.006	0.529
満足度	<---	F1	0.074	0.136	0.540	0.589	0.046
満足度	<---	F2	0.500	0.121	4.120	<0.001	0.477
満足度	<---	F3	0.094	0.091	1.028	0.304	0.086
満足度	<---	F4	0.268	0.135	1.987	0.047	0.241

満足度	<---	F5	0.141	0.122	1.154	0.249	0.115
満足度	<---	F6	0.377	0.253	1.489	0.136	0.141
満足度	<---	F7	－ 0.016	0.128	－ 0.126	0.899	－ 0.010
満足度	<---	F8	－ 0.229	0.242	－ 0.948	0.343	－ 0.101
期待度	<---	F1	0.744	0.232	3.211	0.001	0.312
期待度	<---	F2	0.280	0.147	1.909	0.056	0.182
期待度	<---	F3	0.359	0.152	2.364	0.018	0.225
期待度	<---	F8	0.157	0.358	0.437	0.662	0.047
期待度	<---	F7	0.154	0.196	0.784	0.433	0.063
期待度	<---	F6	－ 0.400	0.362	－ 1.103	0.270	－ 0.101
期待度	<---	F5	0.079	0.178	0.443	0.658	0.044
期待度	<---	F4	0.344	0.195	1.763	0.078	0.210

表 4.6 (2)　パス係数の推定結果表（タイプ 2）

			推定値	標準誤差	検定統計量	確率	標準化推定値
防災	<---	F1	1.000				0.389
商業	<---	F1	1.037	0.267	3.876	<0.001	0.474
医療	<---	F1	1.769	0.416	4.250	<0.001	0.806
福祉機関	<---	F1	1.239	0.296	4.179	<0.001	0.570
行政	<---	F1	0.667	0.221	3.020	0.003	0.307
ホームページ	<---	F2	1.000				0.138
調べもの 2	<---	F2	2.520	1.562	1.614	0.107	0.333
調べもの 1	<---	F2	6.624	3.926	1.687	0.092	0.507
閲覧	<---	F2	11.118	6.468	1.719	0.086	0.744
予約	<---	F2	7.039	4.146	1.698	0.090	0.560
貸し出し	<---	F2	10.083	5.909	1.706	0.088	0.616
利用（本館）	<---	F2	9.386	5.482	1.712	0.087	0.664
通勤通学時間	<---	F5	1.000				0.480
書籍購入費	<---	F5	1.758	0.468	3.759	<0.001	0.605
お金自由	<---	F5	1.897	0.507	3.741	<0.001	0.612
イベント	<---	F6	1.000				0.192
サークル	<---	F6	－ 0.588	0.525	－ 1.120	0.263	－ 0.167
イベント 2	<---	F6	－ 0.850	0.772	－ 1.100	0.271	－ 0.162
大学	<---	F7	1.000				0.079
高校	<---	F7	9.183	8.561	1.073	0.283	0.798
中学	<---	F7	11.329	10.557	1.073	0.283	0.986
小学	<---	F7	8.010	7.482	1.071	0.284	0.669

幼稚園	<---	F7	5.593	5.266	1.062	0.288	0.456
満足度	<---	F1	－ 0.287	0.318	－ 0.902	0.367	－ 0.058
満足度	<---	F2	14.183	8.262	1.717	0.086	0.693
満足度	<---	F5	－ 0.116	0.175	－ 0.666	0.505	－ 0.048
満足度	<---	F6	11.166	8.345	1.338	0.181	0.427
満足度	<---	F7	－ 0.863	1.804	－ 0.478	0.632	－ 0.030
期待度	<---	F1	0.826	0.373	2.216	0.027	0.197
期待度	<---	F2	1.353	1.564	0.865	0.387	0.078
期待度	<---	F7	2.505	2.902	0.863	0.388	0.101
期待度	<---	F6	8.818	5.961	1.479	0.139	0.396
期待度	<---	F5	－ 0.128	0.187	－ 0.683	0.495	－ 0.061
満足度	<---	地域情報	0.099	0.131	0.752	0.452	0.041
期待度	<---	地域情報	0.196	0.140	1.399	0.162	0.096
満足度	<---	在住年数	0.161	0.050	3.225	0.001	0.177
期待度	<---	在住年数	－ 0.133	0.053	－ 2.492	0.013	－ 0.172
期待度	<---	パソコン	－ 0.040	0.112	－ 0.362	0.717	－ 0.025
満足度	<---	パソコン	－ 0.042	0.104	－ 0.398	0.690	－ 0.022

表 4.6 (3) パス係数の推定結果表（タイプ 3）

			推定値	標準誤差	検定統計量	確率	標準化推定値
防災	<---	F1	1.000				0.744
商業	<---	F1	0.535	0.116	4.622	<0.001	0.551
医療	<---	F1	0.988	0.133	7.434	<0.001	0.862
福祉機関	<---	F1	1.037	0.135	7.695	<0.001	0.900
行政	<---	F1	0.675	0.135	4.989	<0.001	0.592
ホームページ	<---	F2	1.000				0.424
調べもの 2	<---	F2	1.137	0.384	2.957	0.003	0.505
調べもの 1	<---	F2	1.986	0.591	3.359	<0.001	0.672
閲覧	<---	F2	2.611	0.755	3.457	<0.001	0.728
予約	<---	F2	1.700	0.575	2.958	0.003	0.506
貸し出し	<---	F2	2.798	0.798	3.508	<0.001	0.762
利用（本館）	<---	F2	2.743	0.783	3.506	<0.001	0.760
イベント	<---	F6	1.000				0.049
サークル	<---	F6	7.237	21.758	0.333	0.739	0.498
イベント 2	<---	F6	25.481	77.863	0.327	0.743	0.759
大学	<---	F7	1.000				0.491
高校	<---	F7	1.442	0.326	4.420	<0.001	0.806

中学	<---	F7	1.832	0.388	4.724	<0.001	0.982
小学	<---	F7	1.831	0.393	4.655	<0.001	0.923
幼稚園	<---	F7	1.181	0.298	3.962	<0.001	0.640
インターネット	<---	F8	1.000				0.697
パソコン	<---	F8	1.064	0.441	2.410	0.016	0.830
ボランティア	<---	F8	0.360	0.160	2.252	0.024	0.314
満足度	<---	F1	0.523	0.160	3.275	0.001	0.249
満足度	<---	F2	4.295	1.189	3.613	<0.001	0.788
満足度	<---	F6	12.435	39.087	0.318	0.750	0.088
満足度	<---	F7	0.198	0.258	0.768	0.442	0.054
満足度	<---	F8	− 0.022	0.171	− 0.126	0.900	− 0.010
期待度	<---	F1	0.924	0.205	4.516	<0.001	0.508
期待度	<---	F2	1.024	0.542	1.891	0.059	0.217
期待度	<---	F8	− 0.240	0.209	− 1.147	0.251	− 0.126
期待度	<---	F7	− 0.176	0.308	− 0.571	0.568	− 0.055
期待度	<---	F6	24.747	75.410	0.328	0.743	0.202
満足度	<---	地域情報	0.218	0.116	1.880	0.060	0.128
期待度	<---	地域情報	− 0.175	0.139	− 1.257	0.209	− 0.118
満足度	<---	年齢	− 0.143	0.043	− 3.294	<0.001	− 0.224
期待度	<---	年齢	− 0.069	0.052	− 1.334	0.182	− 0.126
満足度	<---	通勤通学時間	0.012	0.098	0.119	0.905	0.008
期待度	<---	通勤通学時間	− 0.037	0.117	− 0.316	0.752	− 0.030

表 4.6 (4)　パス係数の推定結果表（タイプ 4）

			推定値	標準誤差	検定統計量	確率	標準化推定値
防災	<---	F1	1.000				0.425
商業	<---	F1	1.664	0.422	3.948	<0.001	0.601
医療	<---	F1	1.054	0.266	3.960	<0.001	0.607
福祉機関	<---	F1	0.978	0.256	3.814	<0.001	0.545
行政	<---	F1	1.050	0.285	3.688	<0.001	0.504
ホームページ	<---	F2	1.000				0.272
調べもの 2	<---	F2	0.530	0.485	1.093	0.274	0.102
調べもの 1	<---	F2	5.129	1.874	2.737	0.006	0.429
閲覧	<---	F2	8.154	2.688	3.033	0.002	0.675
予約	<---	F2	3.300	1.222	2.701	0.007	0.411

貸し出し	<---	F2	9.194	3.030	3.035	0.002	0.677
利用（本館）	<---	F2	7.233	2.430	2.977	0.003	0.602
地域 コミュニティー	<---	F3	1.000				0.629
地域情報	<---	F3	1.213	0.747	1.623	0.105	0.784
在住年数	<---	F4	1.000				0.612
年齢	<---	F4	1.994	0.673	2.962	0.003	0.803
通勤通学時間	<---	F5	1.000				0.313
書籍購入費	<---	F5	2.110	0.798	2.643	0.008	0.587
お金自由	<---	F5	2.939	1.143	2.573	0.010	0.645
イベント	<---	F6	1.000				0.191
サークル	<---	F6	− 0.097	0.288	− 0.338	0.735	− 0.042
イベント 2	<---	F6	− 1.100	0.875	− 1.257	0.209	− 0.273
大学	<---	F7	1.000				0.474
高校	<---	F7	2.064	0.319	6.464	<0.001	0.881
中学	<---	F7	2.409	0.361	6.664	<0.001	0.972
小学	<---	F7	2.308	0.347	6.644	<0.001	0.960
幼稚園	<---	F7	1.495	0.294	5.084	<0.001	0.527
インターネット	<---	F8	1.000				0.544
パソコン	<---	F8	1.881	0.609	3.087	0.002	0.960
ボランティア	<---	F8	0.561	0.137	4.098	<0.001	0.366
満足度	<---	F1	0.123	0.425	0.289	0.773	0.021
満足度	<---	F2	15.064	4.908	3.069	0.002	0.721
満足度	<---	F3	0.110	0.296	0.370	0.711	0.026
満足度	<---	F4	0.401	0.121	3.309	<0.001	0.262
満足度	<---	F5	− 0.167	0.308	− 0.541	0.588	− 0.043
満足度	<---	F6	5.638	4.356	1.294	0.196	0.244
満足度	<---	F7	− 0.057	0.384	− 0.147	0.883	− 0.009
満足度	<---	F8	− 0.205	0.228	− 0.900	0.368	− 0.056
期待度	<---	F1	1.202	0.417	2.878	0.004	0.308
期待度	<---	F2	1.196	1.195	1.001	0.317	0.087
期待度	<---	F3	− 0.434	0.251	− 1.727	0.084	− 0.159
期待度	<---	F8	0.140	0.180	0.775	0.438	0.058
期待度	<---	F7	0.199	0.306	0.649	0.517	0.047
期待度	<---	F6	8.053	7.034	1.145	0.252	0.532
期待度	<---	F5	0.707	0.330	2.140	0.032	0.276
期待度	<---	F4	0.153	0.088	1.748	0.081	0.153

構造方程式モデリングについては，**表 4.7** より，「年齢・在住年数は高くはなく，図書館サービス，イベント・サークルの利用頻度が高く，インターネット・携帯電話・パソコンに対する要望が強い」タイプ1の満足度には，第2因子（図書館サービスの利用），第4因子（年齢・在住年数），期待値には第1因子（行政・福祉・医療・健康・商業・防災に関する関心）と第3因子（地域情報の充実や地域コミュニティーとの連携に対する要望）が影響を与えていることがわかる。

また，「年齢・在住年数は中くらいで，利用頻度も中くらい，各種要望も中くらい」のタイプ2の満足度には第4因子（在住年数），期待値には第1因子（行政・福祉・医療・健康・商業・防災に関する関心）が影響を与えていることがわかる。

そして，「年齢・在住年数はやや高いが，図書館サービス・イベント・サークルに対する利用頻度は中程度で，要望・関心は低い」タイプ3の満足度は，第1因子（行政・福祉・医療・健康・商業・防災に関する関心）と第2因子（図書館サービスの利用）が影響を与えており，期待値には第1因子（行政・福祉・医療・健康・商業・防災に関する関心）が影響を与えていることがわかる。

さらに，「年齢・在住年数は中くらいで，図書館サービスの利用頻度は一番低いが，地域情報化拠点となるための取り組みに関する関心や地域情報の充実や地域コミュニティーとの連携に対する要望は高い」タイプ4の満足度は，タイプ1と同じで第2因子（図書館サービスの利用），第4因子（年齢・在住年数）が影響を与えているが，期待値には第1因子（行政・福祉・医療・健康・商業・防災に関する関心）と第5因子（時間的金銭的余裕）が影響を与えていることがわかる。

表 4.7 目的変数に影響が大きい因子のまとめ（10%有意以上の係数値を表示，太字は 5%有意の係数値）

		タイプ 1 年齢・在住年数は高くはなく，図書館サービス，イベント・サークルの利用頻度が高く，インターネット・携帯電話・パソコンに対する要望が強いタイプ	タイプ 2 年齢・在住年数は中位で，利用頻度も中位，各種要望も中位のタイプ	タイプ 3 年齢・在住年数はやや高いが，図書館サービス・イベント・サークルに対する利用頻度は中程度で，要望・関心は低いタイプ	タイプ 4 年齢・在住年数は中位で，図書館サービスの利用頻度は一番低いが，地域情報化拠点となるための取り組みに関する関心や地域情報の充実や地域コミュニティーとの連携に対する要望は高いタイプ
満足度	**第 1 因子** 行政・福祉・医療・健康・商業・防災に関する関心			**0.249**	
	第 2 因子 図書館サービスの利用頻度	**0.477**	0.693	**0.788**	**0.721**
	第 3 因子 地域情報の充実や地域コミュニティーとの連携に対する要望			0.128（地域情報）	
	第 4 因子 年齢・在住年数	**0.241**	**0.177（在住年数）**	**－ 0.224（年齢）**	**0.262**
	第 5 因子 時間的金銭的余裕				
	第 6 因子 イベント・サークルの利用頻度				
	第 7 因子 地域情報化拠点となるための取り組みに対する教育機関との連携に関する関心				
	第 8 因子 インターネット・携帯電話・パソコンに対応した要望				
期待度	**第 1 因子** 行政・福祉・医療・健康・商業・防災に関する関心	**0.312**	**0.197**	**0.508**	**0.308**
	第 2 因子 図書館サービスの利用頻度	0.182		0.217	
	第 3 因子 地域情報の充実や地域コミュニティーとの連携に対する要望	**0.225**			－ 0.159

期待度	**第4因子** 年齢・在住年数	0.210	**−0.172 (在住年数)**		0.153
	第5因子 時間的金銭的余裕				**0.276**
	第6因子 イベント・サークルの利用頻度				
	第7因子 地域情報化拠点となるための取り組みに対する教育機関との連携に関する関心				
	第8因子 インターネット・携帯電話・パソコンに対応した要望				

⑤顧客満足度に対するフィードバック案の抽出（条件付き確率分布・カテゴリ変数を含めた条件付き確率分布，タイプ別ベイジアンネットワーク分析）

④構造方程式モデリングから得られた，目的変数（満足度・期待度）に影響が大きかった観測変数を条件として分析を行っていく。ここでは，一例として，予約サービスを条件としたときの満足度について，タイプごとの条件付き確率分布を**表 4.8** に示す。

また，カテゴリ変数（ここでは，本のジャンルの選好）を条件にしたときの満足度の条件付き確率分布を**表 4.9** に示し，さらに，各タイプにおいて，カテゴリ変数（ここでは，性別）を条件としたときの満足度の条件付き確率分布を**表 4.10** に示す。

- **タイプごとの条件付き確率分布（予約サービスを条件としたときの満足度の条件付き確率分布）の検討**

  表 4.8 より，タイプ 1 は，予約サービスを利用していなくても満足度が高い人の割合が多いことがわかる。それに比べ，図書館に対する要望・関心・利用頻度が中・低程度のタイプ 2，3 では，予約サービスの利用度が高い利用者ほど満足度が高くなっていることがわかる。また，タイプ 4 は，予約サービスをそれほど利用していないタイプであることがわかる。

- **カテゴリ変数（ここでは，本のジャンルの選好）を条件にしたときの条件付き確率分布の検討**

  カテゴリ変数を条件にしたときの条件付き確率分布は，サービス全般ではカテゴリ変数の形で質問される項目が多いため，顧客タイプ別サービス効果分析法であるからこそ導入した解析である。

  表 4.9 より，よく読む本や興味のある情報のジャンルにかかわらず，利用者は満足度が高い（満足度 4 あるいは 5）傾向があるが，政治・経済・スポーツに興味のある人で図書館を利用していない人の割合が少し多いことがわかる。

- **各タイプにおける，カテゴリ変数（ここでは，性別）を条件としたときの満足度の条件付き確率分布の検討**

  潜在的なタイプごとにおける，カテゴリ変数を条件としたときの満足度の条件付き確率分布の検討も，顧客タイプ別サービス効果分析法であるからこそ導入した解析である。

  表 4.10（1）より，年齢が比較的若いタイプ 1 では，それぞれ満足度 5，4 の割合が多く，さらに男女による差が見られないことがわかる。しかし，年齢が高く利用度の高くはないタイプ 3 では，男性のモードが 4，女性のモードが 3 と満足度の最頻出回答に差があることがわかる。

  さらに，表 4.10（2）より，期待度に関しては，満足度が一番高いタイプ 1 と満足度は 3 番目のタイプ 4 が男女共に期待度が高いことがわかる。タイプ 2 は期待の程度は少し下がり，男女共に期待値のモードは 4 である。タイプ 3 に関しては，期待の程度はさらに下がり，男性のモードは 2，女性のモードは 3 となっている。満足度のモードの男女差と逆転しており，男性のほうが期待度が低いことがわかる。

このように，本提案方法では，潜在的なタイプごとで，カテゴリ変数を条件としたときの満足度の条件付き確率分布にどのような違いがあるのかを解析することができ，各グループ内の顧客（利用者）の特徴を詳細に分析できることを示した。

表 4.8 タイプごとの満足度の条件付き確率分布（条件：予約サービス）

	予約	満足度					
		0	1	2	3	4	5
タイプ 1	1	0.000	0.000	0.069	0.241	0.310	0.379
	2	0.000	0.000	0.000	0.222	0.333	0.444
	3	0.000	0.000	0.026	0.184	0.500	0.289
	4	0.000	0.000	0.000	0.059	0.265	0.676
	5	0.000	0.000	0.000	0.067	0.533	0.400
タイプ 2	1	0.336	0.016	0.049	0.262	0.213	0.123
	2	0.172	0.000	0.034	0.483	0.103	0.207
	3	0.000	0.000	0.000	0.261	0.435	0.304
	4	0.000	0.000	0.000	0.167	0.500	0.333
	5	0.000	0.000	0.000	0.200	0.200	0.600
タイプ 3	1	0.405	0.000	0.024	0.262	0.214	0.095
	2	0.333	0.000	0.000	0.250	0.333	0.083
	3	0.000	0.000	0.000	0.250	0.500	0.250
	4	0.167	0.000	0.167	0.000	0.000	0.667
	5	0.000	0.000	0.333	0.000	0.000	0.667
タイプ 4	1	0.352	0.000	0.032	0.224	0.200	0.192
	2	0.000	0.000	0.000	0.389	0.389	0.222
	3	0.000	0.000	0.000	0.278	0.611	0.111
	4	0.000	0.000	0.000	0.000	0.000	0.000
	5	0.000	0.000	1.000	0.000	0.000	0.000

表 4.9 カテゴリ変数を条件としたときの満足度の条件付き確率分布

ジャンルの選好	満足度					
	0	1	2	3	4	5
J 政治	0.219	0.008	0.063	0.195	0.227	0.289
J 経済	0.201	0.007	0.045	0.142	0.306	0.299
J 文学	0.162	0.004	0.040	0.219	0.295	0.281
J 趣味	0.176	0.003	0.026	0.240	0.309	0.246
J くらし	0.136	0.000	0.049	0.184	0.311	0.320
J スポーツ	0.269	0.000	0.025	0.193	0.227	0.286
J 芸術	0.175	0.000	0.029	0.251	0.322	0.222
J エンターテイメント	0.164	0.007	0.036	0.236	0.314	0.243
J 勉強	0.088	0.011	0.022	0.253	0.308	0.319
J その他	0.095	0.000	0.000	0.238	0.333	0.333
J 特になし	0.600	0.000	0.100	0.150	0.050	0.100

表4.10 (1) タイプごとのカテゴリ変数における条件付き確率分布（満足度）

	性別	満足度					
		0	1	2	3	4	5
タイプ1	男性	0.000	0.000	0.040	0.140	0.360	0.460
	女性	0.000	0.000	0.012	0.167	0.393	0.429
タイプ2	男性	0.250	0.011	0.054	0.250	0.196	0.239
	女性	0.232	0.010	0.020	0.323	0.283	0.131
タイプ3	男性	0.270	0.000	0.027	0.108	0.324	0.270
	女性	0.316	0.000	0.053	0.342	0.184	0.105
タイプ4	男性	0.304	0.000	0.038	0.215	0.278	0.165
	女性	0.241	0.000	0.024	0.277	0.253	0.205

表4.10 (2) タイプごとのカテゴリ変数における条件付き確率分布（期待度）

	性別	期待度					
		0	1	2	3	4	5
タイプ1	男性	0.040	0.000	0.040	0.060	0.320	0.540
	女性	0.060	0.000	0.024	0.095	0.429	0.393
タイプ2	男性	0.076	0.011	0.163	0.152	0.370	0.228
	女性	0.131	0.020	0.051	0.162	0.465	0.172
タイプ3	男性	0.162	0.162	0.216	0.162	0.162	0.135
	女性	0.132	0.079	0.184	0.263	0.237	0.105
タイプ4	男性	0.038	0.000	0.051	0.114	0.316	0.481
	女性	0.048	0.000	0.072	0.060	0.373	0.446

さらに，フィードバック案抽出のために，満足度と期待度を目的変数としたタイプ別ベイジアンネットワーク分析を行い，確率推論をして，満足度や期待度を向上させられる確率の高い変数を示す（**図4.6**）。

本節では，5段階評価項目に関しては4以上を1（高い），3以下を0（低い）として二値化し，それ以外の項目は平均以上を1，未満を0として二値化している。

目的変数は，「満足度」，「期待度」とし，これらを向上させる変数について確率推論しており，構造制約としては「満足度」，「期待度」がそれぞれ子ノードを持たないように制約を課している。

本章でのベイジアンネットワーク分析は（株）NTTデータ数理システムのBAYONET（Version 6.3.0）で行っている。構造学習では，目的変数が子ノードを持たないような構造制約を設定し，構造探索アルゴリズムはGreedy Search

（欲張り法）を，評価基準はAIC（赤池情報量規準）を使用している。

表4.11より，タイプ1のベイジアンネットワークモデルに基づく確率推論で，満足度を向上させられる確率が高い変数は，地域情報化拠点のイメージ（0.249），閲覧（0.219），利用（本館）（0.198），貸し出し（0.124），大学との連携（0.115）などであり，期待度のほうはイメージ（0.347），個人情報（0.341），ほかの図書館との連携（0.185），行政（0.160），大学との連携（0.157），インターネット（0.137）などであり，期待度と満足度は地域情報化拠点のイメージなど，ほかの変数を通じて関連している可能性があることがわかった。

タイプ2のベイジアンネットワークモデルに基づく確率推論で，満足度を向上させられる確率が高い変数は，貸し出し（0.432），閲覧（0.370），予約（0.236），調べもの1（0.221），調べもの2（0.138）などの図書館サービスの利用頻度，利用（本館）（0.266），各分館の利用頻度などであり，期待度のほうはイメージ（0.372），行政（0.235），大学（0.221），民間（0.133），高校（0.130）との連携などであることがわかった。例えば，貸し出しが増加するような工夫をすることで，満足度が高まる可能性があることを示唆していると考えられる。

また，タイプ3のベイジアンネットワークモデルに基づく確率推論では，満足度を向上させられる確率が高い変数は，利用頻度（本館：0.579，分館8：0.233，分館6：0.128，分館9：0.126，分館7：0.115），貸し出し（0.312），ホームページ（0.309），調べもの1（0.243），イメージ（0.225），予約（0.159），調べもの2（0.130），閲覧（0.113），調べもの3（0.112），通勤通学時間（0.108），期待度（0.102）であり，期待度のほうはイメージ（0.601），利用頻度（本館）（0.221），計画企画の認知（0.143）であることがわかった。タイプ3は，例えば，本館を利用しやすいように工夫をすることで，満足度が高まる可能性があることを示唆していると考えられる。

タイプ4のベイジアンネットワークモデルに基づく確率推論では，満足度を向上させられる確率が高い変数は，閲覧（0.454），年齢（0.203），貸し出し（0.195），期待度（0.131），利用頻度（分館10：0.113，分館1：0.103，本館：0.103）であり，期待度のほうは行政（0.409），イメージ（0.109）であることがわかった。タイプ4の場合は，例えば閲覧を利用しやすいように工夫をすることで満足度が高まり，行政サービスについての情報提供を図書館で行うことにより期待度が高まる可能性があることを示唆していると考えられる。

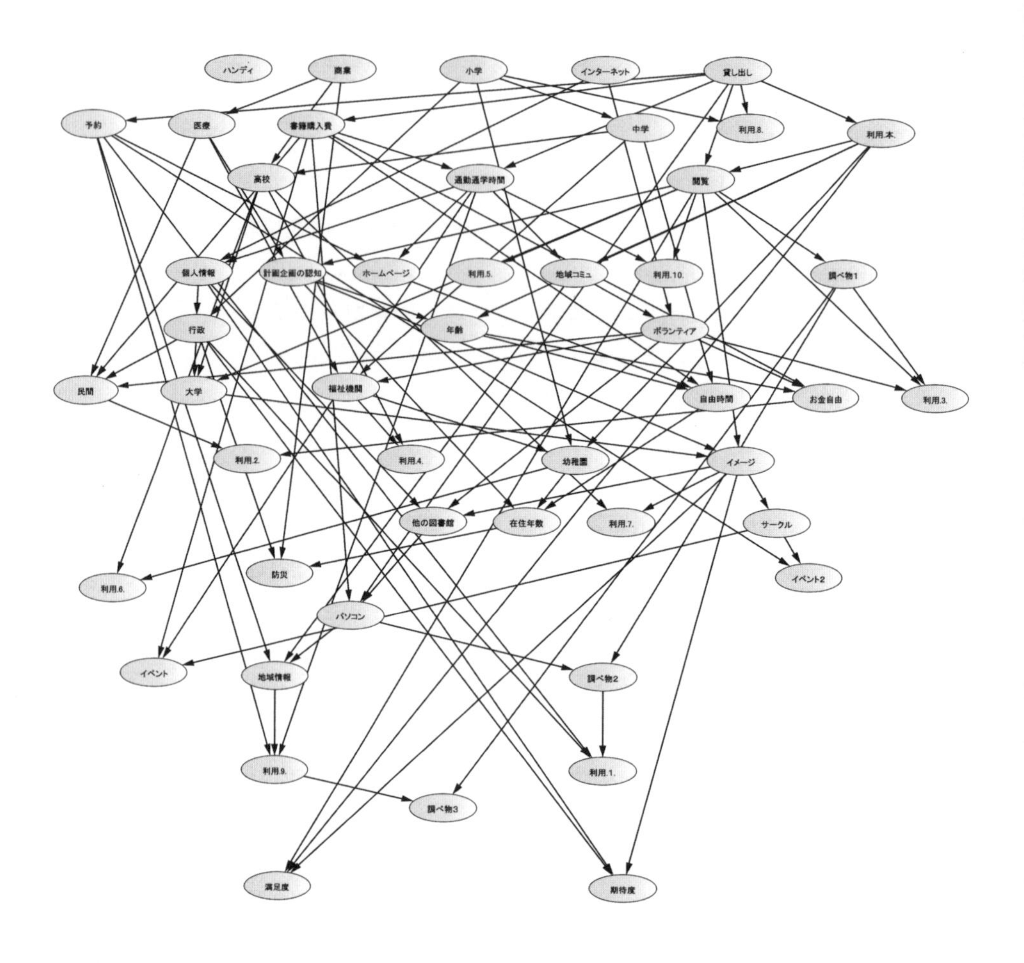

図 4.6（1）　タイプ別ベイジアンネットワーク分析（タイプ 1）

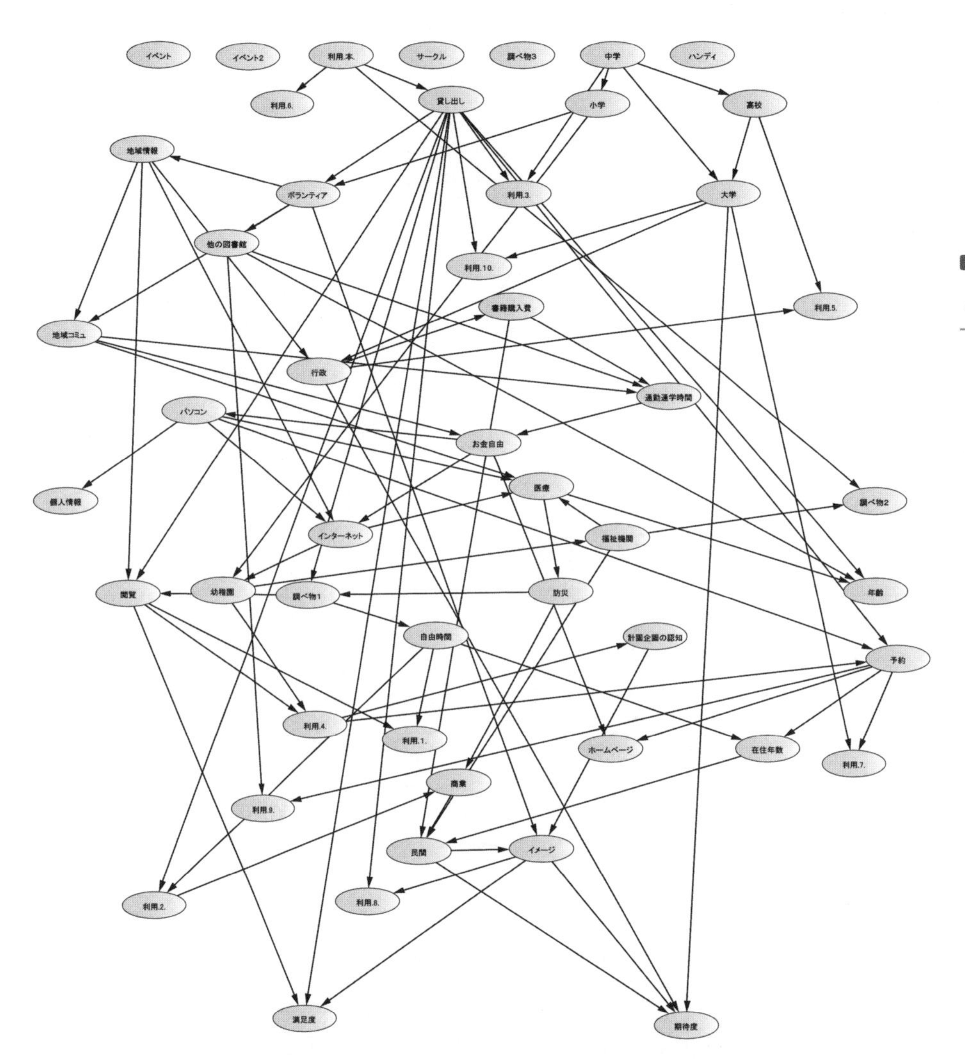

図 4.6 (2)　タイプ別ベイジアンネットワーク分析 (タイプ 2)

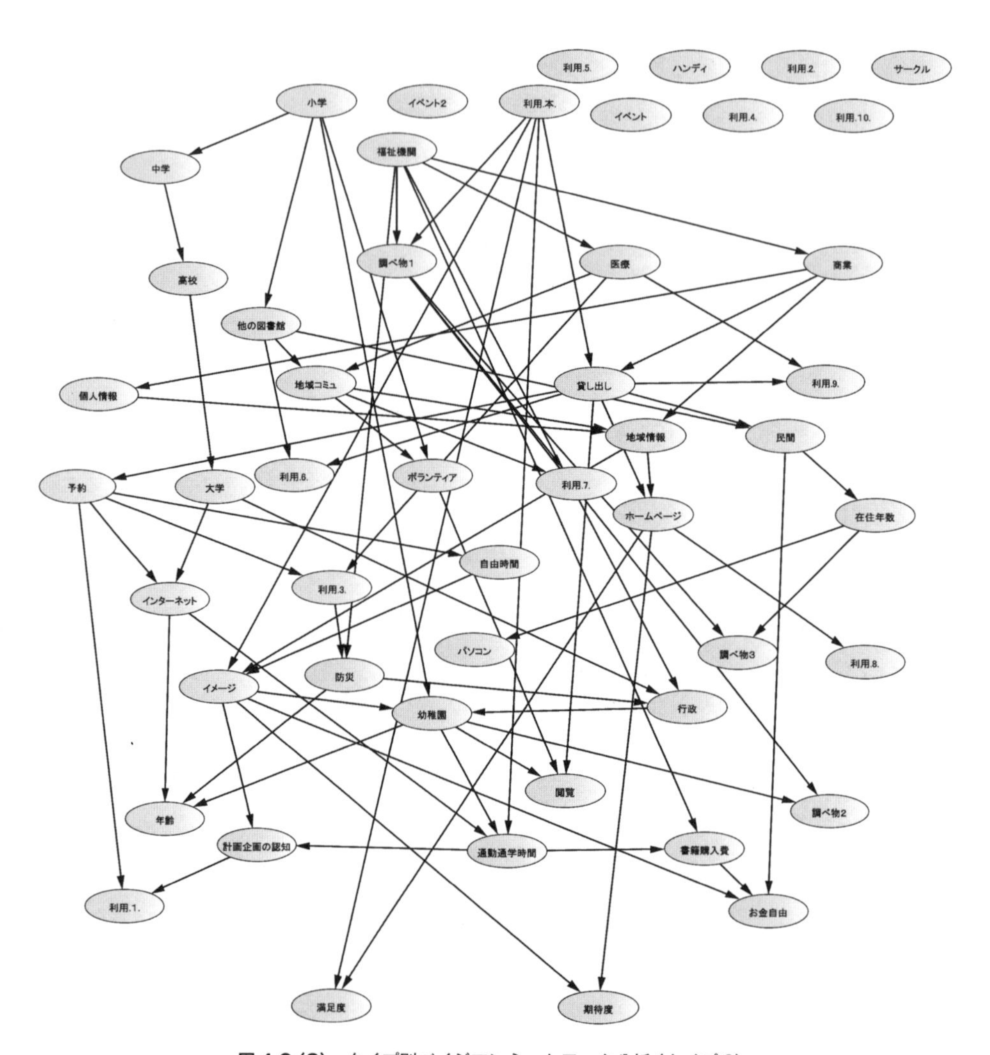

図 4.6 (3) タイプ別ベイジアンネットワーク分析（タイプ 3）

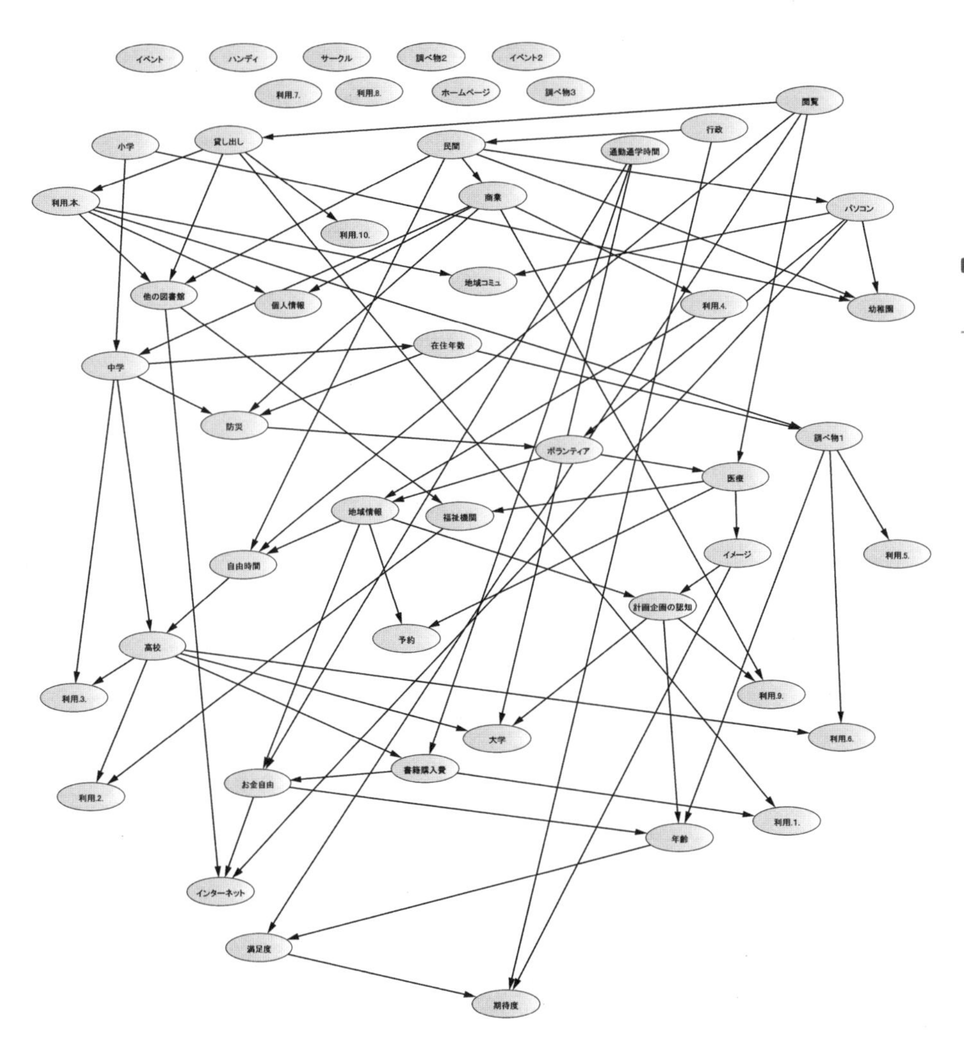

図 4.6 (4)　タイプ別ベイジアンネットワーク分析（タイプ 4）

表 4.11 (1) タイプ別ベイジアンネットワークに基づく確率推論結果 (タイプ 1)

$Pr(Y=1\}X=1)-$ $Pr(Y=1 \mid X=0)$	X	Y
0.249	イメージ	満足度
0.219	閲覧	満足度
0.198	利用（本館）	満足度
0.124	貸し出し	満足度
0.115	大学	満足度
0.106	期待度	満足度
0.101	調べもの 1	満足度
0.056	調べもの 2	満足度

$Pr(Y=1\}X=1)-$ $Pr(Y=1 \mid X=0)$	X	Y
0.347	イメージ	期待度
0.341	個人情報	期待度
0.185	ほかの図書館	期待度
0.160	行政	期待度
0.157	大学	期待度
0.137	インターネット	期待度
0.110	満足度	期待度
0.069	サークル	期待度

表 4.11 (2) タイプ別ベイジアンネットワークに基づく確率推論結果 (タイプ 2)

$Pr(Y=1\}X=1)-$ $Pr(Y=1 \mid X=0)$	X	Y
0.432	貸し出し	満足度
0.370	閲覧	満足度
0.270	利用（分館 8）	満足度
0.266	利用（本館）	満足度
0.236	予約	満足度
0.222	利用（分館 4）	満足度
0.221	調べもの 1	満足度
0.208	利用（分館 1）	満足度
0.189	イメージ	満足度
0.187	利用（分館 3）	満足度
0.186	利用（分館 2）	満足度
0.183	利用（分館 10）	満足度
0.167	ホームページ	満足度
0.159	利用（分館 7）	満足度
0.147	利用（分館 6）	満足度
0.139	利用（分館 9）	満足度
0.138	調べもの 2	満足度
0.128	ボランティア	満足度
0.111	年齢	満足度
0.065	期待度	満足度

$Pr(Y=1\}X=1)-$ $Pr(Y=1 \mid X=0)$	X	Y
0.372	イメージ	期待度
0.235	行政	期待度
0.221	大学	期待度
0.149	利用（分館 8）	期待度
0.133	民間	期待度
0.130	高校	期待度
0.079	計画企画の認知	期待度

表 4.11 (3)　タイプ別ベイジアンネットワークに基づく確率推論結果（タイプ 3）

$Pr(Y=1\}X=1)-$ $Pr(Y=1\|X=0)$	X	Y
0.579	利用（本館）	満足度
0.312	貸し出し	満足度
0.309	ホームページ	満足度
0.243	調べもの 1	満足度
0.233	利用（分館 8）	満足度
0.225	イメージ	満足度
0.159	予約	満足度
0.130	調べもの 2	満足度
0.128	利用（分館 6）	満足度
0.126	利用（分館 9）	満足度
0.115	利用（分館 7）	満足度
0.113	閲覧	満足度
0.112	調べもの 3	満足度
0.108	通勤通学時間	満足度
0.102	期待度	満足度
0.099	利用（分館 3）	満足度

$Pr(Y=1\}X=1)-$ $Pr(Y=1\|X=0)$	X	Y
0.601	イメージ	期待度
0.221	利用（本館）	期待度
0.143	計画企画の認知	期待度
0.095	地域情報	期待度

表 4.11 (4)　タイプ別ベイジアンネットワークに基づく確率推論結果（タイプ 4）

$Pr(Y=1\}X=1)-$ $Pr(Y=1\|X=0)$	X	Y
0.454	閲覧	満足度
0.203	年齢	満足度
0.195	貸し出し	満足度
0.131	期待度	満足度
0.113	利用（分館 10）	満足度
0.103	利用（分館 1）	満足度
0.103	利用（本館）	満足度
0.098	予約	満足度

$Pr(Y=1\}X=1)-$ $Pr(Y=1\|X=0)$	X	Y
0.409	行政	期待度
0.190	イメージ	期待度
0.087	満足度	期待度

【参考文献】

[1] Li,M., Green, R.D., Farazmand,F.A. and Grodzki,E. (2012) : "Customer Loyality : Influences on Three Types of Retail Stores' Shoppers, " *International Journal of Management and Marketing Research*,Vol.5 ,No.1, pp.1-19.

[2] Shing,G.L., Koh,C. and Nathan,R.J. (2012) : "Service Quality Dimensions and Tourist Satisfaction towards Melaka Hotels, " *International Journal Economics and Management Engineering*, Vol.2, No.1, pp.26-32.

[3] 進藤綾子・戸梶亜紀彦 (2010) : " 小売戦略における地域性と顧客満足—東広島市の小規模店舗を例として—", 地域経済研究, Vol.12, pp.81-91.

[4] 田中亮・戸梶亜紀彦 (2009) : " 欲求の従属に基づく顧客満足測定尺度の因子的妥当性の検討—リハビリテーションサービスにおける調査研究—", 理学療法科学, Vol.24, No.5, pp.737-744.

[5] Tsubaki,M. and Oya,T. (2011) : "Analytical System of Educational Effects Considering the Learners' Individual Differences, " *Proceedings of European Conference on Educational Research (ECER) 2011*, N11-753.

[6] 椿美智子・大宅太郎・徳富雄典 (2013) : " タイプ別教育・学習効果システムの提案 ", 日本教育情報研究, Vol.28, No.3, pp.15-26.

[7] 渡辺美智子・山口和範 (2000) :『EM アルゴリズムと不完全データの諸問題』, 多賀出版。

[8] 荻生待也・繁桝算男 (1996) : " 順序付きカテゴリカルデータへの因子分析適用に関するいくつかの注意点 ", 心理学研究, Vol.67, pp.1-8.

[9] 兼子毅 (2011) :『R で学ぶ多変量解析』, 日科技連。

[10] Schafer,J.L. (1997) : *Analysis of Incomplete Multivariate Data*, London : Chapman & Hall.

[11] Alison, P.D (2001) : *Missing Data. Thousand Oaks*, CA:Sage.

[12] 尾賀郷史 (2010) :『R における心理・調査データ解析』, 東京図書株式会社。

第5章

時系列変化を考慮したサービスデータ分析

5.1 サービス利用の時系列変化を考慮した顧客のタイプ分け

現在，世界経済におけるサービス分野の占める割合が非常に大きくなっているため，サービス効果を測ることは重要となってきている。しかも，サービスの場合，顧客の異質性が大きいため，サービス効果を分析する場合に，どのような顧客タイプにはどのような要素の効果があり，どのような要素の効果はないのか，そしてほかの顧客タイプにはまた別のどのような要素の効果が高いのかを分析して比較をすることは，顧客にとっても，サービス提供者にとっても非常に有益である（Stauss,Engelmann,Kremer and Luhn (2009) [1]，近藤 (2004) [2]，Lovelock and Wirtz (2010) [3]）。

教育・学習効果も，学生による個人差が大きく，その個人差（異質性）を考慮して，教育・学習効果分析を行える分析システムの開発を椿・大宅・徳富 (2013) [4] では行っている。また，徳富・椿 (2012) [5] では，椿・大宅・徳富 (2013) [4] を改良し，サービス利用者に対して行ったアンケートデータを基に，利用者の好みや特性，要望，期待，購買行動などにより総合的にタイプ分けを行い，顧客タイプごとのサービス効果を分析できる「顧客タイプ別サービス効果分析法」の提案をし，開発を行っている。これを第4章で紹介した。しかし，応用例として示した図書館サービスデータは，公共サービスに関して市が系統無作為調査で抽出した市民による回答データであったため，より一般的な購買行動につながるサービス関連データでの分析結果を示すことも望まれる。そこで本章では，顧客タイプ別サービス効果分析法による，より一般的なサービス分野のデータに関する分析結果を示す。

また，第4章のサービス効果分析では，1時点のみの分析しか考慮していなかったが，サービス利用は時系列的に変化していくため，サービス効果分析においては時系列的な顧客タイプの変化を総合的に比較・分析することも重要である（経時的データ解析の方法に関しては，藤越（2009）[5]，北川（2005）[6]が詳しい）。そこで，本章では「顧客タイプ別サービス効果分析法」において，2時点の時系列的データを対象とした解析ができるように方法を拡張したものを示す（**図 5.1** を参照）。そのことによって，複数時点で利用者のタイプ分けを行い，時間が経過しても長期的に存在するタイプ，時間の経過と共に新しく現れるタイプの顧客タイプを示し，比較・検討を行って知見を得る方法を示す。

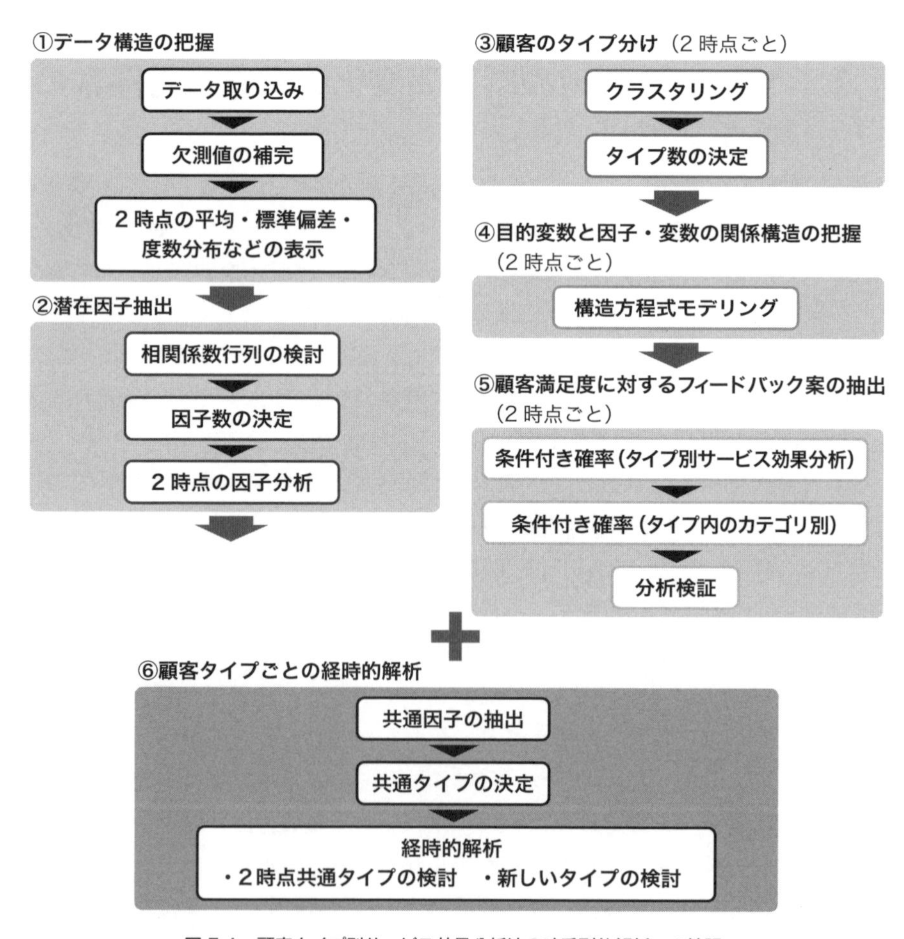

図 5.1　顧客タイプ別サービス効果分析法の時系列的解析への拡張

＜顧客タイプ別サービス効果分析法の時系列的解析への拡張＞

①はじめに基本統計量により，2 時点それぞれのデータ構造の把握を行う。

②次に 2 時点それぞれに因子分析を行い，顧客の特性や好み，要望，期待，購買行動などに基づく顧客のそのサービスに対する構造把握を行う。

③そして，因子分析により得られた因子得点に基づくクラスタリングを行い，顧客タイプ分類を行う。

④さらに，構造方程式モデリングにより，顧客タイプごとに目的変数と因子・変数の関係の構造把握を行う。

⑤そして，タイプごと，タイプ内のカテゴリごとの条件付き確率分布の比較により，タイプごとのサービス効果を分析し，顧客満足度に対するフィードバック案の抽出を行う。

⑥さらに，本章では顧客タイプごとの時系列的解析を行うために，2 時点間で現れた共通な因子の抽出を行う。得られた共通な因子に基づき，各時点のクラスタリング結果の比較・検討を行う。そして，タイプ間因子得点の相関係数を参考にし，各時点で同一のタイプが表れているかの検討を行う。2 時点で同一のタイプが現れていた場合は，そのタイプに関して時系列的な変化を分析し，各時点特有のタイプ（新しいタイプ）が現れていた場合は，その時点の傾向として解析を行っていく。

本章では，東京大学 社会科学研究所 附属社会調査・データアーカイブ研究センターSSJDA（Social Science Japan Data Archive）によって提供された化粧品サービスアンケートデータ（『女性の化粧行動・意識に関する実態調査 2007 年，2008 年』ポーラ文化研究所寄託）を分析することによって提案方法を示すが，読者は，ご自分の業種の時系列顧客データに応用されたい。**表 5.1** に分析データの調査概要を示す。

表 5.1　分析データの調査概要

調査対象	首都圏に居住する 15～64 歳の女性
サンプル数	各年度 1,500 人
調査目的	女性の化粧行動・意識に関する実態調査，使用化粧アイテム，化粧を行っている頻度，期待・実感している価値などを調査すること
調査時点	2007 年，2008 年
調査地域	埼玉県，千葉県，東京都，神奈川県
調査方法	インターネット調査
調査実施者	ポーラ文化研究所

表 5.2 に，2007 年度，2008 年度の 2 時点で共通している調査項目を示す。本章では，これらの調査項目を用いて，時系列的に分析を行っていく。さらに，**表 5.3** に，「家族・本人の業種」，「重視度」，「使用：化粧直し」，「＜ベース＞実感」，「＜ポイント＞実感」，「＜ベース＞魅力イメージを実感」，「＜ポイント＞魅力イメージを実感」，「＜ベース＞期待を実感」，「＜ポイント＞期待を実感」の 9 項目について，具体的な調査項目を示しておく。本章で示す分析時に主に使用した「メークの総合的満足度」，「重視度」は 5 段階，「使用頻度」は 8 段階，年収の項目は 16 段階の回答形式である。要素については，鈴木 (2011) [8] の仮説モデルを参考にしている。モデルの要素及び仮説モデルは，表 5.2，**表 5.4**，**図 5.2** に示す。

本章では，目的変数を「メークの総合的満足度」として，満足度を向上させる要素について時系列的な構造を考慮し分析を行っている。

表 5.2　共通の調査項目

要素	項目名	具体的調査項目数
属性	年齢	1
	居住地	1
	未既婚	1
	職業	1
	世帯の年収	1
	本人の年収	1
	1ヶ月のおこづかい	1
	化粧品に使う金額の感想	1
	家族・本人の業種	10
特徴	重視度	36
使用	使用頻度	9
	使用：化粧直し	16
	ふだんの生活でのメーク	1
	顔のスキンケア	1
機能の実感	＜ベース＞実感	38
	＜ポイント＞実感	39
イメージの実感	＜ベース＞魅力イメージを実感	16
	＜ポイント＞魅力イメージを実感	18
気持ち・気分への実感	＜ベース＞期待を実感	20
	＜ポイント＞期待を実感	20
満足度	メークの総合的満足度	1

表5.3 (1)　調査の具体的調査項目（家族・本人の業種）

家族・本人の業種	
農業・林業・漁業・鉱業	卸売業・小売業，飲食店
建設業	金融業・保険業，不動産業
製造業	サービス業
電気・ガス・熱供給・水道業	勤めていない
運輸・通信業	その他

表5.3 (2)　調査の具体的調査項目（重視度）

重視度	
カジュアルな服	スポーツをすること
ビジネス用の服	スポーツ観戦
宝飾品などのアクセサリー	スキンケア化粧品
バッグ	メークアップ化粧品
靴	美容サプリメント・美用健康食品
飲食店での食事	美容院
自宅での食事	岩盤浴などの美容スパ
お菓子・嗜好品	ネイルサロン
健康食品	美容クリニック
住宅	プチ整形
インテリア	ダイエット
ガーデニング	インターネットサイト
旅行	ブログ作成などインターネットへの参加
映画・観劇・コンサート	携帯電話での会話
美術館・博物館などの鑑賞	携帯電話でのメール
陶芸・絵画など趣味の習い事	ボランティア活動
読書	ペット
学習	エステ

表 5.3 (3)　調査の具体的調査項目（使用：化粧直し）

使用：化粧直し	
アンダーメーク	マスカラ
コンシーラー	チークカラー
コントロールカラー	フェイスパウダー
ファンデーション	リップグロス
その他のベースメーク	リップライナー
アイシャドー	口紅
アイブロー	その他のポイントメーク
アイライナー	化粧直しはしていない

表 5.3 (4)　調査の具体的調査項目（＜ベース＞実感）

＜ベース＞実感	
安全性が高い	価格が手ごろである
品質が良い	アイテムのバリエーションが豊富
肌改善効果が高い	商品以外の特典・サービスが付いている
肌質に合う	宣伝広告が良い
配合成分が良い	メーカーの顧客への対応・サービスが良い
天然・自然成分である	メーカーのイメージ・姿勢が良い
無添加である	どこでも手に入る
無香料である	なかなか手に入らない
無着色である	話題になっている
内容量が多い	友人・知人など周りの評判が良い
ネーミングが良い	美容家の評判が良い
容器・パッケージデザインが良い	テレビ番組での評判が良い
容器・パッケージが使いやすい・扱いやすい	雑誌記事の評判が良い
使用方法が簡単・シンプル	WEB サイトでの評判が良い
環境・エコロジーに適している	よく売れている
香りが良い	有名である
色が良い	伝統・歴史がある
使ったときの感触が良い	新しい
カウンセリングの質が高い	特にない

表 5.3 (5)　調査の具体的調査項目（<ポイント>実感）

<ポイント>実感	
安全性が高い	アイテムのバリエーションが豊富
品質が良い	ブランド内のアイテムの種類が豊富
肌改善効果が高い	商品以外の特典・サービスが付いている
肌質に合う	宣伝広告が良い
配合成分が良い	メーカーの顧客への対応・サービスが良い
天然・自然成分である	
無添加である	メーカーのイメージ・姿勢が良い
無香料である	どこでも手に入る
無着色である	なかなか手に入らない
内容量が多い	話題になっている
ネーミングが良い	友人・知人など周りの評判が良い
容器・パッケージデザインが良い	美容家の評判が良い
容器・パッケージが使いやすい・扱いやすい	テレビ番組での評判が良い
使用方法が簡単・シンプル	雑誌記事の評判が良い
環境・エコロジーに適している	WEB サイトでの評判が良い
香りが良い	よく売れている
色が良い	有名である
使ったときの感触が良い	伝統・歴史がある
カウンセリングの質が高い	新しい
価格が手ごろである	特にない

表 5.3 (6)　調査の具体的調査項目（<ベース>魅力イメージを実感）

<ベース>魅力イメージを実感	
親しみがある	自分にふさわしい
先進性がある	周りに自慢できる
新鮮である	周りから良く見られる
個性がある	ストレスにならない
高級感がある	季節感がある
信頼感がある	流行感がある
いつまでも飽きがこない	王道である
憧れを感じる	特にない

表 5.3（7） 調査の具体的調査項目（＜ポイント＞魅力イメージを実感）

＜ポイント＞魅力イメージを実感	
親しみがある	憧れを感じる
特別感がある	自分にふさわしい
先進性がある	周りに自慢できる
新鮮である	周りから良く見られる
個性がある	ストレスにならない
高級感がある	季節感がある
洗練されている	流行感がある
信頼感がある	王道である
いつまでも飽きがこない	特にない

表 5.3（8） 調査の具体的調査項目（＜ベース＞期待を実感）

＜ベース＞期待を実感	
自分に自信がもてる	満ち足りた気持ちになる
リフレッシュする	贅沢な気持ちになる
ストレスが解消される	選ばれた気持ちになる
自分を大切にしている気持ちになる	洗練された気持ちになる
引きしまった気持ちになる	華やかな気持ちになる
楽しい気持ちになる	若々しい気持ちになる
元気な気持ちになる	大人の気持ちになる
明るい気持ちになる	周りから外れない・浮かない安心感
リラックスした気持ちになる	将来への安心感
やさしい気持ちになる	特にない

表 5.3（9） 調査の具体的調査項目（＜ポイント＞期待を実感）

＜ポイント＞期待を実感	
自分に自信がもてる	満ち足りた気持ちになる
リフレッシュする	贅沢な気持ちになる
ストレスが解消される	選ばれた気持ちになる
自分を大切にしている気持ちになる	洗練された気持ちになる
引きしまった気持ちになる	華やかな気持ちになる
楽しい気持ちになる	若々しい気持ちになる
元気な気持ちになる	大人の気持ちになる
明るい気持ちになる	周りから外れない・浮かない安心感
リラックスした気持ちになる	将来への安心感
やさしい気持ちになる	特にない

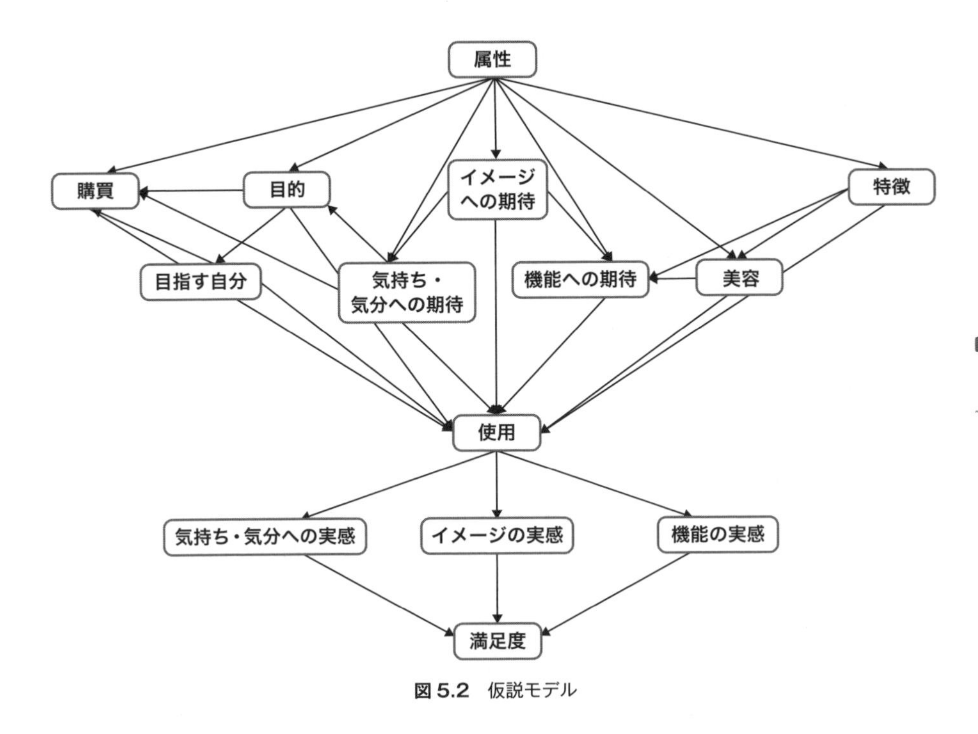

図 5.2　仮説モデル

表 5.4　モデルの要素

モデルの要素	質問項目
属性	年齢，居住地，職業，世帯の年収など
特徴	メークに対する価値観など
美容	美容アイテムの使用や美容クリニックの利用など
機能への期待	メークアップ化粧品についての性能・品質・魅力・重要性
化粧品イメージへの期待	魅力があるメークアップ化粧品のイメージ
気持ち・気分への期待	メークアップ化粧品を使ってメークすることで得たい気持ち・気分
目的	メークする理由
目指す自分	メーク時に目指しているイメージ
購買	化粧品に使う1ヶ月の金額，購入場所
使用	メークの使用，アイテム保持，アイテム使用など
機能の実感	実感した“機能”
イメージの実感	実感した“メークアップ化粧品イメージ”
気持ち・気分の実感	実感した“気持ちや気分”
満足度	メークの総合的満足度

アンケート調査では，無回答項目のようなデータの欠測が生じてしまう場合が多い。ここでは，欠測のメカニズム（完全にランダム（Missing Completely At Random = MCAR），ランダム（Missing At Random = MAR），ランダムではない（Missing Not At Random = MNAR））を考慮し，リストワイズ法（MCAR 向き），平均値代入法（MCAR 向き），偏回帰法（MCAR，MAR 向き），多重代入法（MCAR，MAR 向き）を比較・検証し，多重代入法を用いることとした。R 言語のパッケージは，MICE を使用している。

(1) 顧客のサービスに対する構造把握（1 時点目）

まず，スクリープロットを用いて因子数を決定し，その因子数を基に，主因子法によるプロマックス回転を用いた因子分析を行う。

図 5.3 より，1 時点目に関しては，固有値を結んだ折れ線と平行分析基準線が交わる直前の因子を採用する平行基準も考慮し，因子数を 8，9，10 の場合について解析結果をそれぞれ比較・検討し，因子数を 8 とした。

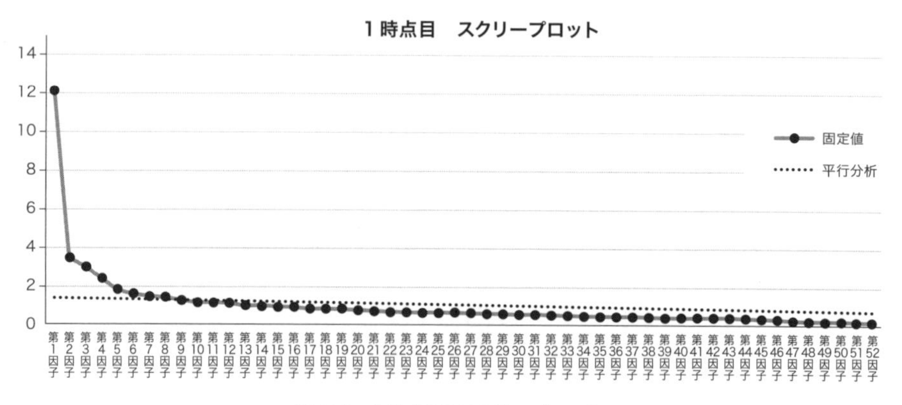

図 5.3 1 時点目のスクリープロット

表 5.5 に 1 時点目の因子分析の結果（因子負荷量）を示し，また，各因子名とそれに影響する変数をまとめたものを**表 5.6** に示す。

表 5.5 より，1 時点目の第 1 因子は，美容クリニックやプチ整形の重視度などの項目の因子負荷量が大きかったため，因子名を「専門店による処置の重視度」とした。

第 2 因子はふだんの生活でのメーク頻度やファンデーションの使用頻度などの

項目の因子負荷量が大きかったため，因子名を「化粧の頻度」とした。

また，第3因子は，重視度.宝飾品のアクセサリー，重視度.靴の項目，第4因子は，重視度.映画.観劇.コンサート，重視度.美術館.博物館などの鑑賞，重視度.陶芸.絵画などの趣味の習い事などの因子負荷量が大きかったため，それぞれ因子名を「ファッションの重視度」，「自分磨きの重視度」とした。

そして，第5因子は，重視度.インターネットサイトの閲覧，重視度.ブログ作成などインターネットサイトへの参加，重視度.携帯電話での会話などの項目，第6因子は，重視度.健康食品，重視度.スキンケア化粧品，重視度.美容サプリメント.美容健康食品などの項目の因子負荷量が大きかったため，因子名をそれぞれ「コミュニケーションの重視度」，「健康とスキンケア化粧品の重視度」とした。

さらに，第7因子は，年齢，重視度.住宅，重視度.インテリア，重視度.ガーデニングの項目，第8因子は，世帯の年収，本人の年収，1ヶ月のおこづかいの項目の因子負荷量が大きかったため，それぞれ因子名を「年齢と住宅のデザインの重視度」，「年収」とした。

表5.5 1時点目の各項目に対する因子負荷量

	第1因子	第2因子	第3因子	第4因子	第5因子	第6因子	第7因子	第8因子
年齢	−0.0321	0.0686	−0.0949	−0.0346	−0.3670	0.0496	0.4030	0.3750
重視度.カジュアルな服	−0.1240	−0.0299	0.2900	0.0189	0.3050	0.2100	0.0185	−0.0224
重視度.ビジネス用の服	0.1870	0.0433	0.2690	0.1510	0.0559	−0.0693	−0.0243	0.2070
重視度.宝飾品などのアクセサリー	0.1080	−0.0515	0.7520	−0.0769	−0.0829	0.0582	0.1780	0.0120
重視度.バッグ	−0.0132	−0.0945	1.0100	−0.0748	−0.1410	0.1150	0.0593	0.0786
重視度.靴	−0.0717	−0.0750	0.9030	0.0131	−0.1080	0.1420	0.0421	0.0793
重視度.飲食店での食事	−0.0831	0.0372	0.1450	0.0434	0.3510	0.2050	0.0379	0.1510
重視度.自宅での食事	−0.3050	0.0066	−0.0042	0.0967	0.2020	0.3590	0.2840	−0.0746
重視度.お菓子.嗜好品	−0.1450	−0.0148	0.0819	0.0544	0.2610	0.3740	0.0888	−0.1100
重視度.健康食品	0.1810	0.0250	−0.1260	0.1290	−0.0079	0.5420	0.1370	−0.0651
重視度.住宅	0.0467	−0.0388	0.1620	−0.0361	0.1110	0.0032	0.4720	0.0834
重視度.インテリア	−0.0951	0.0069	0.3290	0.0113	0.0795	0.0113	0.6460	−0.0725
重視度.ガーデニング	0.0338	−0.0110	0.0053	0.0560	−0.0631	−0.0042	0.7630	−0.0816
重視度.旅行	−0.0224	0.0468	0.1660	0.2920	−0.0216	0.1120	0.0184	0.3150
重視度.映画.観劇.コンサート	−0.0720	−0.0187	0.0714	0.6700	−0.0303	0.1050	−0.2090	0.1790
重視度.美術館.博物館などの鑑賞	−0.0859	−0.0501	−0.0249	0.8180	−0.1590	−0.0012	0.0535	0.1410

重視度.陶芸.絵画など趣味の習い事	0.0470	0.0019	− 0.0821	0.6860	− 0.1320	− 0.0069	0.1870	− 0.0777
重視度.読書	− 0.1480	− 0.0492	− 0.0977	0.7430	− 0.0671	0.1080	− 0.0905	0.0391
重視度.学習	− 0.0097	− 0.0183	− 0.0232	0.6590	0.0095	0.0216	− 0.0152	− 0.0846
重視度.スポーツをすること	0.1870	− 0.0153	− 0.0193	0.2110	0.0907	0.0071	0.1780	0.0944
重視度.スポーツ観戦	0.1450	− 0.0214	0.0282	0.1920	0.1100	− 0.1130	0.1870	0.1340
重視度.スキンケア化粧品	0.0194	0.3190	0.2240	0.0360	− 0.1410	0.6990	− 0.0620	− 0.1320
重視度.メークアップ化粧品	0.0566	0.4180	0.2770	− 0.0603	− 0.0233	0.5610	− 0.0347	− 0.1360
重視度.美容サプリメント.美容健康食品	0.3500	0.1710	− 0.0171	0.0116	− 0.1100	0.6010	0.0272	− 0.1380
重視度.美容院	0.2040	0.2020	0.2200	− 0.0414	0.0348	0.3600	0.0368	0.0188
重視度.エステ	0.7520	− 0.0026	0.0083	− 0.0160	− 0.0219	0.2470	− 0.1020	0.0947
重視度.岩盤浴などの美容スパ	0.6560	0.0114	− 0.0364	0.0158	0.0666	0.2270	− 0.0636	0.0555
重視度.ネイルサロン	0.7700	− 0.0485	0.0594	− 0.0091	0.0453	− 0.0037	0.0012	− 0.0139
重視度.美容クリニック	0.9180	− 0.0947	− 0.0498	− 0.0803	0.0372	0.0342	0.0304	− 0.0051
重視度.プチ整形	0.7840	− 0.1160	− 0.0409	− 0.0725	0.0371	0.0336	0.0404	− 0.0140
重視度.ダイエット	0.2640	− 0.0328	− 0.0225	− 0.0232	0.1910	0.4020	− 0.1250	− 0.0286
重視度.インターネットサイトの閲覧	− 0.1230	− 0.0500	− 0.0932	0.0469	0.6180	0.1440	− 0.1010	0.0262
重視度.ブログ作成などインターネットサイトへの参加	0.0599	− 0.0705	− 0.1820	0.1020	0.6530	− 0.0584	− 0.0783	− 0.0952
重視度.携帯電話での会話	0.1460	0.0480	− 0.1110	− 0.1890	0.8340	− 0.1310	0.1060	0.1050
重視度.携帯電話でのメール	0.0260	0.1030	− 0.1310	− 0.1950	0.9070	− 0.0603	− 0.0120	0.0896
重視度.ボランティア活動	0.1850	− 0.0475	− 0.1670	0.4570	− 0.0419	− 0.0154	0.2810	− 0.0620
重視度.ペット	0.1000	− 0.0703	− 0.0910	0.1270	0.1490	0.0370	0.1940	− 0.0188
顔のスキンケア	− 0.0195	0.5750	− 0.0389	0.0693	− 0.1480	0.4550	− 0.1390	− 0.0415
ふだんの生活でのメーク	− 0.0708	0.8180	− 0.1170	− 0.0682	0.0341	0.2960	− 0.0217	0.1690
使用頻度.アンダーメーク	− 0.0485	0.5890	− 0.0901	0.0222	− 0.0024	0.0991	0.0295	0.0284
使用頻度.コントロールカラー	0.1600	0.0828	0.0675	0.0385	0.0082	− 0.0674	0.0968	− 0.0524
使用頻度.ファンデーション	− 0.1160	0.8130	− 0.1990	− 0.1050	0.0489	0.2270	0.1040	0.1730
使用頻度.アイシャドー	− 0.0508	0.5950	0.0326	0.0608	0.0613	− 0.0799	0.0177	− 0.0244
使用頻度.アイブロー	− 0.0292	0.4310	0.0550	− 0.0214	0.1070	− 0.0907	0.0346	− 0.0340
使用頻度.マスカラ	0.0001	0.4400	0.1530	0.0987	0.1800	− 0.1090	− 0.1150	− 0.1120
使用頻度.リップライナー	0.1460	0.0926	− 0.0034	0.1630	− 0.0100	− 0.1510	0.1780	− 0.0380
使用頻度.口紅	0.0104	0.4910	− 0.1500	− 0.0310	− 0.0931	0.0681	0.2040	0.3400
使用頻度.リップグロス	0.0745	0.2650	0.0563	0.0600	0.1850	− 0.0283	− 0.0374	− 0.1320
化粧品に使う金額の感想	0.1500	0.0591	− 0.0057	0.0086	− 0.0506	0.0567	− 0.1160	0.0908
世帯の年収	− 0.0506	0.0552	0.0205	− 0.0085	0.0940	− 0.1830	0.0948	0.5620
本人の年収	0.1330	0.0235	0.1630	0.1220	0.0926	− 0.3090	− 0.2350	0.5920
1ヶ月のおこづかい	− 0.0022	0.0919	0.1080	0.0900	0.1320	− 0.1080	− 0.1460	0.4590

表 5.6　各因子の因子名と因子負荷量が大きい変数（1 時点目）

第 1 因子	第 2 因子
専門店による処置の重視度	**化粧の頻度**
重視度 . エステ	顔のスキンケア
重視度 . 岩盤浴などの美容スパ	ふだんの生活でのメーク
重視度 . ネイルサロン	使用頻度 . アンダーメーク
重視度 . 美容クリニック	使用頻度 . ファンデーション
重視度 . プチ整形	使用頻度 . アイシャドー
	使用頻度 . アイブロー
	使用頻度 . マスカラ
	使用頻度 . 口紅

第 3 因子	第 4 因子
ファッションの重視度	**自分磨きの重視度**
重視度 . 宝飾品などのアクセサリー	重視度 . 映画 . 観劇 . コンサート
重視度 . バッグ	重視度 . 美術館 . 博物館などの鑑賞
重視度 . 靴	重視度 . 陶芸 . 絵画など趣味の習い事
	重視度 . 読書
	重視度 . 学習

第 5 因子	第 6 因子
コミュニケーションの重視度	**健康とスキンケア化粧品の重視度**
重視度 . インターネットサイトの閲覧	重視度 . 健康食品
重視度 . ブログ作成などインターネットサイトへの参加	重視度 . スキンケア化粧品
重視度 . 携帯電話での会話	重視度 . メークアップ化粧品
重視度 . 携帯電話でのメール	重視度 . 美容サプリメント . 美容健康食品
	重視度 . ダイエット

第 7 因子	第 8 因子
年齢と住宅のデザインの重視度	**年収**
年齢	世帯の年収
重視度 . 住宅	本人の年収
重視度 . インテリア	1ヶ月のおこづかい
重視度 . ガーデニング	

(2) 顧客のタイプ分類（1 時点目）

次に，得られた因子得点に基づきクラスタリングを行い，顧客のタイプ分類を行う。**表 5.7** に 1 時点目のグループ数を 5，6 としたときのグループごとの因子得点の平均値と人数を示す。なお，本書では，第4章でも示したが，単にクラスタリングによりグルーピングしたものを「グループ」と呼び，各グループの特徴を解釈したところから「タイプ」と捉えている。したがって，表5.7のように，分析結果出力時表示は全て「グループ」と表記している。

本章では6クラスタを採用した。表5.7より，5クラスタから6クラスタに分かれる際，5クラスタのグループ2が6クラスタのグループ2とグループ6に分かれている。6クラスタのグループ2とグループ6において，第4因子（自分磨き），第6因子（健康とスキンケア化粧品），第7因子（年齢と住宅のデザイン），第8因子（年収）などで因子得点の平均値に差があるため，6クラスタにグループ分けすることは妥当だと考えられる。また，表5.7より，各グループの中で最小な人数のグループは，グループ6の128人である。後の解析で，構造方程式モデリングと条件付き確率分布の検討を行うが，人数の観点からも，6クラスタを採用することは問題がないと考えられる。

表5.7　1時点目のグループごとの因子得点の平均値と人数

1時点目5クラスタ	グループ1	グループ2	グループ3	グループ4	グループ5
専門店	−0.0302	0.0610	1.9643	−0.6965	−0.4374
化粧の頻度	0.4071	0.1911	0.8001	−0.4551	−0.6998
ファッション	0.8104	0.0417	1.4009	−0.9195	−0.8073
自分磨き	0.2195	0.2007	1.4409	−1.1546	−0.4129
コミュニケーション	0.7431	−0.1153	1.3903	−0.7471	−0.6046
健康とスキンケア化粧品	0.0889	0.4027	0.9709	−1.2629	−0.3597
年齢と住宅のデザイン	−0.3731	0.4267	0.9710	−1.0110	−0.1281
年収	−0.4623	0.4625	0.1760	−0.9236	0.1542
人数	306	520	134	191	349

1時点目6クラスタ	グループ1	グループ2	グループ3	グループ4	グループ5	グループ6
専門店	−0.0302	−0.0169	1.9643	−0.6965	−0.4374	0.2995
化粧の頻度	0.4071	0.2644	0.8001	−0.4551	−0.6998	−0.0333
ファッション	0.8104	−0.0838	1.4009	−0.9195	−0.8073	0.4263
自分磨き	0.2195	0.0284	1.4409	−1.1546	−0.4129	0.7285
コミュニケーション	0.7431	−0.2393	1.3903	−0.7471	−0.6046	0.2642
健康とスキンケア化粧品	0.0889	0.1938	0.9709	−1.2629	−0.3597	1.0425
年齢と住宅のデザイン	−0.3731	0.1718	0.9710	−1.0110	−0.1281	1.2071
年収	−0.4623	0.2582	0.1760	−0.9236	0.1542	1.0880
人数	306	392	134	191	349	128

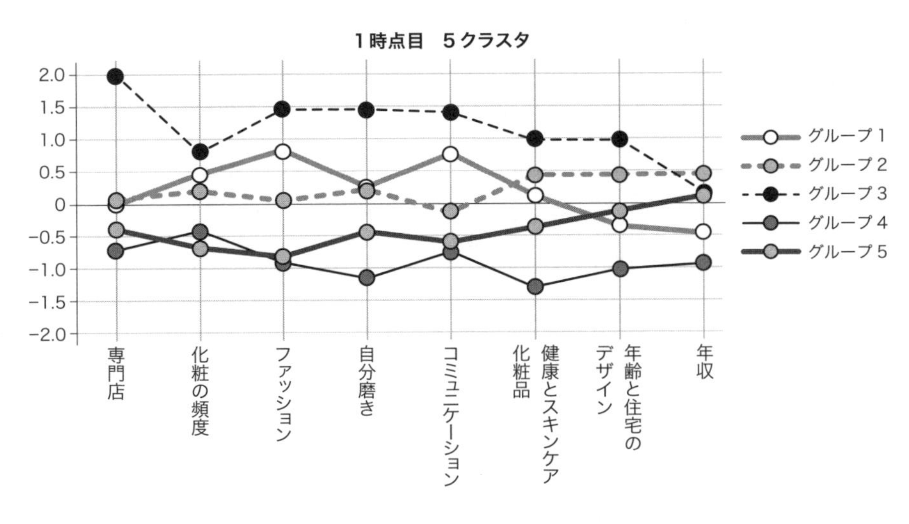

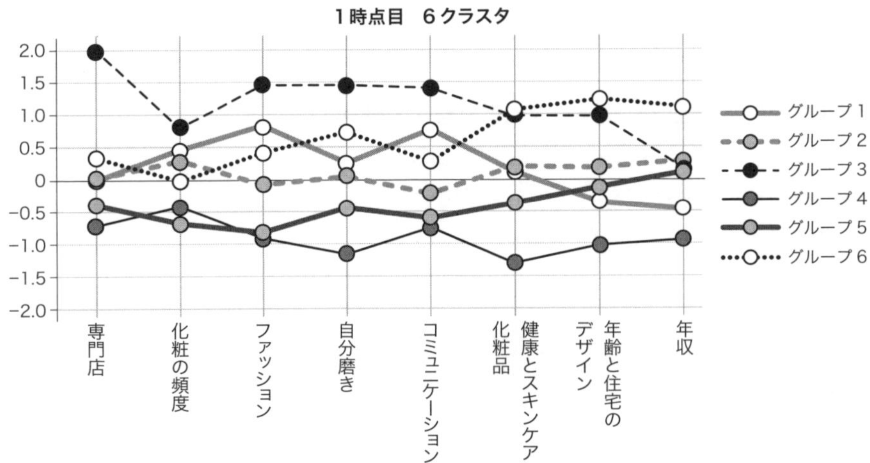

図 5.4　1 時点目の因子得点の平均値プロット

次に，1 時点目のタイプ数 6 の場合の各タイプの特徴を**表 5.8** に示す。

表 5.8　各タイプの特徴（1 時点目）

タイプ 1	年齢，年収共にやや低いタイプ 化粧の頻度，ファッション，コミュニケーションの重視度は高い 専門店，自分磨き，健康とスキンケア化粧品の重視度は中程度 住宅の重視度はやや低い

タイプ 2	年齢は中程度，年収はほかのタイプに比べやや高いタイプ 化粧の頻度はやや高い 専門店，ファッション，自分磨き，コミュニケーション，健康とスキンケア化粧品，住宅などの重視度は中程度である
タイプ 3	年齢は高く，年収は中程度のタイプ 専門店，化粧の頻度，ファッション，自分磨き，コミュニケーション，健康とスキンケア化粧品，住宅の重視度は高い
タイプ 4	年齢，年収共に低いタイプ 専門店，化粧の頻度，ファッション，自分磨き，コミュニケーション，住宅などほとんど重視していない
タイプ 5	年齢，年収共に中程度のタイプ 化粧の頻度がほかのタイプより低く，専門店，ファッション，コミュニケーションの重視度は低い，自分磨き，健康とスキンケア化粧品の重視度はやや低い傾向にある 住宅の重視度は中程度である
タイプ 6	年齢，年収共に高いタイプ 化粧の頻度は中程度であるが，専門店，ファッション，コミュニケーションの重視度はやや高く，自分磨き，健康とスキンケア化粧品，住宅の重視度は高い

(3) 顧客のサービスに対する構造把握 (2 時点目)

2 時点目の因子分析においても，**図 5.5** のスクリープロットを参考に，8，9，10 因子を比較検討のうえ，8 因子を採用することとした。また，第 8 因子まで採用した場合の累積寄与率は，51.9% である。

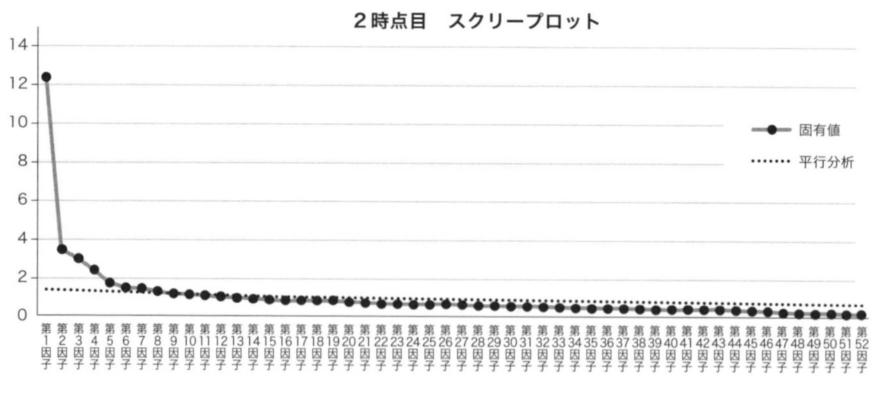

図 5.5 スクリープロット (2 時点目)

表 5.9 に 2 時点目の因子分析における因子負荷量を示し，表 1 時点目と同様な考察をし，因子名を決定した。各因子名をまとめた表を**表 5.10** に示した。

1時点目とほぼ同様な因子が抽出されたが，第5因子は，重視度.飲食店での食事，重視度.お菓子.嗜好品，重視度.インターネットサイトの閲覧，重視度.ブログ作成などインターネットサイトへの参加，重視度.携帯電話での会話，重視度.携帯電話でのメールの項目の因子負荷量が大きく，コミュニケーションと共に食事も重要視していることが異なっていたため，因子名を「食事とコミュニケーションの重視度」とした。

表 5.9　2時点目の各項目に対する因子負荷量

	第1因子	第2因子	第3因子	第4因子	第5因子	第6因子	第7因子	第8因子
年齢	−0.0528	0.0460	−0.1420	−0.0191	−0.3190	0.6230	0.1290	0.1310
重視度.カジュアルな服	−0.2020	−0.0558	0.3890	−0.0009	0.3860	0.0223	0.0681	−0.0057
重視度.ビジネス用の服	0.2080	−0.0364	0.3450	0.1670	0.0116	−0.0629	−0.0669	0.3240
重視度.宝飾品などのアクセサリー	0.1250	−0.0695	0.6680	0.0047	0.0795	0.1230	−0.0494	0.1770
重視度.バッグ	−0.0683	−0.1300	0.9200	−0.0519	0.1230	0.1260	0.0013	0.2160
重視度.靴	−0.1100	−0.1340	0.8310	0.0160	0.1390	0.1280	0.0454	0.1810
重視度.飲食店での食事	−0.0267	0.1230	0.1350	0.0378	0.4610	0.0741	0.0473	0.0742
重視度.自宅での食事	−0.2490	0.0100	0.0743	0.0722	0.2340	0.3740	0.1630	−0.2050
重視度.お菓子.嗜好品	−0.1680	−0.0270	0.1780	−0.0548	0.4040	0.1440	0.2170	−0.0794
重視度.健康食品	0.2080	−0.0735	−0.1220	0.0250	0.0699	0.1460	0.6110	−0.0133
重視度.住宅	0.1010	−0.0309	0.2680	−0.0692	0.1470	0.5470	−0.1190	0.0233
重視度.インテリア	0.0117	−0.0140	0.4690	−0.0409	0.1450	0.6190	−0.1300	−0.1210
重視度.ガーデニング	0.0413	−0.0186	0.0781	0.0834	−0.0667	0.7250	−0.0555	−0.1970
重視度.旅行	−0.0059	0.1160	0.0467	0.3080	0.2150	0.1240	−0.0600	0.2080
重視度.映画.観劇.コンサート	−0.1180	0.0585	0.0115	0.5560	0.1570	−0.1670	0.0369	0.1720
重視度.美術館.博物館などの鑑賞	−0.1620	−0.0009	−0.0270	0.8090	−0.0720	0.0706	0.0185	0.1230
重視度.陶芸.絵画など趣味の習い事	0.0566	−0.0281	0.0339	0.5640	−0.1600	0.2740	−0.0454	−0.0782
重視度.読書	−0.2590	−0.0731	0.0586	0.7430	−0.0852	−0.0511	0.0381	0.0338
重視度.学習	0.0442	0.0103	−0.0632	0.7410	−0.0484	−0.1230	−0.0104	−0.0399
重視度.スポーツをすること	0.2730	−0.0086	−0.0687	0.2090	0.0476	0.1720	0.0427	0.0265
重視度.スポーツ観戦	0.1950	0.0097	−0.0801	0.2380	0.1410	0.1790	−0.0656	0.0039
重視度.スキンケア化粧品	−0.0386	0.2420	0.3090	0.0543	−0.0916	−0.0809	0.5640	−0.0473
重視度.メークアップ化粧品	0.0462	0.4340	0.2750	−0.0304	0.0324	−0.0342	0.3310	−0.0910
重視度.美容サプリメント.美容健康食品	0.3330	0.0791	−0.1050	−0.0192	−0.0228	−0.0565	0.7160	−0.0105
重視度.美容院	0.1940	0.1820	0.2650	−0.0162	0.0686	0.0613	0.1970	0.0633

重視度．エステ	0.7430	0.0445	－0.0696	－0.0162	0.0489	－0.0477	0.1690	0.0969
重視度．岩盤浴などの美容スパ	0.6650	0.0777	－0.0941	0.0441	0.1300	－0.0634	0.1060	0.0526
重視度．ネイルサロン	0.8150	－0.0395	0.0599	－0.0703	0.0012	－0.0022	0.0193	－0.0183
重視度．美容クリニック	0.9520	－0.1090	－0.0367	－0.1240	－0.0692	0.0281	0.1120	0.0360
重視度．プチ整形	0.7670	－0.1220	－0.0227	－0.1430	0.0132	0.0851	0.0576	0.0225
重視度．ダイエット	0.2010	－0.0225	0.0466	0.0428	0.1930	－0.0674	0.2380	－0.0075
重視度．インターネットサイトの閲覧	－0.1040	－0.0246	0.0062	0.0321	0.5010	－0.1410	0.1220	－0.0732
重視度．ブログ作成などインターネットサイトへの参加	0.1380	－0.1090	－0.0227	0.0892	0.4300	－0.2170	0.0220	－0.1040
重視度．携帯電話での会話	0.1520	0.1290	0.0032	－0.0752	0.6760	－0.0041	－0.1460	0.0335
重視度．携帯電話でのメール	0.0414	0.2020	－0.0625	－0.1400	0.8150	－0.0869	－0.1230	0.0107
重視度．ボランティア活動	0.2180	－0.0278	－0.2400	0.4530	－0.0236	0.1870	－0.0075	－0.0950
重視度．ペット	0.0985	－0.0771	0.0395	0.0945	0.0345	0.1320	0.0630	－0.0228
顔のスキンケア	－0.1190	0.3790	0.1730	0.0120	－0.1770	－0.0075	0.2860	0.0176
ふだんの生活でのメーク	－0.1150	0.9670	－0.2090	0.0051	0.1330	0.0185	0.0365	0.0496
使用頻度．アンダーメーク	0.0730	0.5630	－0.0362	0.0150	－0.0051	0.0361	－0.0370	－0.0301
使用頻度．コントロールカラー	0.2360	0.1120	0.0602	0.0801	－0.1250	0.1040	－0.0397	－0.0981
使用頻度．ファンデーション	－0.0716	0.9830	－0.2670	－0.0228	0.1390	0.0782	－0.0156	0.0288
使用頻度．アイシャドー	0.0553	0.5770	0.1620	－0.0104	0.0134	－0.1090	－0.0695	－0.0050
使用頻度．アイブロー	－0.0159	0.4420	0.2380	－0.0367	－0.0656	－0.0049	－0.0188	－0.0120
使用頻度．マスカラ	0.1380	0.3010	0.3090	0.0123	0.0770	－0.2350	－0.0806	－0.0985
使用頻度．リップライナー	0.1430	0.0174	0.1690	0.0903	－0.1430	0.2200	－0.0279	－0.0628
使用頻度．口紅	－0.0562	0.6000	－0.1880	0.0012	－0.0535	0.3740	0.0215	0.0983
使用頻度．リップグロス	0.1640	0.0648	0.3820	0.0764	－0.0091	－0.0786	－0.0800	－0.0704
化粧品に使う金額の感想	0.0369	－0.0481	0.1170	0.0424	－0.1520	－0.0213	0.0977	0.0664
世帯の年収	0.0416	－0.0090	0.1780	－0.1010	－0.0145	0.1580	0.0202	0.4110
本人の年収	0.1330	－0.0008	0.2240	0.1210	－0.0423	－0.2370	－0.0732	0.6040
1ヶ月のおこづかい	－0.0435	0.0784	0.2660	0.0301	0.0619	－0.1040	0.0271	0.4870

表 5.10　各因子の因子名と因子負荷量が大きい項目（2 時点目）

第 1 因子	第 2 因子
専門店による処置の重視度	**化粧の頻度**
重視度 . エステ	重視度 . メークアップ化粧品
重視度 . 岩盤浴などの美容スパ	ふだんの生活でのメーク
重視度 . ネイルサロン	使用頻度 . アンダーメーク
重視度 . 美容クリニック	使用頻度 . ファンデーション
重視度 . プチ整形	使用頻度 . アイシャドー
	使用頻度 . アイブロー
	使用頻度 . 口紅

第 3 因子	第 4 因子
ファッションの重視度	**自分磨きの重視度**
重視度 . 宝飾品などのアクセサリー	重視度 . 映画 . 観劇 . コンサート
重視度 . バッグ	重視度 . 美術館 . 博物館などの鑑賞
重視度 . 靴	重視度 . 陶芸 . 絵画など趣味の習い事
	重視度 . 読書
	重視度 . 学習
	重視度 . ボランティア活動

第 5 因子	第 6 因子
食事とコミュニケーションの重視度	**年齢と住宅のデザインの重視度**
重視度 . 飲食店での食事	年齢
重視度 . お菓子 . 嗜好品	重視度 . 住宅
重視度 . インターネットサイトの閲覧	重視度 . インテリア
重視度 . ブログ作成などインターネットサイトへの参加	重視度 . ガーデニング
重視度 . 携帯電話での会話	
重視度 . 携帯電話でのメール	

第 7 因子	第 8 因子
健康とスキンケア化粧品の重視度	**年収**
重視度 . 健康食品	世帯の年収
重視度 . スキンケア化粧品	本人の年収
重視度 . 美容サプリメント . 美容健康食品	1ヶ月のおこづかい

(4) 顧客のタイプ分類（2 時点目）

1 時点目同様，因子分析で得られた因子得点に基づき，ウォード法によるクラスタリングを行った。**表 5.11** を参考に 6 クラスタを採用した。5 クラスタのグループ4が6クラスタのグループ4とグループ5に分かれている。6クラスタのグループ4とグループ5の第2因子，第3因子，第5因子，第7因子のそれぞれの因子得点の平均に大きな差があると判断したためである。

表 5.12 より，構造方程式モデリングを行った際にも，6クラスタで人数の問題がないこともわかる。

そして，タイプ数6における各タイプの特徴を**図 5.6**，**表 5.13** に示す。

表 5.11 各クラスタの因子得点平均比較（2時点目）

2時点目2クラスタ	グループ1	グループ2
第1因子	－0.2727	1.3835
第2因子	－0.1471	0.7461
第3因子	－0.2092	1.0614
第4因子	－0.2497	1.2669
第5因子	－0.2055	1.0426
第6因子	－0.1660	0.8420
第7因子	－0.1953	0.9905
第8因子	－0.0451	0.2289

2時点目3クラスタ	グループ1	グループ2	グループ3
第1因子	－0.4569	1.3835	－0.0008
第2因子	－0.5849	0.7461	0.4993
第3因子	－0.6327	1.0614	0.4158
第4因子	－0.2920	1.2669	－0.1874
第5因子	－0.3720	1.0426	0.0402
第6因子	0.1071	0.8420	－0.5691
第7因子	－0.3123	0.9905	－0.0225
第8因子	0.1927	0.2289	－0.3962

2時点目4クラスタ	グループ1	グループ2	グループ3	グループ4
第1因子	－0.3729	1.3835	－0.0008	－0.7086
第2因子	－0.3146	0.7461	0.4993	－1.3944
第3因子	－0.5358	1.0614	0.4158	－0.9227
第4因子	－0.1109	1.2669	－0.1874	－0.8342
第5因子	－0.2824	1.0426	0.0402	－0.6402
第6因子	0.4190	0.8420	－0.5691	－0.8267
第7因子	－0.0650	0.9905	－0.0225	－1.0528
第8因子	0.4048	0.2289	－0.3962	－0.4426

2 時点目 5 クラスタ	グループ 1	グループ 2	グループ 3	グループ 4	グループ 5
第 1 因子	− 0.5239	1.3835	− 0.2411	− 0.0008	− 0.7086
第 2 因子	− 0.2404	0.7461	− 0.3795	0.4993	− 1.3944
第 3 因子	− 0.9025	1.0614	− 0.2157	0.4158	− 0.9227
第 4 因子	− 0.4848	1.2669	0.2155	− 0.1874	− 0.8342
第 5 因子	− 0.6837	1.0426	0.0679	0.0402	− 0.6402
第 6 因子	0.1877	0.8420	0.6208	− 0.5691	− 0.8267
第 7 因子	− 0.5270	0.9905	0.3382	− 0.0225	− 1.0528
第 8 因子	0.4864	0.2289	0.3336	− 0.3962	− 0.4426

2 時点目 6 クラスタ	グループ 1	グループ 2	グループ 3	グループ 4	グループ 5	グループ 6
第 1 因子	− 0.5239	1.3835	− 0.2411	0.4390	− 0.4440	− 0.7086
第 2 因子	− 0.2404	0.7461	− 0.3795	0.7184	0.2786	− 1.3944
第 3 因子	− 0.9025	1.0614	− 0.2157	0.6324	0.1976	− 0.9227
第 4 因子	− 0.4848	1.2669	0.2155	0.2557	− 0.6340	− 0.8342
第 5 因子	− 0.6837	1.0426	0.0679	0.2595	− 0.1808	− 0.6402
第 6 因子	0.1877	0.8420	0.6208	− 0.2345	− 0.9064	− 0.8267
第 7 因子	− 0.5270	0.9905	0.3382	0.1977	− 0.2443	− 1.0528
第 8 因子	0.4864	0.2289	0.3336	− 0.2894	− 0.5038	− 0.4426

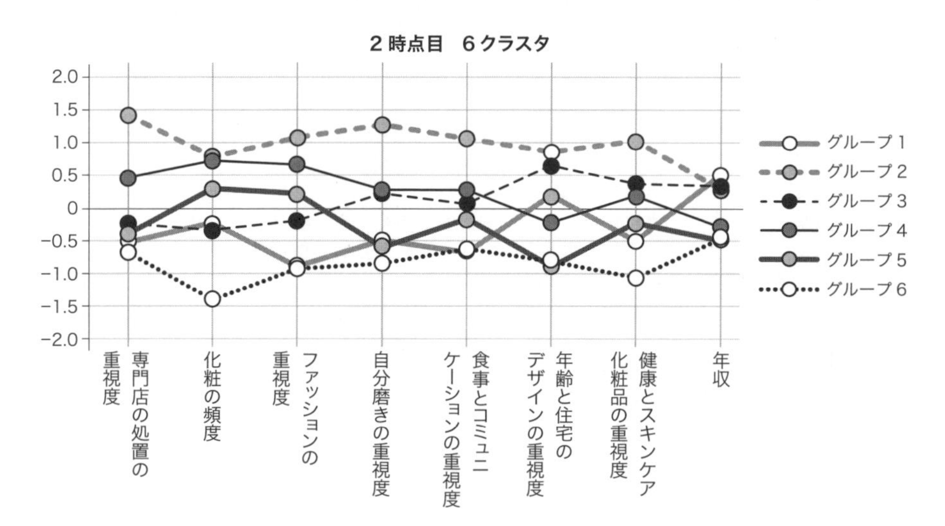

図 5.6　6 クラスタの平均値プロット（2 時点目）

表 5.12 6タイプの平均値と人数

2時点目6クラスタ	グループ1	グループ2	グループ3	グループ4	グループ5	グループ6
第1因子（専門店の処置の重視度）	－0.5239	1.3835	－0.2411	0.4390	－0.4440	－0.7086
第2因子（化粧の頻度）	－0.2404	0.7461	－0.3795	0.7184	0.2786	－1.3944
第3因子（ファッションの重視度）	－0.9025	1.0614	－0.2157	0.6324	0.1976	－0.9227
第4因子（自分磨きの重視度）	－0.4848	1.2669	0.2155	0.2557	－0.6340	－0.8342
第5因子（食事とコミュニケーションの重視度）	－0.6837	1.0426	0.0679	0.2595	－0.1808	－0.6402
第6因子（年齢と住宅のデザインの重視度）	0.1877	0.8420	0.6208	－0.2345	－0.9064	－0.8267
第7因子（健康とスキンケア化粧品の重視度）	－0.5270	0.9905	0.3382	0.1977	－0.2443	－1.0528
第8因子（年収）	0.4864	0.2289	0.3336	－0.2894	－0.5038	－0.4426
人数	261	247	299	254	252	187

表 5.13 各タイプの特徴（2時点目）

タイプ1	年齢は中程度，年収は高いタイプ 専門店，ファッションの重視度，食事とコミュニケーション，健康とスキンケア化粧品は低く，化粧の頻度，自分磨きの重視度はやや低い 住宅の重視度は中程度である
タイプ2	年齢は高く，年収は中程度のグループ 専門店，化粧の頻度，ファッション，自分磨き，食事とコミュニケーション，健康とスキンケア化粧品，住宅の重視度は全て高い
タイプ3	年齢は高く，年収はやや高いグループ 健康とスキンケア化粧品，住宅の重視度が高く，自分磨きの重視度はやや高い 専門店，ファッション，食事とコミュニケーションの重視度は中程度である 化粧の頻度の重視度はやや低めである
タイプ4	年齢，年収共にやや低いタイプ 専門店の重視度はやや高く，化粧の頻度，ファッションの重視度は高い 自分磨き，食事とコミュニケーション，健康とスキンケア化粧品の重視度は中程度であり，住宅の重視度はやや低い
タイプ5	年齢，年収共に低いタイプ 化粧の頻度，ファッションの重視度はやや高い 食事とコミュニケーション，健康とスキンケアの重視度は中程度であり，専門店，自分磨きの重視度はやや低く，住宅の重視度は低い
タイプ6	年齢，年収共に低いタイプ 専門店，ファッション，自分磨き，食事とコミュニケーション，住宅，健康とスキンケア化粧品などの重視度は低く，特に化粧の頻度は低い

(5) 時系列的データ分析への拡張

次に，顧客タイプ別サービス効果分析の時系列的分析への拡張を説明していく。

(5-a) 共通因子の抽出

本章で紹介する拡張した方法において，因子負荷量の「基準」を決め（ここでは 0.4），各時点において各因子の因子負荷量の基準値を超えた変数を示し，共通因子の抽出を行う。1時点目と2時点目で，共通した因子をそれぞれ選択し，2時点で共通した因子の因子名を決定する（**図 5.7** を参照）。

化粧品サービスデータの場合，図 5.7 のように1時点，2時点で7つの共通因子が抽出された。

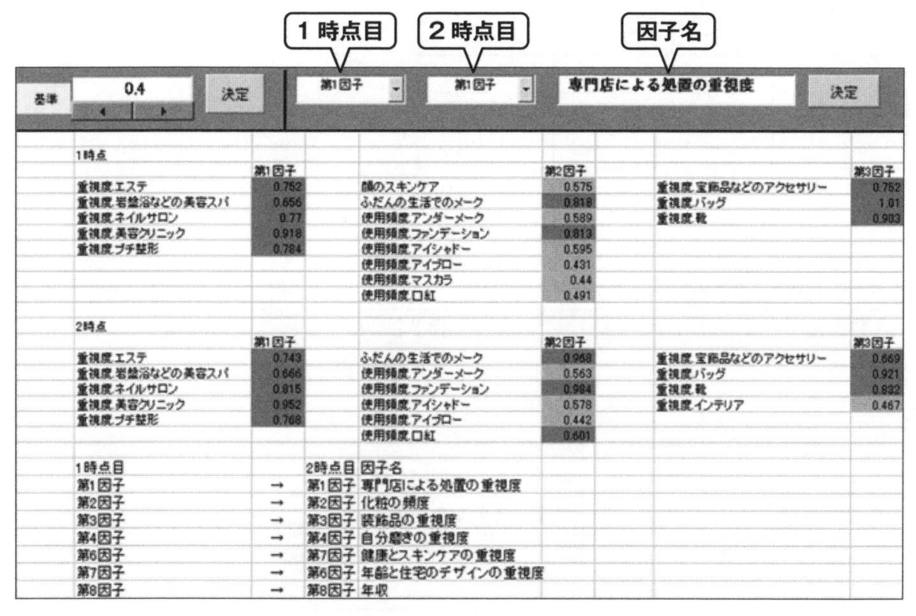

1時点

	第1因子		第2因子		第3因子
重視度.エステ	0.752	顔のスキンケア	0.575	重視度.宝飾品などのアクセサリー	0.752
重視度.岩盤浴などの美容スパ	0.656	ふだんの生活でのメーク	0.818	重視度.バッグ	1.01
重視度.ネイルサロン	0.77	使用頻度.アンダーメーク	0.589	重視度.靴	0.903
重視度.美容クリニック	0.918	使用頻度.ファンデーション	0.813		
重視度.プチ整形	0.784	使用頻度.アイシャドー	0.595		
		使用頻度.アイブロー	0.431		
		使用頻度.マスカラ	0.44		
		使用頻度.口紅	0.491		

2時点

	第1因子		第2因子		第3因子
重視度.エステ	0.743	ふだんの生活でのメーク	0.969	重視度.宝飾品などのアクセサリー	0.669
重視度.岩盤浴などの美容スパ	0.666	使用頻度.アンダーメーク	0.563	重視度.バッグ	0.921
重視度.ネイルサロン	0.815	使用頻度.ファンデーション	0.984	重視度.靴	0.832
重視度.美容クリニック	0.952	使用頻度.アイシャドー	0.578	重視度.インテリア	0.467
重視度.プチ整形	0.769	使用頻度.アイブロー	0.442		
		使用頻度.口紅	0.601		

1時点目		2時点目	因子名
第1因子	→	第1因子	専門店による処置の重視度
第2因子	→	第2因子	化粧の頻度
第3因子	→	第3因子	装飾品の重視度
第4因子	→	第4因子	自分磨きの重視度
第6因子	→	第7因子	健康とスキンケアの重視度
第7因子	→	第6因子	年齢と住宅のデザインの重視度
第8因子	→	第8因子	年収

図 5.7　1時点目と2時点目の共通因子の対応

(5-b) 共通タイプの検討

図 5.8 に示す共通のタイプ決定のための情報では，各時点のタイプごとの因子得点の平均値の表と，因子得点平均値プロットを表示している。また，共通のタイプ決定に用いるために2時点の因子間の因子得点の相関係数を示している。各タイプの因子得点の平均値の表，因子得点平均値プロットは，共通因子の抽出で

決定された1時点目の因子の順番に並べ替えられたもので表示しており，共通のタイプの決定をしやすくなるように工夫している。1時点目と2時点目で，共通したタイプがある場合には，2時点の因子間の因子得点の相関係数が高くなっているはずである。**表5.15**の相関係数が0.8以上のタイプを選択し，共通タイプの特徴を考察し，タイプの特徴を示し，タイプごとの時系列的考察を行う。表5.15の共通タイプの特徴を参照されたい。

本章の解析データでは，2時点の因子得点平均値プロットと，タイプごとの相関係数を参考に分析した結果，1時点目と2時点目で同一と判断できるタイプは**表5.14**に示す通り，4タイプ存在した。

表5.14 共通タイプの決定

共通タイプの決定			
1時点目	2時点目		共通タイプ
タイプ1	タイプ4	→	タイプ1-4
タイプ3	タイプ2	→	タイプ3-2
タイプ5	タイプ1	→	タイプ5-1
タイプ6	タイプ3	→	タイプ6-3

表5.15 共通タイプ決定のための情報とタイプの特徴

1時点目		2時点目	因子名
第1因子	→	第1因子	専門店による処置の重視度
第2因子	→	第2因子	化粧の頻度
第3因子	→	第3因子	装飾品の重視度
第4因子	→	第4因子	自分磨きの重視度
第6因子	→	第7因子	健康とスキンケアの重視度
第7因子	→	第6因子	年齢と住宅のデザインの重視度
第8因子	→	第8因子	年収

1時点目 6クラスタ	1時点目 タイプ1	1時点目 タイプ2	1時点目 タイプ3	1時点目 タイプ4	1時点目 タイプ5	1時点目 タイプ6
第1因子	−0.0302	−0.0169	1.9643	−0.6965	−0.4374	0.2995
第2因子	0.4071	0.2644	0.8001	−0.4551	−0.6998	−0.0333
第3因子	0.8104	−0.0838	1.4009	−0.9195	−0.8073	0.4263
第4因子	0.2195	0.0284	1.4409	−1.1546	−0.4129	0.7285

第 6 因子	0.0889	0.1938	0.9709	− 1.2629	− 0.3597	1.0425
第 7 因子	− 0.3731	0.1718	0.9710	− 1.0110	− 0.1281	1.2071
第 8 因子	− 0.4623	0.2582	0.1760	− 0.9236	0.1542	1.0880
人数	306	392	134	191	349	128

2 時点目 6 クラスタ	2 時点目 タイプ 1	2 時点目 タイプ 2	2 時点目 タイプ 3	2 時点目 タイプ 4	2 時点目 タイプ 5	2 時点目 タイプ 6
第 1 因子	− 0.5239	1.3835	− 0.2411	0.4390	− 0.4440	− 0.7086
第 2 因子	− 0.2404	0.7461	− 0.3795	0.7184	0.2786	− 1.3944
第 3 因子	− 0.9025	1.0614	− 0.2157	0.6324	0.1976	− 0.9227
第 4 因子	− 0.4848	1.2669	0.2155	0.2557	− 0.6340	− 0.8342
第 7 因子	− 0.5270	0.9905	0.3382	0.1977	− 0.2443	− 1.0528
第 6 因子	0.1877	0.8420	0.6208	− 0.2345	− 0.9064	− 0.8267
第 8 因子	0.4864	0.2289	0.3336	− 0.2894	− 0.5038	− 0.4426
人数	261	247	299	254	252	187

相関係数		2 時点目					
		タイプ 1	タイプ 2	タイプ 3	タイプ 4	タイプ 5	タイプ 6
1 時点目	タイプ 1	− 0.8510	0.4486	− 0.6991	0.8864	0.7936	− 0.6073
	タイプ 2	0.7451	− 0.7621	0.3445	− 0.4260	− 0.0651	− 0.1737
	タイプ 3	− 0.7513	0.9649	− 0.4081	0.5282	− 0.0015	− 0.0832
	タイプ 4	0.0657	− 0.1174	− 0.7439	0.5009	0.4975	− 0.3286
	タイプ 5	0.8552	− 0.5758	0.7704	− 0.9549	− 0.7552	0.7188
	タイプ 6	0.5143	− 0.3468	0.9705	− 0.9085	− 0.7317	0.5578

タイプ 1-4	年齢，年収はやや低いタイプ。化粧の頻度，ファッションの重視度は高く，住宅の重視度は低い
タイプ 3-2	年齢は高く，年収は中程度のタイプ。専門店，化粧の頻度，ファッション，自分磨き，健康とスキンケア化粧品，住宅の重視度は高い
タイプ 5-1	年齢，年収共に中程度のタイプ。専門店，ファッション，自分磨き，健康とスキンケア化粧品重視度は低い。化粧の頻度は低めである
タイプ 6-3	年齢，年収共に高いタイプ。自分磨き，健康とスキンケア化粧品，住宅の重視度はかなり高い

5.2　時系列を考慮したサービス効果の分析

本節では，2時点で存在する同一タイプの時系列的なサービス効果の変化の分析，時間の経過と共に現れた新顧客タイプに対するサービス効果の分析を示す。これらの分析により，既存顧客，新規顧客の両方に対して，それぞれ，時系列的に適切なサービスを提供できるようにすることが目的である。

5.2.1　2時点で共通な顧客タイプの検討

サービス効果の時系列的分析として，2時点で共通なタイプが存在する場合には，

1）2時点での目的変数の分布の比較
2）目的変数に影響を与えている説明変数の分布の2時点での比較
3）説明変数を条件としたときの目的変数の条件付き確率分布の2時点での比較

を行う。

表5.16に，タイプ1-4の1）2時点での目的変数の分布の比較，2）目的変数に影響を与えている説明変数の分布の2時点での比較，3）説明変数を条件としたときの目的変数の条件付き確率分布の2時点での比較を示す。

1）に関しては，表5.16の目的変数である「メークの総合的満足度」の分布より，1時点，2時点の各時点とも3（やや満足している）を中心に分布しており，時点の違いで満足度の分布に違いは見られなかったことがわかる。

2）に関しては，表5.16より，まず「ふだんの生活でのメーク」に関しては，2時点目では1時点目に比べ5（ほぼ毎日メークを行っている），6（毎日メークを行っている）と回答した人の割合が増えている。「重視度.携帯電話でのメール」に関しては，2時点目は3（やや重視している），4（重視している）を中心に分布しており，1時点目では5（とても重視している）と回答した人の割合が2時点目よりも多かったことがわかる。

3）に関しては，表5.16の条件付き確率分布より，タイプ1-4の1時点目では，「ふだんの生活でのメーク」の頻度が4，5，6と高い人に関しては，化粧の頻度が上がるほど「メークの総合的満足度」が上がる傾向にあるが，一方，2時点目では，「ふだんの生活でのメーク」の頻度が1から6へと上がるほど「メークの総合的満足度」が上がる傾向にあり，1時点目から2時点目で変化が見られた。

また，「重視度.携帯電話でのメール」に関しては，2時点とも携帯電話でのメールの重視度が高いと「メークの総合的満足度」も高い傾向にある。

表5.16　タイプ1-4の1時点目と2時点目の分布比較（目的変数分布，説明変数分布，条件付き確率分布）

メークの総合的満足度

タイプ番号		1	2	3	4	5
	1時点目タイプ1	0.0131	0.0980	0.4706	0.3856	0.0327
	2時点目タイプ4	0.0079	0.0512	0.5039	0.3622	0.0748

ふだんの生活でのメーク

タイプ番号		1	2	3	4	5	6
	1時点目タイプ1	0.0098	0.0686	0.0033	0.1961	0.4444	0.2778
	2時点目タイプ4	0.0000	0.0079	0.0079	0.0748	0.4961	0.4134

1時点目タイプ1　メークの総合的満足度

ふだんの生活でのメーク	1	2	3	4	5
1	0.0000	0.3333	0.3333	0.3333	0.0000
2	0.0952	0.0476	0.3810	0.4762	0.0000
3	0.0000	0.0000	0.0000	1.0000	0.0000
4	0.0000	0.2000	0.5500	0.2167	0.0333
5	0.0147	0.0662	0.4853	0.3897	0.0441
6	0.0000	0.0824	0.4235	0.4706	0.0235

2時点目タイプ4　メークの総合的満足度

ふだんの生活でのメーク	1	2	3	4	5
2	0.0000	0.5000	0.5000	0.0000	0.0000
3	0.0000	0.5000	0.0000	0.0000	0.5000
4	0.0526	0.0000	0.5263	0.3684	0.0526
5	0.0079	0.0556	0.5794	0.3175	0.0397
6	0.0000	0.0381	0.4190	0.4286	0.1143

重視度.携帯電話でのメール

タイプ番号		1	2	3	4	5
	1時点目タイプ1	0.0261	0.0556	0.2288	0.3758	0.3137
	2時点目タイプ4	0.0394	0.1181	0.3701	0.3268	0.1457

メークの総合的満足度

1時点目タイプ1		1	2	3	4	5
重視度．携帯電話でのメール	1	0.0000	0.1250	0.8750	0.0000	0.0000
	2	0.0000	0.0000	0.6471	0.3529	0.0000
	3	0.0429	0.1857	0.4000	0.3571	0.0143
	4	0.0000	0.0957	0.4696	0.4087	0.0261
	5	0.0104	0.0521	0.4583	0.4167	0.0625

メークの総合的満足度

2時点目タイプ4		1	2	3	4	5
重視度．携帯電話でのメール	1	0.0000	0.0000	0.6000	0.3000	0.1000
	2	0.0000	0.1000	0.7000	0.1333	0.0667
	3	0.0106	0.0319	0.4894	0.3936	0.0745
	4	0.0000	0.0723	0.5301	0.3253	0.0723
	5	0.0270	0.0270	0.2973	0.5676	0.0811

タイプ1-4は，携帯電話でのメールを重視すると「メークの総合的満足度」が上がることと，年齢が若いタイプであること，さらに，日常的に化粧を行っているタイプで，化粧に関心があることを考慮すると，タイプ1-4に対する化粧品店の販売戦略としては，SNSを活用し，店の情報を告知するという方策が挙げられる。さらに，タイプ1-4は年収がやや低いタイプであるので，SNSでクーポンの配信やセールの告知を行い，お買い得感を出すことが，来店頻度や化粧品の購入頻度を増加させる要因になり，効果的だと考えられる。

5.2.2 新しい顧客タイプの検討

また，2時点目で新しいタイプの顧客タイプが抽出された場合には，

1) 2時点目の新しいタイプの目的変数の分布の検討
2) 新しいタイプの目的変数に影響を与えている説明変数の分布の検討
3) 新しいタイプの説明変数を条件としたときの目的変数の条件付き確率分布

の検討を行う。

2時点目のタイプ5とタイプ6が，2時点目特有の新しいタイプである。この2つのタイプは，年齢が若く，年収が低いところが共通しているが，タイプ5は，

化粧の頻度，ファッションの重視度が高いのに対し，タイプ6は化粧の頻度，ファッションなど全般的に重視度が低い傾向にある。

1) に関しては，**表5.17** より，タイプ5とタイプ6は「メークの総合的満足度」は3, 4を中心に分布しており，満足度はやや高い傾向にある。

2) に関しては，タイプ5はスキンケア化粧品，メークアップ化粧品について3を中心に分布しているが，タイプ6はそれぞれについては，1（重視していない）がモードとなっており，化粧品の重視度が低い傾向がある。

3) に関しては，表5.17の条件付き確率分布より，タイプ5, 6ともにスキンケア化粧品の重視度が上がると「メークの総合的満足度」も上がる傾向にある。さらに，タイプ5の重視度1以外は，メークアップ化粧品の重視度も上がると「メークの総合的満足度」も上がる傾向にある。タイプ5に関しては，年齢が若く，年収が低いタイプであることも考慮すると，化粧品店の販売戦略として，顧客を増加させるためには，気軽に入店ができ，商品購入ができるような安さを売りにしたコーナーのあるお店づくりを目指すことが効果的だと考えられる。またタイプ5，タイプ6を比較し，化粧頻度を重要視している顧客とそうでない顧客のどの顧客タイプから優先順位をつけて販売戦略を練るかを検討することも重要であると考えられる。

表5.17　2時点目のタイプ5・タイプ6の分布比較（目的変数分布，説明変数分布，条件付き確率分布）

メークの総合的満足度

タイプ番号		1	2	3	4	5
	2時点目タイプ5	0.0159	0.0595	0.5198	0.3810	0.0238
	2時点目タイプ6	0.0214	0.1818	0.4973	0.2299	0.0695

重視度.スキンケア化粧品

タイプ番号		1	2	3	4	5
	2時点目タイプ5	0.0000	0.0159	0.4405	0.4008	0.1429
	2時点目タイプ6	0.2620	0.3102	0.3262	0.0963	0.0053

メークの総合的満足度

2時点目タイプ5		1	2	3	4	5
重視度.スキンケア化粧品	2	0.0000	0.2500	0.5000	0.2500	0.0000
	3	0.0180	0.0721	0.5495	0.3514	0.0090
	4	0.0198	0.0594	0.5149	0.3762	0.0297
	5	0.0000	0.0000	0.4444	0.5000	0.0556

2時点目タイプ6		メークの総合的満足度 1	2	3	4	5
重視度.スキンケア化粧品	1	0.0204	0.2653	0.4490	0.2041	0.0612
	2	0.0345	0.1552	0.5517	0.1724	0.0862
	3	0.0164	0.1639	0.4918	0.2787	0.0492
	4	0.0000	0.1111	0.5000	0.2778	0.1111
	5	0.0000	0.0000	0.0000	1.0000	0.0000

		重視度.メークアップ化粧品 1	2	3	4	5
タイプ番号	2時点目タイプ5	0.0079	0.0595	0.4603	0.3929	0.0794
	2時点目タイプ6	0.4706	0.3316	0.1872	0.0107	0.0000

2時点目タイプ5		メークの総合的満足度 1	2	3	4	5
重視度.メークアップ化粧品	1	0.0000	0.0000	0.0000	1.0000	0.0000
	2	0.0667	0.0667	0.5333	0.2667	0.0667
	3	0.0086	0.0603	0.6034	0.3276	0.0000
	4	0.0202	0.0505	0.4747	0.4242	0.0303
	5	0.0000	0.1000	0.3000	0.5000	0.1000

2時点目タイプ6		メークの総合的満足度 1	2	3	4	5
重視度.メークアップ化粧品	1	0.0227	0.1932	0.4886	0.2273	0.0682
	2	0.0323	0.1935	0.5323	0.1774	0.0645
	3	0.0000	0.1429	0.4571	0.3143	0.0857
	4	0.0000	0.0000	0.5000	0.5000	0.0000

本章では，徳富・椿 (2012)[5] で提案し，本書4章で紹介した「顧客タイプ別サービス効果分析法」を時系列解析が行えるように拡張した分析法を紹介した。それぞれの時点での顧客タイプ別サービス効果分析をパラレルに行い，1段階目で2時点それぞれのデータ構造の把握を行い，存在するタイプを導き，2段階目では2時点で共通の潜在因子の抽出を行い，時系列的方法へと拡張した。

顧客タイプごとの時系列的解析では，さらに，

① 共通タイプの抽出
② 共通タイプの決定
③ 2時点共通タイプの特徴の検討
④ 新しい顧客タイプの特徴の検討

を行えるように方法の拡張を行った。それにより，各店舗でのサービス効果に対し，異質性を考慮し時系列的に分析ができるようになり，同じタイプの顧客の時系列変化や，新しく現れた顧客に対する検討に基づいた有用な知見が得られることを示した。

【参考文献】

[1] Stauss,B., Engelmann,K., Kremer,A. and Luhn,A. (2009)：『サービス・サイエンスの展開』，近藤隆雄，日高一義，水田秀行訳，生産性出版。

[2] 近藤光雄 (2004)：『マーケティング・リサーチ入門<第3版>』，経済新聞社。

[3] Lovelock,C. and Wirtz,J. (2010)：*Services Marketing Seventh Edition*, Prentice Hall.

[4] 椿美智子・大宅太郎・徳富雄典 (2013)：“タイプ別教育・学習効果分析システムの提案，”日本教育情報学会誌, Vol.28, No.3, pp.15-26.

[5] 徳富雄典・椿美智子 (2012)：“顧客タイプ別サービス効果分析システムの提案，”研究・技術計画学会第27回年次学術大会予稿集, 1C03.

[6] 藤越康祝 (2009)：『経時的データ解析数理』，朝倉書店。

[7] 北川源四郎 (2005)：『時系列解析入門』，岩波書店。

[8] 鈴木実可 (2011)：“女性ライフステージにおける化粧品使用の異質性と機能的価値・文脈価値の分析”，平成23年度電気通信大学電気通信学部システム工学科経営システム工学講座卒業論文。

第6章

ベイジアンネットワーク分析

6.1　販売要因ベイジアンネットワーク分析

第1章において，経済におけるサービス分野の占める割合が大きくなっている現在，サービス・マーケティングの分野においては，サービス・マーケティング・トライアングルモデルを用いて，サービスのコンテクストにおける顧客マネジメントが説明されることが多くなってきていることを示した（例えば，Grönroos (1996) [1] を参照されたい）。本章で，さらに掘り下げたい。

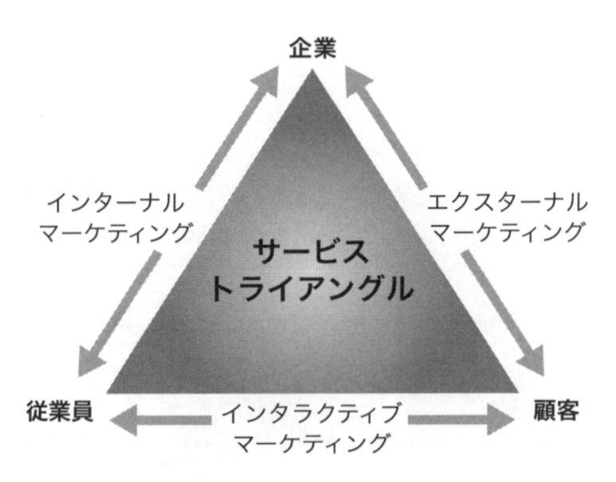

図 6.1　サービス・マーケティング・トライアングルモデル（再掲）

サービス・マーケティング・トライアングルモデルの3つの頂点は，顧客，サービス提供者（従業員），企業を表している。サービスデータを分析する場合，第4章，第5章で示したように，「顧客のニーズや特性，購買行動の分析のみを行って，顧客ニーズを捉えられたから終了」と考える場合がまだまだ多いと思われる。顧客に関して，ニーズや特性，購買行動の分析をタイプ別ビッグデータ分析などにより綿密に分析して結果を得たときは，第5期科学技術基本計画で掲げられている「超スマート社会」の「必要なもの・サービスを，必要な人に」を把握した段階であり，それを「必要な時に，必要なだけ提供し，社会の様々なニーズにきめ細かに対応でき，あらゆる人が質の高いサービスを受けられ，年齢，性別，地域，言語といった様々な違いを乗り越え，活き活きと快適に暮らすことのできる社会」の段階に進めるためには，実際にサービス提供者が顧客に対応する「真実の瞬間」において，顧客の必要なもの・サービスを，必要なだけ提供し，ニーズにきめ細かに対応をして，質の高いサービスを提供できるようにする必要がある。Society5.0においては，それをインターネットサービスやロボットサービスを通じて提供する場合もあるが，本章では，サービス提供者が提供する場合を考える。サービス・エンカウンターの「真実の瞬間」におけるサービスの質を高めて顧客のニーズに合わせたきめ細かな提供ができるようになるためには，顧客とサービス提供者の間では**図 6.1** のインタラクティブ・マーケティングを充実させていく必要がある。従来のように，企業のマーケティング部門からマス的に顧客への約束を交わすエクスターナル・マーケティングを行うだけで十分な時代ではなくなってきている。

ここで，渡部・椿 (2016) [2] によって提案されたサービス提供者（従業員）の販売行動仮説モデルを**図 6.2** に示す。

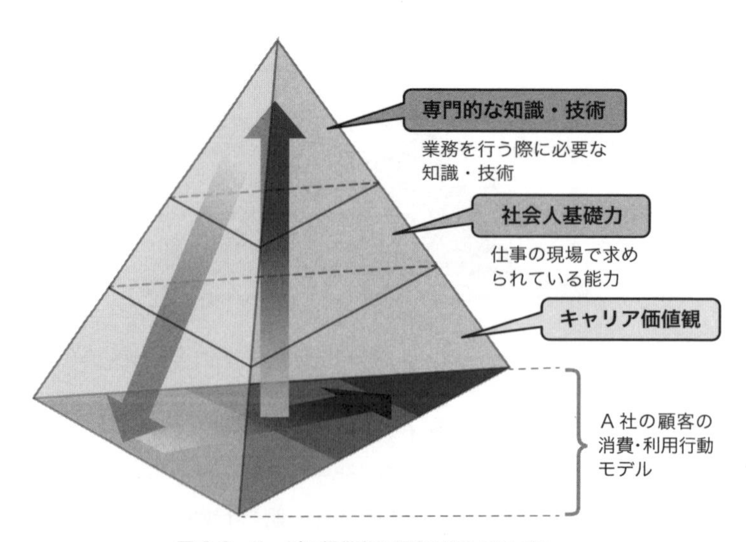

図 6.2 サービス提供者の販売行動仮説モデル

図6.2において，サービス提供者は，顧客のライフスタイルに基づく消費・利用行動の理解を土台とし，自身のキャリア価値観に基づいて，仕事の現場で求められている社会人基礎力の向上をはかりながら，業務で取り扱う商品・サービスの専門的な知識や技術の習得を行う。その上で，社会人基礎力や専門的な知識・技術を用いながら，顧客ニーズ購買行動データ分析の結果から得られた顧客についての情報をさらに深く理解し，ニーズを的確に把握し，顧客の消費・利用行動を促進させていく。

本書では，男性服販売サービスに関する例で説明する。読者は，ご自身が携わっている業種に関する能力に基づき，サービス提供者の他者評価あるいは自己評価データを取得して，同様のデータ解析を試みられたい。

本章では，男性服販売サービスにおけるサービス提供者のキャリア価値観や能力技術に基づく販売サービス行動を把握・評価するための，サービス提供者に対する自己評価アンケート調査の例を示す。目的は，顧客に対して，販売サービス後の商品の利用価値（質）を高め，購入のリピート率や新規購入率を高めることができるようにするために，サービス提供者の仕事観や価値観，及び技術・能力を把握・評価し，顧客のニーズや価値観を汲み取った販売アプローチをすることができる販売サービス提供者の要因を明らかにすることである。本節では，目的変数に年間売上額を取り，それに影響を及ぼす自己評価変数との関係を，ベイジアンネットワークモデルにより分析した結果を**図6.3**に，確率推論の結果を**表6.1**に示し，検討を行う。

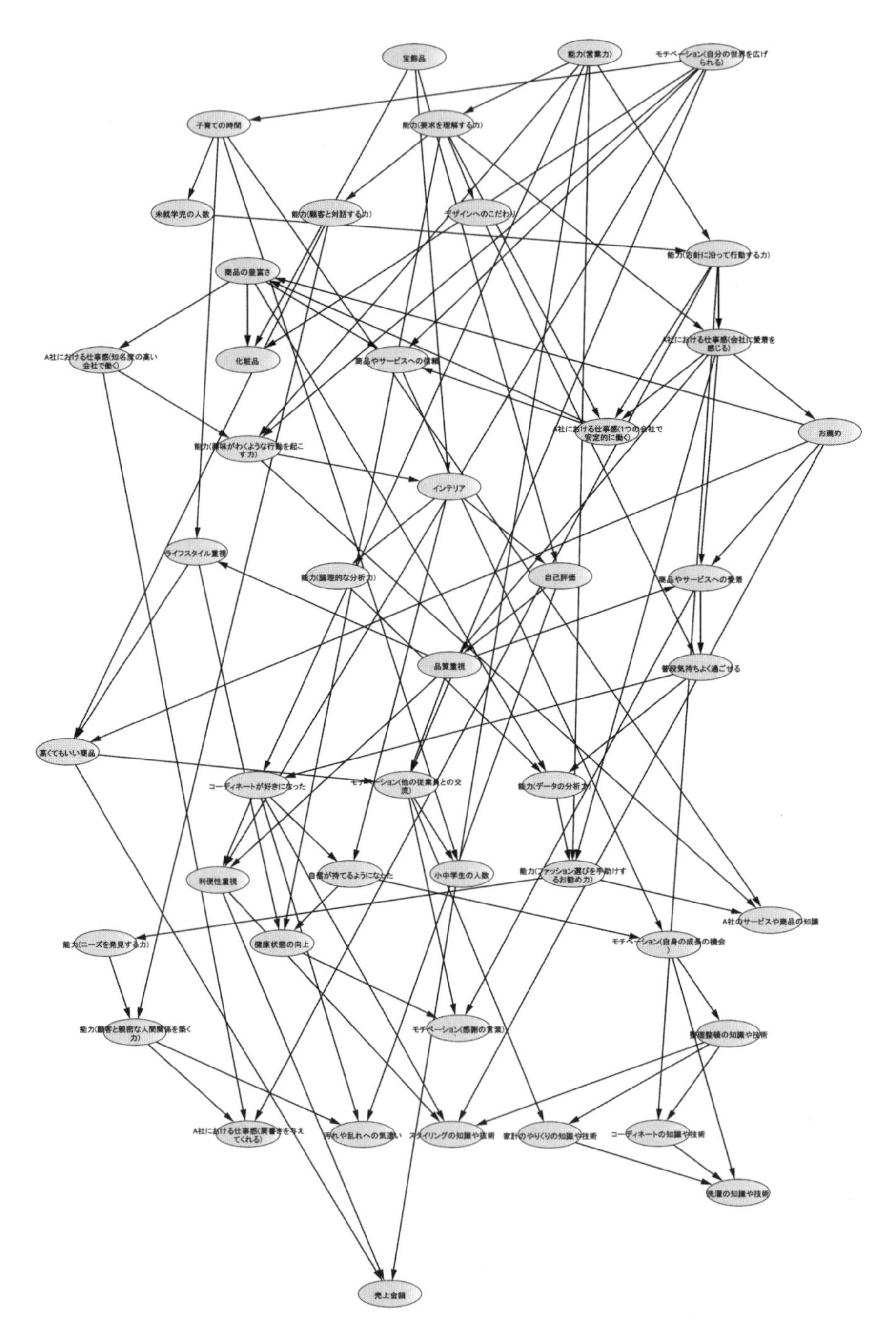

図 6.3 販売要因ベイジアンネットワーク分析

ベイジアンネットワークとは，不確実性を含む事象の予測や合理的な意思決定などに適用することのできる確率モデルである。グラフ理論と確率理論を両輪としており，モデルとしてグラフ表現を用い，モデルに基づく推論のために確率を用いている。ベイジアンネットワークは確率変数をノードとして，その依存関係に従って結合したネットワークである。また，ベイジアンネットワーク分析に関しては，繁桝・植野・本村 (2006) [3]，本村・岩崎 (2006) [4]，植野 (2010) [5] などを参照されたい。

本章でのベイジアンネットワーク分析は (株) NTT データ数理システムの BAYONET (Version 6.3.0) で行っている。構造学習では，目的変数が子ノードを持たないような構造制約を設定し，構造探索アルゴリズムは Greedy Search (欲張り法) を，評価基準は AIC (赤池情報量規準) を使用している。

表 6.1 は，説明変数の水準を 0 から 1 に向上させたとき，売上金額に影響を与える確率が高い順に示している。高い方から考察を行うと，能力 (営業力)，能力 (要求を理解する力)，能力 (興味がわくような行動を起こす力)，利便性重視，能力 (方針に沿って行動する力)，能力 (ファッション選びを手助けするお勧め力) の順で，顧客の商品利用価値を高めることに貢献し，売上金額を高める可能性があることがわかる。皆さんも，ご自分の業種のデータで分析・比較されたい。

表 6.1　販売要因ベイジアンネットワーク確率推論

$Pr(Y=1\}X=1)-$ $Pr(Y=1\|X=0)$	X	Y
0.2831	能力 (営業力)	売上金額
0.1633	能力 (要求を理解する力)	
0.1435	能力 (興味がわくような行動を起こす力)	
0.1353	利便性重視	
0.1330	能力 (方針に沿って行動する力)	
0.1294	能力 (ファッション選びを手助けするお勧め力)	
0.0965	能力 (顧客と対話する力)	
0.0825	品質重視	
0.0783	A 社における仕事感 (会社に愛着を感じる)	
0.0682	A 社のサービスや商品の知識	

6.2 サービス提供者の能力や価値観に基づくタイプ分け及び併売ベイジアンネットワーク分析

サービス提供者の経験や勘が頼りに行われてきたサービス分野において，サービスの客観的なデータを観測し，科学的手法やマネジメント手法，工学的手法によって，サービスの品質や生産性を向上可能にさせるために，サービス・サイエンスの概念が提唱された。しかし，サービスにはサービス提供者や顧客の人間的要素が含まれているため，サービス特性の中でも，特にサービス提供者によって技術が異なり，顧客の状況によっても受け止められ方が変化し，同じサービスを受けても人によって評価は異なるという「異質性」，生産と消費が同時に行われ，提供者と顧客との「相互作用」をもたらす「同時性」により，サービスの品質や価値を定義すること自体が本質的に難しい問題となっている（本村（2011）[6]）。

また，自動車販売ディーラーや塾講師のような，顧客と直接対面し，その場でサービス提供を行うような職種においては，ほかのサービス分野の職種よりも，顧客に適したサービスを提供できる機会が多く存在する。そのため，個々の従業員や組織が持つノウハウなどを活かしたサービス提供を行うことができれば，顧客のさらなる購買行動につなげることができ，企業利益に大きく影響していくと考えられる。本書で取り上げている男性服販売サービスの例にも同様のことがいえる。

サービス・サイエンスにおける異質性を考慮した従来研究として，従業員や顧客において異質性があるという現状が示されたとしても，「異質性を踏まえた上での最適なサービス提供の方法」を提案し，その効果を予測する研究はあまりされてこなかった。

椿・岩崎（2011）[7] では，サービス・サイエンスの一分野である教育分野において，Tsubaki, Tsuchida, Kimura and Watanabe（2009）[8] を拡張し，新たに授業を受ける学生に対し，過去の受講生の条件付き確率表を用いてベイジアンネットワーク分析を行い，タイプ別に教育効果を予測し，事前に伝えることで，授業の教育効果を向上させるための学生タイプ別教育効果分析法を提案している。そして，キャリアデザイン教育データを用いて，妥当性の検証を行っている。

さらに，椿・大宅・徳富（2012）[9] では，池本・関・椿（2005）[10] によって設計・調査された高校生データに対して，生徒の学校生活（部活，授業，行事・仲間，学習など）における価値観に基づいてタイプの分類を行い，各タイプが目的変数である成績や満足度などを向上させられるために「タイプ別教育・学習効果分析システム」を開発している。

また，顧客購買に関する従来研究としては，石垣・竹中・本村 (2011a) [11]，(2011b) [12] では，顧客行動に基づく大規模履歴データと顧客のアンケートデータを用いて，2重潜在クラスモデル及びベイジアンネットワークにより消費者行動モデルを構築し，顧客ライフスタイル特性，購入商品特徴に基づき，顧客の購入状況の把握を行っている。

そして，磯辺・田渕・椿 (2015) [13] では，従業員別に担当する顧客の購買行動に関する価値観や従業員とのコミュニケーションなどに関するアンケートデータと売上データを用いて購買モデルの構築を行い，従業員ごとの販売方法に関するベイジアンネットワークの研究を行っている。サービスは顧客とサービス提供者の相互作用によって生み出されるものだからである。

本節では，能力や価値観などの自己評価データによってサービス提供者をタイプに分け，各サービス提供者タイプにおける併売関係の販売方法に視点を置いた販売ベイジアンネットワーク分析を行い，併売のキーポイントとなっている商品要素が何であるかを分析する方法を示す。

まず，ここでは，各変数（全91項目）が1因子のみで因子負荷量0.4以上となるまで主因子法，プロマックス回転による因子分析を繰り返し行った（繰り返し因子分析）。そして，収束した3回目の因子分析では平行分析基準により7因子構造を採用した。そのときの因子負荷量を**表6.2**に示す。

表6.2 因子負荷量（サービス提供者自己評価アンケートデータ）

カテゴリ	質問概要	第1因子	第2因子	第3因子	第4因子	第5因子	第6因子	第7因子
日常生活	子育ての時間	0.0775	0.1191	0.1064	−0.0461	−0.1063	0.0903	1.0044
生活意識	コーディネートの知識や技術	−0.0766	−0.0661	0.0836	0.7191	−0.0295	−0.0029	−0.1137
	洗濯の知識や技術	0.0417	0.0120	−0.0167	0.8600	−0.0563	0.0079	0.0297
	整理整頓の知識や技術	−0.0612	0.1474	−0.0673	0.8568	0.0823	−0.0233	0.0128
	家計のやりくりの知識や技術	−0.0291	−0.0816	0.0365	0.7499	0.0063	−0.0089	0.0168
	スタイリングの知識や技術	−0.0213	−0.0227	0.1175	0.4998	0.0866	0.1151	−0.0363
	自己評価	−0.0095	−0.2227	0.2174	0.0584	0.1512	0.4576	−0.1377
生活における重要度	宝飾品	0.1427	−0.1611	−0.1764	0.1702	−0.1233	0.5478	0.2338
	化粧品	0.0441	0.0351	−0.1933	0.0016	0.0683	0.4629	0.2483
	インテリア	−0.0541	−0.0640	−0.0405	0.0127	0.0757	0.6111	0.0244

商品・サービスの変化	気持ち・気分の変化	コーディネートが好きになった	－0.0243	0.1804	0.6936	0.0457	－0.0583	－0.0005	0.0250
		汚れや乱れへの気遣い	－0.0446	0.0812	0.8408	0.0217	－0.1828	－0.0497	0.0739
		自信が持てるようになった	－0.0226	－0.0230	0.7888	0.0442	0.0999	0.0255	0.1666
		デザインへのこだわり	－0.0086	－0.1433	0.6650	0.0045	0.0910	0.0235	－0.0386
		普段気持ちよく過ごせる	0.0035	0.1079	0.7030	－0.0066	0.0413	－0.0778	－0.0152
		健康状態の向上	0.1552	0.0435	0.5958	－0.0693	－0.0214	0.0952	0.0022
	ブランドロイヤリティ	商品やサービスへの愛着	－0.1040	0.8499	0.2273	0.0356	0.0896	0.0118	－0.0938
		商品やサービスへの信頼	0.0104	0.6280	0.0554	0.0371	0.1068	0.0046	－0.0200
		お勧め	0.1327	0.7272	－0.0691	－0.0400	0.2003	－0.0539	0.1217
		高くても良い商品	－0.1501	0.8384	－0.0691	－0.0383	0.0204	0.0048	0.1045
		商品の豊富さ	－0.0365	0.5747	0.0755	－0.2287	0.1664	－0.0807	0.2114
消費価値観		品質重視	0.0390	0.2717	0.0357	－0.1492	0.0530	0.5775	－0.1602
		利便性重視	－0.0050	0.2409	0.0849	－0.1500	－0.0887	0.4921	－0.2082
		ライフスタイル重視	－0.1310	0.0687	0.1051	－0.0758	－0.0522	0.5791	0.0347
A社における仕事について	モチベーション	モチベーション（感謝の言葉）	0.0408	0.5221	－0.0501	0.1010	－0.0685	0.1394	0.0660
		モチベーション（ほかの従業員との交流）	0.0282	0.4438	－0.0822	0.1074	0.0568	0.0728	－0.0122
		モチベーション（自身の成長の機会）	0.0490	0.4530	0.0754	0.1672	0.3387	－0.0761	0.1324
		モチベーション（自分の世界を広げられる）	0.1858	0.4652	0.0135	0.1450	－0.1847	0.0520	－0.0345
	仕事感	A社における仕事観（肩書きを与えてくれる）	0.0408	－0.0156	0.1671	－0.0023	0.5178	0.0286	－0.0197
		A社における仕事観（会社に愛着を感じる）	0.0586	0.3547	0.0393	0.0772	0.6117	－0.0765	－0.0830
		A社における仕事観（1つの会社で安定的に働く）	0.0067	0.2345	－0.1119	0.0077	0.7363	0.0312	－0.1553
		A社における仕事観（知名度の高い会社で働く）	0.0048	0.0210	－0.0569	－0.0999	0.7561	0.0379	0.0357
	能力	能力（顧客と親密な人間関係を築く力）	0.5119	0.1152	0.0711	0.0152	－0.1721	0.0250	－0.1767
		能力（ニーズを発見する力）	0.6832	－0.0700	0.0898	－0.0253	－0.2055	0.0562	0.0448
		能力（ファッション選びを手助けするお勧め力）	0.6646	－0.0264	－0.1051	－0.1039	0.0603	0.1233	0.0316
		能力（興味がわくような行動を起こす力）	0.7172	0.0368	－0.0055	0.0182	0.0963	－0.0381	0.0261
		能力（データの分析力）	0.6626	－0.2801	0.0698	－0.0572	0.1312	－0.0515	0.1817
		能力（論理的な分析力）	0.7273	－0.2360	0.1076	－0.0945	0.1377	0.0578	0.1589
		能力（方針に沿って行動する力）	0.4416	0.0240	－0.1332	0.0968	0.2820	0.1440	0.0075
		能力（営業力）	0.8577	－0.0380	－0.0948	0.0067	0.0870	0.0517	0.0141
		能力（顧客と対話する力）	0.7577	0.1841	0.0097	－0.0108	－0.1620	－0.1505	0.0484
		能力（要求を理解する力）	0.6483	0.0560	0.1102	0.0652	－0.0591	－0.1489	－0.1714
	知識	A社のサービスや商品の知識	0.4416	0.1492	－0.1006	0.0192	0.0223	－0.0573	－0.1835

属性	未就学児の人数	−0.1074	0.0235	0.0703	0.0309	0.0570	−0.0822	0.5127
	小中学生の人数	0.0162	0.0729	0.0596	0.0629	−0.2866	0.1479	0.5078

次に，因子ごとに解釈を行い，因子名の検討を行う。

第 1 因子は，能力と知識に関する項目で構成されており，能力に関しては顧客のニーズを汲み取って勧める能力が多く含まれているため，「顧客ニーズに基づいて効果的に商品・サービスを勧められる能力」と名付けた。この能力は，サービス・トライアングル・マーケティングの「真実の瞬間」において一番重要な能力である。

第 2 因子は，自社の製品・サービスに対するブランドロイヤリティと，働く上でのモチベーションの項目で構成されているので，「ブランドロイヤリティがもたらすモチベーション」と名付けた。

第 3 因子は，A 社の製品・サービスを利用したときの気持ちや気分の実感の項目のみで構成されているので「A 社の製品・サービス利用における気持ちや気分の変化」，第 4 因子は，製品・サービスに関する知識技術を身に付けたいという項目が多いことから「製品・サービスに関する知識技術習得の意欲」と名付けた。

さらに，第 5 因子は，仕事観を表している項目で構成されていることから，「仕事観」と名付けた。第 6 因子は，生活意識の中での自己評価，生活における重要度，消費価値観の項目で構成されていることから「自宅や外出におけるこだわり」と名付けた。最後に，第 7 因子は子育て時間，未就学児や小中学生の人数の項目であることから「子育てによる時間の圧迫」と名付けた。

これらをまとめたものを**表 6.3** に示す。

表 6.3（1）　因子名（サービス提供者自己評価アンケート）　第 1 因子（寄与率 22.1%）

顧客ニーズに基づいて効果的に商品・サービスを勧める能力		累積寄与率
能力（顧客と親密な人間関係を築く力）	能力	0.5119
能力（ニーズを発見する力）	能力	0.6832
能力（ファッション選びを手助けするお勧め力）	能力	0.6646
能力（興味がわくような行動を起こす力）	能力	0.7172
能力（データの分析力）	能力	0.6626
能力（論理的な分析力）	能力	0.7273
能力（方針に沿って行動する力）	能力	0.4416
能力（営業力）	能力	0.8577
能力（顧客と対話する力）	能力	0.7577
能力（要求を理解する力）	能力	0.6483
A 社のサービスや商品の知識	能力	0.4416

表 6.3 (2) 因子名（サービス提供者自己評価アンケート） 第２因子（寄与率 11.5%）

ブランドロイヤリティがもたらすモチベーション		累積寄与率
商品やサービスへの愛着	ブランドロイヤリティ	0.8499
商品やサービスへの信頼	ブランドロイヤリティ	0.6280
お勧め	ブランドロイヤリティ	0.7272
高くても良い商品	ブランドロイヤリティ	0.8384
商品の豊富さ	ブランドロイヤリティ	0.5747
モチベーション（感謝の言葉）	モチベーション	0.5221
モチベーション（ほかの従業員との交流）	モチベーション	0.4438
モチベーション（自身の成長の機会）	モチベーション	0.4530
モチベーション（自分の世界を広げられる）	モチベーション	0.4652

表 6.3 (3) 因子名（サービス提供者自己評価アンケート） 第３因子（寄与率 7.05%）

A 社の商品・サービス利用における気持ちや気分の変化		累積寄与率
コーディネートが好きになった	気持ち・気分の変化	0.6936
汚れや乱れへの気遣い	気持ち・気分の変化	0.8408
自信が持てるようになった	気持ち・気分の変化	0.7888
デザインへのこだわり	気持ち・気分の変化	0.6650
普段気持ちよく過ごせる	気持ち・気分の変化	0.7030
健康状態の向上	気持ち・気分の変化	0.5958

表 6.3 (4) 因子名（サービス提供者自己評価アンケート） 第４因子（寄与率 5.16）

衣服に関する知識技術習得の意欲		累積寄与率
コーディネートの知識や技術	生活意識	0.7191
洗濯の知識や技術	生活意識	0.8600
整理整頓の知識や技術	生活意識	0.8568
家計のやりくりの知識や技術	生活意識	0.7499
スタイリングの知識や技術	生活意識	0.4998

表 6.3 (5) 因子名（サービス提供者自己評価アンケート） 第５因子（寄与率 5.01%）

仕事観		累積寄与率
A 社における仕事観（肩書きを与えてくれる）	仕事感	0.5178
A 社における仕事観（会社に愛着を感じる）	仕事感	0.6117
A 社における仕事観（1 つの会社で安定的に働く）	仕事感	0.7363
A 社における仕事観（知名度の高い会社で働く）	仕事感	0.7561

表6.3 (6)　因子名（サービス提供者自己評価アンケート）　第6因子（寄与率4.83%）

自宅や外出におけるこだわり		累積寄与率
自己評価	生活意識	0.4576
宝飾品	生活における重要度	0.5478
化粧品	生活における重要度	0.4629
インテリア	生活における重要度	0.6111
品質重視	消費価値観	0.5775
利便性重視	消費価値観	0.4921
ライフスタイル重視	消費価値観	0.5791

表6.3 (7)　因子名（サービス提供者自己評価アンケート）　第7因子（寄与率3.92%）

子育てによる時間の圧迫		累積寄与率
子育ての時間	日常生活	1.0044
未就学児の人数	属性	0.5127
小中学生の人数	属性	0.5078

次に，因子分析で得られた因子得点に基づくウォード法を用いたクラスタリングにより，サービス提供者のタイプ分類を行った。**表6.4**にクラスタ数3～5における各タイプの構成人数と特徴を示し，タイプ数を決定していく。

各クラスタ数におけるサービス提供者タイプごとの特徴は**表6.5**に示す。

表6.4　サービス提供者のクラスタリング結果（クラスタ数3～5）

クラスタ	グループ1	グループ2	グループ3
第1因子	0.5580	−0.5800	−0.2442
第2因子	0.6388	−0.6877	−0.2292
第3因子	0.3563	−0.5379	0.2012
第4因子	0.0329	−0.2637	0.4745
第5因子	0.2853	−0.4969	0.3020
第6因子	0.2630	−0.4237	0.2049
第7因子	−0.5972	−0.1927	1.9945
人数	61	49	23

クラスタ	グループ1	グループ2	グループ3	グループ4
第1因子	0.5514	0.5645	－0.5800	－0.2442
第2因子	0.7761	0.5059	－0.6877	－0.2292
第3因子	0.0450	0.6575	－0.5379	0.2012
第4因子	－0.5966	0.6421	－0.2637	0.4745
第5因子	－0.0301	0.5905	－0.4969	0.3020
第6因子	－0.1575	0.6701	－0.4237	0.2049
第7因子	－0.7096	－0.4884	－0.1927	1.9945
人数	30	31	49	23

クラスタ	グループ1	グループ2	グループ3	グループ4	グループ5
第1因子	0.5514	0.5645	－0.5723	－0.5977	－0.2442
第2因子	0.7761	0.5059	－0.6781	－0.7093	－0.2292
第3因子	0.0450	0.6575	－0.6320	－0.3248	0.2012
第4因子	－0.5966	0.6421	－0.5559	0.3988	0.4745
第5因子	－0.0301	0.5905	－0.1785	－1.2233	0.3020
第6因子	－0.1575	0.6701	－0.8430	0.5268	0.2049
第7因子	－0.7096	－0.4884	－0.2683	－0.0214	1.9945
人数	30	31	34	15	23

表6.5　各クラスタ数におけるサービス提供者タイプごとの特徴把握

	第1因子	第2因子	第3因子	第4因子	第5因子	第6因子	第7因子
タイプA	高	高	中	中	中高	中	低
タイプB	低	低	低	中	中	低中	中
タイプC	中	中	中	中高	中	中	高

	第1因子	第2因子	第3因子	第4因子	第5因子	第6因子	第7因子
タイプA	高	高	中	低	中	中	低
タイプB	高	中高	高	高	高	高	低中
タイプC	低	低	低	中	中	低中	中
タイプD	中	中	中	中高	中	中	高

	第1因子	第2因子	第3因子	第4因子	第5因子	第6因子	第7因子
タイプA	高	高	中	低	中	中	低
タイプB	高	中高	高	中高	高	高	低中
タイプC	低	低	低	低	中	低	中
タイプD	低	低	中	中	低	高	中
タイプE	中	中	中	中高	中	中	高

表6.4，表6.5より，クラスタ数3のタイプAがクラスタ数4のタイプA，Bに分かれていることがわかる。表6.5により特徴を比較すると，第2～7因子において，評価が分かれており，4クラスタに分けることは妥当であると考えられる。さらに，クラスタ数4のタイプCがクラスタ数5のクラスタC，Dに分かれるが，タイプDの人数が15と非常に少なくなり，それ以降のベイジアンネットワーク分析が行えなくなってしまうため，クラスタ数は4を採用することとする。**表6.6**にクラスタ数4の場合のサービス提供者タイプの詳細な特徴把握を示す。

表6.6　自己評価によるサービス提供者タイプの特徴把握

	因子の解釈	寄与率	タイプA	タイプB	タイプC	タイプD
第1因子	顧客ニーズに基づいて効果的に商品・サービスを勧める能力	22.10	高	高	低	中
第2因子	ブランドロイヤリティがもたらすモチベーション	11.50	高	中高	低	中
第3因子	A社の商品・サービス利用における気持ちや気分の変化	7.05	中	高	低	中
第4因子	衣服に関する知識技術習得の意欲	5.16	低	高	中	中高
第5因子	仕事観	5.01	中	高	中	中
第6因子	自宅や外出におけるこだわり	4.83	中	高	低中	中
第7因子	子育てによる時間の圧迫	3.92	低	低中	中	高
人数			30	31	49	23

サービス提供者タイプにおける属性（年齢，末っ子の状態，子育て時間，勤続年数）のヒストグラムを**図6.4**に示す。

質問項目		タイプA	タイプB	タイプC	タイプD
年齢	20代	0	1	0	1
	30代	2	1	4	11
	40代	3	12	9	6
	50代	16	14	18	4
	60代	7	3	5	0
	70代以上	2	0	3	1

同居している末子の状態	未就学児	0	0	2	8
	小中学生	2	7	3	13
	高校・大学生	3	4	11	1
	社会人	5	14	10	0
	同居していないが末子いる	7	3	17	0
	子供なし	1	3	6	1
子育て時間（1日平均）	子育て中でない	26	22	32	0
	1時間未満	3	3	6	0
	1～3時間未満	1	4	11	5
	3～5時間未満	0	2	0	3
	5～7時間未満	0	0	0	7
	7時間以上	0	0	0	8
継続年数	1年未満	0	0	2	7
	1～4年未満	0	4	4	7
	4～7年未満	2	2	7	4
	7～10年未満	4	6	6	2
	10～20年未満	14	7	18	4
	20年以上	10	12	12	0

図6.4 各サービス提供者タイプにおける属性のヒストグラム

表6.6及び図6.4より，各サービス提供者タイプの解釈を行い，**表6.7**に示す。

本節での分析は，インタラクティブ・マーケティングに適用されるだけでなく，インターナル・マーケティングにおいても重要な結果を与える分析となっている。

表6.7 各サービス提供者タイプにおける解釈

	タイプの解釈
タイプA	商品・サービスへの自信が強く，それらを勧める能力が高いが，衣服に対する知識や技術の習得の意欲は低い，子育てによる時間の圧迫が少ない50代をモードとしたタイプ
タイプB	自宅や外出におけるこだわりが強く，夫やパートナーがA社の商品・サービスを利用することにより，気持ちや気分の変化が強く起こり，衣服に対する知識や技術習得の意欲，仕事観，モチベーションが強くなり，それらが商品・サービスへの自信へつながり，顧客ニーズに基づいてそれを勧められる能力が高い40～50代が多いタイプ

タイプC	自宅や外出におけるこだわりはやや低く，夫やパートナーがA社の商品・サービスを利用しても気持ちや気分の変化は起こらず，それに伴う衣服に対する知識や技術習得への意欲，仕事観，モチベーションは変わらないため，商品・サービスへの自信も低く，顧客ニーズに基づきそれを勧められる能力も低い40～50代が多い，子育てをやや行っているタイプ
タイプD	衣服に対する知識技術習得の意欲はやや高い30代をモードとした子育て真っ盛りな勤続年数の短いサービス提供者が多いタイプ

図6.5に各タイプのサービス提供者が担当している顧客の購買ヒストグラムと基本統計量を示す。

(1) サービス提供者タイプA

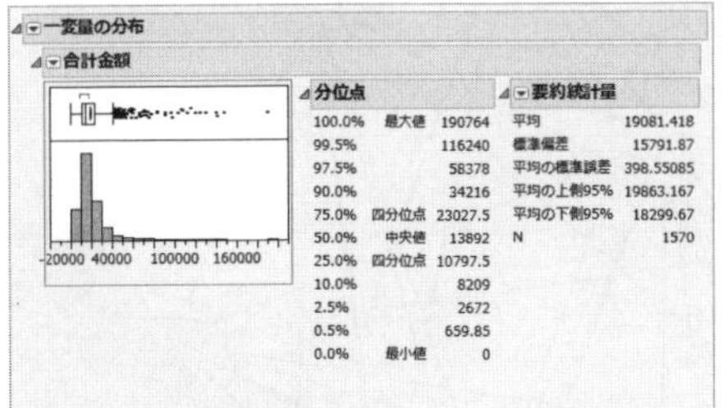

分位点		
100.0%	最大値	190764
99.5%		116240
97.5%		58378
90.0%		34216
75.0%	四分位点	23027.5
50.0%	中央値	13892
25.0%	四分位点	10797.5
10.0%		8209
2.5%		2672
0.5%		659.85
0.0%	最小値	0

要約統計量	
平均	19081.418
標準偏差	15791.87
平均の標準誤差	398.55085
平均の上側95%	19863.167
平均の下側95%	18299.67
N	1570

(2) サービス提供者タイプB

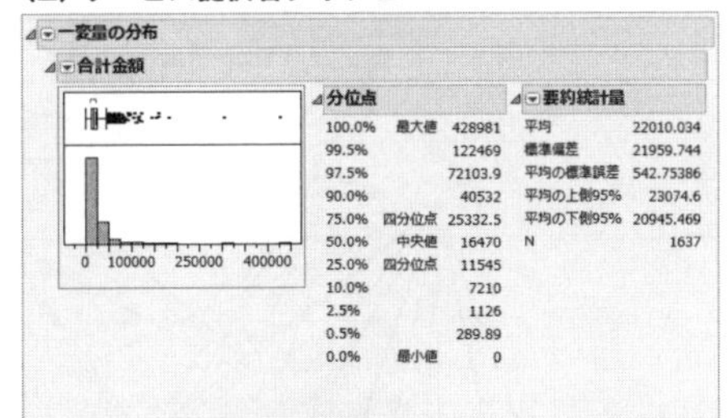

分位点		
100.0%	最大値	428981
99.5%		122469
97.5%		72103.9
90.0%		40532
75.0%	四分位点	25332.5
50.0%	中央値	16470
25.0%	四分位点	11545
10.0%		7210
2.5%		1126
0.5%		289.89
0.0%	最小値	0

要約統計量	
平均	22010.034
標準偏差	21959.744
平均の標準誤差	542.75386
平均の上側95%	23074.6
平均の下側95%	20945.469
N	1637

(3) サービス提供者タイプC

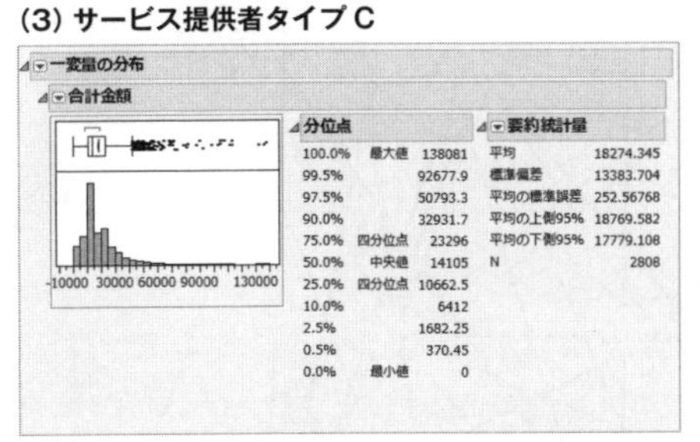

分位点		
100.0%	最大値	138081
99.5%		92677.9
97.5%		50793.3
90.0%		32931.7
75.0%	四分位点	23296
50.0%	中央値	14105
25.0%	四分位点	10662.5
10.0%		6412
2.5%		1682.25
0.5%		370.45
0.0%	最小値	0

要約統計量	
平均	18274.345
標準偏差	13383.704
平均の標準誤差	252.56768
平均の上側95%	18769.582
平均の下側95%	17779.108
N	2808

(4) サービス提供者タイプD

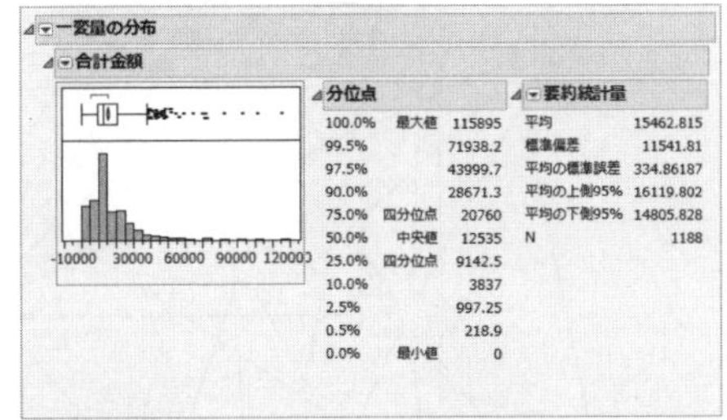

分位点		
100.0%	最大値	115895
99.5%		71938.2
97.5%		43999.7
90.0%		28671.3
75.0%	四分位点	20760
50.0%	中央値	12535
25.0%	四分位点	9142.5
10.0%		3837
2.5%		997.25
0.5%		218.9
0.0%	最小値	0

要約統計量	
平均	15462.815
標準偏差	11541.81
平均の標準誤差	334.86187
平均の上側95%	16119.802
平均の下側95%	14805.828
N	1188

図6.5　各サービス提供者タイプの担当顧客の購買ヒストグラムと基本統計量

表6.7と図6.5から，購入額平均値に注目すると，タイプDの若い年齢層の子育て中のサービス提供者タイプ以外は，サービス提供者の能力・価値観に依存して顧客の購入金額が変化していると考えられる。つまり，能力・モチベーションともに高いサービス提供者タイプBが一番高くなっており，能力・モチベーションともに低いサービス提供者タイプCの顧客の平均購入金額が一番低くなっている。

また，サービス提供者タイプDについては，ほぼ全従業員が子育て中なので，働く時間がほかのタイプのサービス提供者に比べ確保できないため，モチベーション・能力が低いわけではないが顧客の平均購入金額は低くなっていると考えられる。

さらに，各サービス提供者タイプの販売ベイジアンネットワークモデルの構築を行った。ここでは，タイプBの販売ベイジアンネットワークモデルを**図6.6**に，確率推論の結果を**表6.8**に示す。ここでは，各ノードの商品について，購買を1，非購買を0としている。

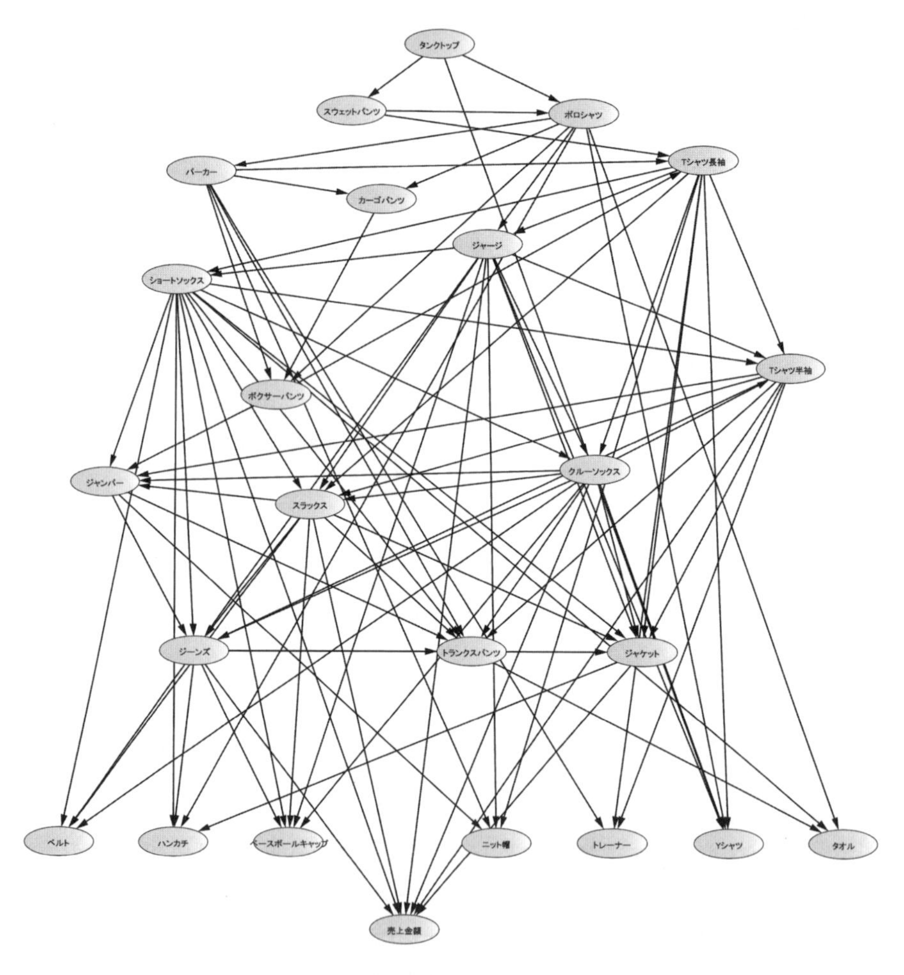

図6.6 サービス提供者タイプBの販売（併売）ベイジアンネットワークモデル

表 6.8　サービス提供者タイプBの販売（併売）ベイジアンネットワークモデルによる確率推論結果

Y：Tシャツ長袖	
$Pr(Y=1\}X=1)-$ $Pr(Y=1\|X=0)$	X
0.5165	ニット帽
0.4001	トレーナー
0.3169	ボクサーパンツ
0.2203	スウェットパンツ
0.1988	パーカー
0.1105	ポロシャツ
0.1029	カーゴパンツ
0.1018	ジャージ
0.0957	Yシャツ
0.0562	タンクトップ
0.0481	クルーソックス
0.0477	Tシャツ半袖
0.0242	ショートソックス
0.0239	タオル
0.0228	トランクスパンツ
0.0199	ハンカチ
0.0194	スラックス
0.0128	ジャケット
0.0086	ジャンパー
0.0079	売上金額
0.0078	ベルト

Y：Tシャツ半袖	
$Pr(Y=1\}X=1)-$ $Pr(Y=1\|X=0)$	X
0.2344	トレーナー
0.0462	トランクスパンツ
0.0423	Tシャツ長袖
0.0370	ニット帽
0.0313	ジャケット
0.0234	ジャージ
0.0226	ショートソックス
0.0159	ボクサーパンツ
0.0151	ジャンパー
0.0143	売上金額
0.0126	ベルト
0.0124	ポロシャツ
0.0120	スウェットパンツ
0.0091	パーカー
0.0082	タオル
0.0079	スラックス
0.0077	ベースボールキャップ
0.0066	カーゴパンツ
0.0060	Yシャツ
0.0051	ハンカチ
0.0040	タンクトップ

Y：Yシャツ	
$Pr(Y=1\}X=1)-$ $Pr(Y=1\|X=0)$	X
0.0139	ポロシャツ
0.0103	スウェットパンツ
0.0098	タンクトップ
0.0089	Tシャツ長袖
0.0074	ニット帽
0.0072	ボクサーパンツ
0.0055	ジャージ
0.0042	トレーナー
0.0040	カーゴパンツ
0.0034	パーカー

Y：パーカー	
$Pr(Y=1\}X=1)-$ $Pr(Y=1\|X=0)$	X
0.4851	ニット帽
0.4708	トレーナー
0.3852	ボクサーパンツ
0.2775	カーゴパンツ
0.2311	ポロシャツ
0.2005	Tシャツ長袖
0.1039	スウェットパンツ
0.0602	タンクトップ
0.0599	タオル
0.0554	トランクスパンツ

0.0027	クルーソックス
0.0020	タオル
0.0017	ハンカチ
0.0006	トランクスパンツ
0.0006	Tシャツ半袖
0.0006	ショートソックス
0.0003	ベルト
0.0003	スラックス
0.0003	売上金額
0.0001	ジャケット
0.0001	ジャンパー

0.0483	ジャージ
0.0427	ハンカチ
0.0384	Yシャツ
0.0106	クルーソックス
0.0099	Tシャツ半袖
0.0064	ショートソックス
0.0051	ジャンパー
0.0045	スラックス
0.0030	売上金額
0.0016	ジャケット
0.0015	ベルト

Y：スウェットパンツ	
$Pr(Y=1\}X=1)-$ $Pr(Y=1\|X=0)$	X
0.2458	ポロシャツ
0.2111	タンクトップ
0.0990	Tシャツ長袖
0.0912	ボクサーパンツ
0.0742	カーゴパンツ
0.0728	ニット帽
0.0448	パーカー
0.0443	トレーナー
0.0410	タオル
0.0359	Yシャツ
0.0351	ハンカチ
0.0342	ジャージ
0.0059	クルーソックス
0.0053	Tシャツ半袖
0.0038	ショートソックス
0.0035	トランクスパンツ
0.0025	スラックス
0.0018	売上金額
0.0014	ジャンパー
0.0009	ベルト
0.0008	ジャケット

Y：タンクトップ	
$Pr(Y=1\}X=1)-$ $Pr(Y=1\|X=0)$	X
0.3406	スウェットパンツ
0.2335	ポロシャツ
0.0861	ボクサーパンツ
0.0699	カーゴパンツ
0.0556	Yシャツ
0.0501	ニット帽
0.0433	Tシャツ長袖
0.0421	パーカー
0.0383	タオル
0.0327	ハンカチ
0.0301	トレーナー
0.0269	ジャージ
0.0035	クルーソックス
0.0029	Tシャツ半袖
0.0028	トランクスパンツ
0.0025	ショートソックス
0.0016	スラックス
0.0014	売上金額
0.0011	ジャンパー
0.0005	ベルト
0.0002	ジャケット

Y：カーゴパンツ	
$Pr(Y=1\}X=1)-$ $Pr(Y=1\|X=0)$	X
0.1932	ボクサーパンツ
0.0769	ポロシャツ
0.0600	パーカー
0.0415	ニット帽
0.0290	スウェットパンツ
0.0283	トレーナー
0.0187	Tシャツ長袖
0.0155	タンクトップ
0.0129	タオル
0.0106	ハンカチ
0.0089	ジャージ
0.0066	Yシャツ
0.0023	トランクスパンツ
0.0012	ジャンパー
0.0011	クルーソックス
0.0010	Tシャツ半袖
0.0008	ショートソックス
0.0005	スラックス
0.0005	売上金額
0.0001	ベルト

Y：ニット帽	
$Pr(Y=1\}X=1)-$ $Pr(Y=1\|X=0)$	X
0.0064	Tシャツ長袖
0.0061	パーカー
0.0054	トレーナー
0.0051	ボクサーパンツ
0.0020	ポロシャツ
0.0017	カーゴパンツ
0.0014	スウェットパンツ
0.0014	ジャージ
0.0010	ジャンパー
0.0005	Yシャツ
0.0004	タンクトップ
0.0003	タオル
0.0003	Tシャツ半袖
0.0003	スラックス
0.0003	トランクスパンツ
0.0002	ハンカチ
0.0002	クルーソックス
0.0001	売上金額
0.0001	ショートソックス
0.0001	ジーンズ

Y：ジャージ	
$Pr(Y=1\}X=1)-$ $Pr(Y=1\|X=0)$	X
0.4321	ポロシャツ
0.4085	ニット帽
0.2703	Tシャツ長袖
0.2472	ボクサーパンツ
0.2327	スウェットパンツ
0.1700	カーゴパンツ
0.1649	トレーナー
0.1620	Yシャツ
0.1394	パーカー
0.1186	タンクトップ
0.1021	クルーソックス
0.0947	タオル

Y：ボクサーパンツ	
$Pr(Y=1\}X=1)-$ $Pr(Y=1\|X=0)$	X
0.1920	カーゴパンツ
0.1341	ニット帽
0.1194	ポロシャツ
0.1051	Tシャツ長袖
0.1038	パーカー
0.0783	トレーナー
0.0439	スウェットパンツ
0.0233	タンクトップ
0.0198	タオル
0.0187	ジャージ
0.0158	ハンカチ
0.0152	Yシャツ

0.0905	ショートソックス
0.0847	ハンカチ
0.0781	Tシャツ半袖
0.0604	売上金額
0.0529	スラックス
0.0305	トランクスパンツ
0.0166	ベルト
0.0147	ジャンパー

0.0146	ジャンパー
0.0052	トランクスパンツ
0.0039	クルーソックス
0.0036	Tシャツ半袖
0.0023	ショートソックス
0.0020	ジーンズ
0.0016	スラックス
0.0015	売上金額

Y：ポロシャツ	
$Pr(Y=1\}X=1)-$ $Pr(Y=1\|X=0)$	X
0.4496	スウェットパンツ
0.4319	ボクサーパンツ
0.3609	カーゴパンツ
0.2604	タンクトップ
0.2330	パーカー
0.2192	ニット帽
0.2114	タオル
0.1829	ハンカチ
0.1429	ジャージ
0.1383	トレーナー
0.1142	Tシャツ長袖
0.1033	Yシャツ
0.0158	トランクスパンツ
0.0155	クルーソックス
0.0127	ショートソックス
0.0124	Tシャツ半袖
0.0081	売上金額
0.0076	スラックス
0.0061	ジャンパー
0.0022	ベルト

Y：トランクスパンツ	
$Pr(Y=1\}X=1)-$ $Pr(Y=1\|X=0)$	X
0.1354	タオル
0.0228	ニット帽
0.0222	トレーナー
0.0218	パーカー
0.0216	クルーソックス
0.0180	ジャケット
0.0168	ベルト
0.0148	Tシャツ半袖
0.0144	ベースボールキャップ
0.0135	ボクサーパンツ
0.0091	Tシャツ長袖
0.0067	カーゴパンツ
0.0063	ポロシャツ
0.0057	ショートソックス
0.0056	ハンカチ
0.0033	スウェットパンツ
0.0032	ジャージ
0.0024	Yシャツ
0.0016	タンクトップ

Y：ショートソックス	
$Pr(Y=1\}X=1)-$ $Pr(Y=1\|X=0)$	X
0.2008	ハンカチ
0.1067	トランクスパンツ
0.0859	ジャージ

Y：ハンカチ	
$Pr(Y=1\}X=1)-$ $Pr(Y=1\|X=0)$	X
0.0081	ジャケット
0.0055	ポロシャツ
0.0025	スウェットパンツ

0.0831	クルーソックス
0.0794	Tシャツ長袖
0.0672	Tシャツ半袖
0.0669	ベルト
0.0666	ニット帽
0.0520	トレーナー
0.0480	ベースボールキャップ
0.0410	ポロシャツ
0.0375	ボクサーパンツ
0.0315	ジャケット
0.0312	タオル
0.0303	スウェットパンツ
0.0202	パーカー
0.0197	Yシャツ
0.0183	カーゴパンツ
0.0117	タンクトップ

0.0024	ボクサーパンツ
0.0020	カーゴパンツ
0.0017	ショートソックス
0.0014	タンクトップ
0.0014	ニット帽
0.0013	パーカー
0.0013	タオル
0.0009	トレーナー
0.0009	ジャージ
0.0008	Tシャツ長袖

Y：タオル	
$Pr(Y=1\}X=1)-$ $Pr(Y=1\|X=0)$	X
0.0047	トランクスパンツ
0.0023	ポロシャツ
0.0011	ボクサーパンツ
0.0010	スウェットパンツ
0.0008	カーゴパンツ
0.0007	ニット帽
0.0007	パーカー
0.0006	ハンカチ
0.0006	タンクトップ
0.0005	トレーナー
0.0003	ジャージ
0.0003	Tシャツ長袖
0.0002	Yシャツ
0.0001	クルーソックス
0.0001	ショートソックス
0.0001	Tシャツ半袖
0.0001	ベルト
0.0001	ジャケット

Y：クルーソックス	
$Pr(Y=1\}X=1)-$ $Pr(Y=1\|X=0)$	X
0.1589	トランクスパンツ
0.1449	ベルト
0.1378	ベースボールキャップ
0.0697	ジャケット
0.0626	Tシャツ長袖
0.0428	ニット帽
0.0407	ジャージ
0.0383	Yシャツ
0.0345	ショートソックス
0.0244	ボクサーパンツ
0.0239	トレーナー
0.0210	タオル
0.0208	ポロシャツ
0.0185	スウェットパンツ
0.0131	パーカー
0.0125	ハンカチ
0.0102	カーゴパンツ
0.0062	タンクトップ

Y：ベースボールキャップ	
$Pr(Y=1\}X=1)-$ $Pr(Y=1 \mid X=0)$	X
0.0041	クルーソックス
0.0036	ジャケット
0.0031	ベルト
0.0031	トランクスパンツ
0.0005	Tシャツ半袖
0.0004	ハンカチ
0.0004	タオル

Y：ジーンズ	
$Pr(Y=1\}X=1)-$ $Pr(Y=1 \mid X=0)$	X
0.2250	ジャンパー
0.1594	売上金額
0.0298	ニット帽
0.0174	ボクサーパンツ

Y：トレーナー	
$Pr(Y=1\}X=1)-$ $Pr(Y=1 \mid X=0)$	X
0.0026	パーカー
0.0020	ニット帽
0.0019	Tシャツ長袖
0.0013	ボクサーパンツ
0.0012	Tシャツ半袖
0.0007	カーゴパンツ
0.0006	ポロシャツ
0.0005	スウェットパンツ
0.0002	ジャージ
0.0002	トランクスパンツ
0.0002	タンクトップ
0.0002	Yシャツ
0.0002	タオル
0.0001	ハンカチ
0.0001	クルーソックス
0.0001	ショートソックス

Y：ジャンパー	
$Pr(Y=1\}X=1)-$ $Pr(Y=1 \mid X=0)$	X
0.2834	ニット帽
0.1678	スラックス
0.1630	ジーンズ
0.1608	ボクサーパンツ
0.0523	売上金額
0.0491	Tシャツ半袖
0.0321	Tシャツ長袖
0.0315	トレーナー
0.0312	カーゴパンツ
0.0237	ポロシャツ
0.0187	パーカー
0.0139	ジャージ
0.0110	スウェットパンツ
0.0073	トランクスパンツ
0.0067	タオル
0.0050	タンクトップ
0.0033	Yシャツ

Y：スラックス	
$Pr(Y=1\}X=1)-$ $Pr(Y=1 \mid X=0)$	X
0.2817	ジャンパー
0.1436	ニット帽
0.1033	売上金額
0.0920	Tシャツ長袖
0.0778	ジャージ
0.0506	トレーナー
0.0470	Tシャツ半袖
0.0382	ボクサーパンツ
0.0376	ポロシャツ
0.0304	スウェットパンツ
0.0218	パーカー
0.0181	カーゴパンツ
0.0142	Yシャツ
0.0115	タンクトップ
0.0077	タオル

Y：ベルト	
$Pr(Y=1\}X=1)-Pr(Y=1\vert X=0)$	X
0.0010	ジャケット
0.0009	トランクスパンツ
0.0008	クルーソックス
0.0008	ベースボールキャップ
0.0002	T シャツ半袖
0.0002	ハンカチ
0.0002	タオル
0.0001	T シャツ長袖
0.0001	トレーナー
0.0001	Y シャツ
0.0002	タンクトップ
0.0002	Y シャツ

Y：カーゴパンツ	
$Pr(Y=1\}X=1)-Pr(Y=1\vert X=0)$	X
0.1693	ハンカチ
0.0261	ベルト
0.0246	ベースボールキャップ
0.0236	トランクスパンツ
0.0028	タオル

Y：売上金額	
$Pr(Y=1\}X=1)-Pr(Y=1\vert X=0)$	X
0.1479	ジーンズ
0.1202	スラックス
0.0886	ジャンパー
0.0831	T シャツ半袖
0.0770	ジャージ
0.0626	ニット帽
0.0363	ショートソックス
0.0344	ポロシャツ
0.0342	クルーソックス
0.0323	トレーナー
0.0317	T シャツ長袖
0.0315	ボクサーパンツ
0.0194	スウェットパンツ
0.0152	カーゴパンツ
0.0127	パーカー
0.0120	Y シャツ
0.0093	タンクトップ

表 6.8 より，販売を 0 から 1 にすることによって売上金額に寄与する商品は，ジーンズ，スラックス，ジャンパーの順となっていることがわかる。さらに，併売関係では，スウェットパンツ（0.4496）や，ボクサーパンツ（0.4319）を勧めるときにコーディネイトしてポロシャツも勧めると併売の確率が高まることがわかる。また，ポロシャツ（0.4321）を勧めるときに，ジャージも購入してもらえるようにすれば，併売確率が高まることもわかる。

また，ここでは長くなるため示さないが，ほかのサービス提供者タイプによる販売（併売）ネットワーク分析の結果と比較し，各タイプが，何と何の併売が得意であるのか，どのようなアプローチを指向しているのかを考察し，さらに改良できることは何なのかもきめ細かく検討している。

【参考文献】

[1] Grönroos,C. (1996) : "Relationship Marketing Logic." *Asia - Australia Marketing Journal*, Vol.4, No.1, pp.10.

[2] 渡部裕晃, 椿美智子 (2016) : " タイプ別サービス効果分析システムを用いた顧客と従業員のマッチングに関する研究 ", 経営情報学会誌, Vol.24, No.4, pp.231-238.

[3] 繁桝算男・植野真臣・本村陽一 (2006) :『ベイジアンネットワーク概説』, 培風館。

[4] 本村陽一・岩崎弘利 (2006) :『ベイジアンネットワーク技術』, 東京電機大学出版局。

[5] 植野真臣 (2010) :『ベイジアンネットワークの統計的学習』, 人工知能学会誌 25 (6), 803-810.

[6] 本村陽一 (2011) : " サービス工学におけるユーザモデリング ", 電子情報通信学会誌, Vol.94, No.9, pp.783-787.

[7] 椿美智子・岩崎晃 (2011) : " ベイジアンネットワークを用いた学生タイプ別教育効果分析における測定精度・予測精度の検証 ", 日本教育情報学会誌, Vol.26, No.4, pp.25-36.

[8] Tsubaki, Tsuchida, Kimura and Watanabe (2009) : "Analysis of the Educational Effectiveness Considering Individual Differences using Bayesian Network," *Proceedings of European Conference of Educational Research 2009*.

[9] 椿・大宅・徳富 (2012):" タイプ別教育・学習効果分析システムの提案 ", 日本教育情報学会誌, Vol.28, No.3, pp.23-34.

[10] 池本・関・椿 (2005) : " 高校教育の質的向上に対する要望と生徒側の特性との関係解析のためのアンケート調査設計とモデル構築 ", 日本行動計量学会誌, Vol.32, No.1, pp.1-19.

[11] 石垣司・竹中毅・本村陽一 (2011a) : "2 重潜在クラスモデルとベイジアンネットトを結合した小売サービスにおける顧客購買行動モデリング ", 電子情報通信学会技術研究報告, IBISML, 情報論的学習理論と機械学習 110 (76), 165-171.

[12] 石垣司・竹中毅・本村陽一 (2011b) : " 日常購買行動に関する大規模データの融合による顧客行動予測システム ", 人工知能学会論文誌, Vol.26, No6, D.

[13] 磯辺太郎・田渕勝博・椿美智子 (2015) : " ベイジアンネットワークを用いた顧客と従業員のマッチングによる購入・利用促進に関する研究 ", 経営情報学会 2015 年春季全国研究発表大会要旨集, pp209-212.

第7章

サービス価値を見出す アンケート分析

7.1 サービスの利用価値向上のためのアンケート設計と分析

本節では，顧客ニーズに適合したサービスを提供し，利用価値を高めるためにアンケート調査を行う場合の調査設計と分析方法を示す。

サービス分野において，企業は顧客と価値を共創すべき時代に入っている（Vargo and Robert（2004a）[1]，（2004b）[2]）。そのためにも，顧客のニーズや価値観を把握し，顧客のサービス購入後の利用の質を高めることが，顧客の満足度やロイヤリティの向上のために重要である。さらに，サービス産業では，新規顧客獲得と同様にあるいはそれ以上に，顧客と従業員の双方が満足できる相互的な関係を構築し，それによって，長期的なリレーションシップが可能となり，顧客のロイヤリティを構築して反復サービス購買行動に結び付けることの重要性が示されている（Heskett, Sasser, and Schlesinger（1998）[3]など）。

本章では，顧客のサービス利用価値向上のためにアンケートを設計・実施するにあたり，渡部・椿（2016）[4]が提案した消費・利用行動モデル（**図 7.1**）を参考にする。

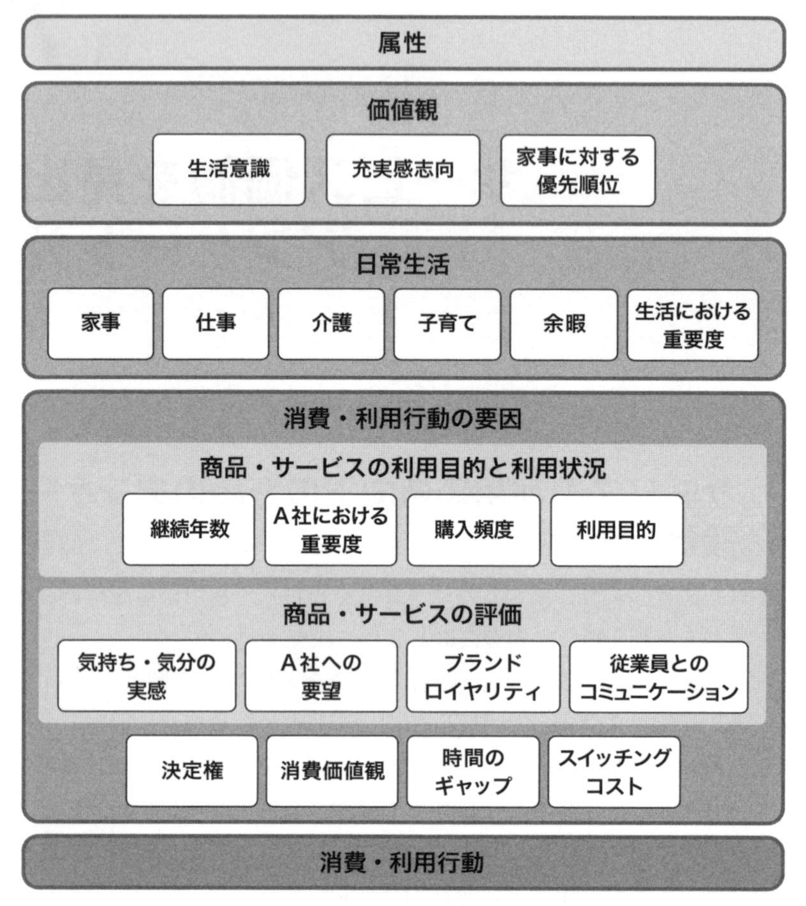

図 7.1 消費・利用行動の仮説モデル

図 7.1 の消費・利用行動の仮説モデルについて説明する。

1) 顧客の大基にある「属性」は，年齢・性別・学歴や経済状況などの特徴を示す。

2) 次に，「価値観」に含まれる＜生活意識＞は，日常生活における該当サービスを利用する意識や家族の該当サービス利用に対する価値評価などを示す。そして，＜充実感志向＞は顧客が何に対する充実感への志向性を持っているかを示す。＜家事に対する優先順位＞は，様々な家事の中での優先順位を示す。

3) そして，性格や価値観を基にした「日常生活」で重要な事柄である＜仕事＞，＜子育て＞，＜家事＞，＜介護＞，＜余暇＞の状況を示す。実際に商品・サービスを利用するのはこの「日常生活」の段階であり，日常生活の状況がサービスの利用価値が高まることによって変化すると考えられる。＜生活における重要度＞は，どのようなことに興味・関心事を持って重要視して日常生活を送っているかを示す。

4)「消費・利用行動の要因」は，「商品・サービスの利用目的と利用状況」やそれに基づく「商品・サービスの評価」と，さらに最終的に消費・利用行動を決定する要因からなる。

「商品・サービスの利用目的と利用状況」は，該当商品・サービスを利用する目的や重要度，購入頻度などを示す。

「商品・サービスの評価」では，商品・サービスを利用して実感した気持ち・気分の変化やその企業へのブランド・ロイヤリティ，要望，従業員とのコミュニケーションを示す。

そして，最終的に消費行動を決定する顧客の消費価値観や時間的余裕に基づく生活の満足度，消費を決定するときの決定権，他社へのスイッチングに関する項目が作用すると考えられる。

5)「消費や利用行動」の決定が行われる。

6) 顧客は，商品・サービスの購入に至ると，その商品・サービスの利用を通して，日常生活における質の向上，時間の使い方や重要度や幸福さに変化が起こると考えられる。そして，それらが顧客の目的に沿えば，その商品・サービスの利用が続き，評価が良ければ，消費価値観や決定権，スイッチングコスト，理想と現実の時間のギャップを考慮して，反復購買を検討すると考えられる。

本節では，このモデルに基づいて，顧客アンケート項目を作成した例について述べるが，読者は，各企業の業種の違いや状況に基づき図 7.1 のような仮説モデルを立て，アンケート項目を立てられたい。ここでは，上記の仮説の各要素に対して，何項目のアンケート項目を設定したのかを示して行く。

- **属性：**年代，家族構成など 11 項目
- **価値観：**生活意識（10 項目），充実感指向（1 項目），家事に対する優先順位（4 項目）
- **日常生活：**家事（4 項目），仕事（3 項目），介護（1 項目），子育て（1 項目），余暇（1 項目），生活における重要度（12 項目）

- **消費・利用行動の要因**
  商品・サービスの利用目的と利用状況：継続年数（1項目），A社における重要度（7項目），購入頻度（1項目），利用目的（1項目）
  商品・サービスの評価：気持ち・気分の実感（7項目），A社への要望（8項目），ブランド・ロイヤリティ(9項目)，従業員とのコミュニケーション（9項目）
- **その他：** 決定権（2項目），消費価値観（14項目），時間のギャップ（1項目），スイッチングコスト（8項目）

顧客満足度やロイヤリティを向上させるために，タイプ別サービス効果分析（Haraga, Tsubaki and Suzuki (2014) [5]）を用いて購買構造を把握し，顧客をタイプ分けし，タイプごとのニーズや価値観などを把握する。顧客には，どのような価値観や意識を持って商品やサービスを購入しているタイプがいるのかを把握するために，仮説モデルに基づき顧客アンケート調査を設計し，実施し，その結果得られた顧客アンケート調査データに対して，顧客タイプ別サービス効果分析を行う。本節ではアンケート項目が非常に多く，変数選択が必要であったため，繰り返し因子分析を行う（33変数，6因子に収束）。**表7.1**に因子分析を繰り返したときの項目数の減少状況と，そのときの項目数における採用因子数と累積寄与率を示す。

表7.1　繰り返し因子分析の結果

平行分析基準	1回目	2回目	3回目	4回目	5回目	6回目	7回目
項目数	116	73	61	52	41	35	33
因子数	10	10	9	10	7	6	6
累積寄与率	46.30%	51.20%	51.70%	57.20%	50.70%	51.10%	53.10%

7回因子分析を行った時点で，因子負荷量がどの因子においても0.3未満である項目と，2つ以上の因子で0.3以上の負荷量を示した項目が除去され，各変数が1つの因子で因子負荷量が0.3以上となったため，採用因子数は6となり，そのときの累積寄与率は53.10%であった。

33項目を用いたときに名付けた各因子名と因子負荷量が0.3以上でそれに影響する変数をまとめた表を**表7.2**(1)～(6)に示す。

表 7.2 (1)　因子の解釈　第 1 因子（寄与率 15.7%）

第 1 因子	
商品・サービスの品質や評価がもたらすロイヤリティ	
商品・サービスの品質	ロイヤリティ
取替えサービス	ロイヤリティ
利便性	ロイヤリティ
商品・サービスへの愛着	ロイヤリティ
商品・サービスへの信頼	ロイヤリティ
お薦め	ロイヤリティ
周囲からの評価	ロイヤリティ
高くても良い商品	ロイヤリティ
商品・サービスの使い方	要望

表 7.2 (2)　因子の解釈　第 2 因子（寄与率 10.6%）

第 2 因子	
顧客の利用・消費を促すコミュニケーション	
コミュニケーション（商品）	従業員とのコミュニケーション
コミュニケーション（日常会話）	従業員とのコミュニケーション
コミュニケーション（お買い得）	従業員とのコミュニケーション
コミュニケーション（新商品）	従業員とのコミュニケーション

表 7.2 (3)　因子の解釈　第 3 因子（寄与率 7.99%）

第 3 因子	
主婦としての商品・サービスの選択基準	
家事から解放	生活意識
忙しいときの掃除はプロに任せたい	生活意識
信頼している人からのお薦め	スイッチングコスト
家事意識と存在価値の向上	スイッチングコスト
商品・サービスの説明	スイッチングコスト
利便性重視	消費価値観
アフターサービス重視	消費価値観
ライフスタイル重視	消費価値観
低価格のものの場合の決定権	決定権

表 7.2 (4) 因子の解釈 第 4 因子 (寄与率 7.1%)

第 4 因子	
家事に対する家族の評価	
炊事の価値評価	生活意識
洗濯の価値評価	生活意識
掃除の価値評価	生活意識
買い物の価値評価	生活意識

表 7.2 (5) 因子の解釈 第 5 因子 (寄与率 6.13%)

第 5 因子	
子育てによる時間の圧迫	
子育ての時間	日常生活
理想と現実との時間のギャップ	時間のギャップ
小中学生の人数	属性

表 7.2 (6) 因子の解釈 第 6 因子 (寄与率 5.52%)

第 6 因子	
掃除に対する姿勢	
掃除の時間	日常生活
優先順位 (掃除)	家事に対する優先順位
すぐに掃除	生活意識
手間をかけて掃除	生活意識

そして，得られた因子得点に基づくウォード法によるクラスタリングを行ってタイプ分けした結果を**表 7.3** に示す。

表 7.3 顧客タイプの特徴

タイプ	企業と従業員	従業員	顧客と企業	顧客の生活・考え方			月平均購入金額
	第 1 因子	第 2 因子	第 3 因子	第 4 因子	第 5 因子	第 6 因子	
	商品・サービスの品質や評価がもたらすロイヤリティ	顧客の利用・消費を促すコミュニケーション	主婦としての商品・サービスの選択基準	家事に対する家族の評価	子育てによる時間の圧迫	掃除に対する姿勢	
タイプ 1	低	低	中	中	中高	低	1,063
タイプ 2	高	高	中高	中	低	高	1,961
タイプ 3	中	中高	低	中	低	中	1,840
タイプ 4	中	中	中	中	中	中	1,485
タイプ 5	高	中高	高	低	高	中	1,548

重要な因子の因子得点の各タイプの平均値の違いとタイプの人数を考慮し，ここでは顧客を5タイプに分けることができた。例えば，最も月平均購入金額が高いのはタイプ2であったが，タイプ2の顧客は，子育ては落ち着き，家事に対する家族の評価が並みにあるので家事に対する意識が高く，従業員とのコミュニケーションを通じて，主婦としての選択基準に沿って選んだ商品・サービスの利用価値を高め，高いロイヤリティを持っているタイプであると考えられる。

7.2　教育・学習の質的向上のためのアンケート設計と分析

7.2.1　教育・学習の質的向上のためのアンケート設計

教育・学習データの特徴は，サービス効果分析の場合と異なり，得られた満足だけでなく，個人の学習の効果が向上し，能力が高まるための分析ができるデータである必要がある。本節では，そのためのアンケート設計とタイプ別分析方法をわかりやすく詳細に示す。

本節では，教育・学習の質的向上のためのアンケート設計について，高校生活全体に関するアンケート調査の例を示しながら説明を行っていく。ここでは，高校生活全体の構造のイメージを**図7.2**に示す。この図は，全国どの高校にも共通する最も根本的な構造であると考えている。この図には，高校生活で重要な要素が捉えられていることが重要である。重要な要素が見落とされていると，現象の把握が偏りのあるものになってしまうからである。ここでは，高校生活を，単に成績を伸ばすためのものと捉えずに，心理的要因を土台に，授業，学校行事，部活における活動を通して，価値観，学習観も育みながら，人格形成を行っていくものと捉えている。その高校生活全体の活動と成績との関係を分析できるようなアンケート設計を示す。

ここでは，アンケート調査設計に先立ち，アンケート調査に協力して頂いたK高校の特色を考慮しながら，仮説を立て，設計に至っている。

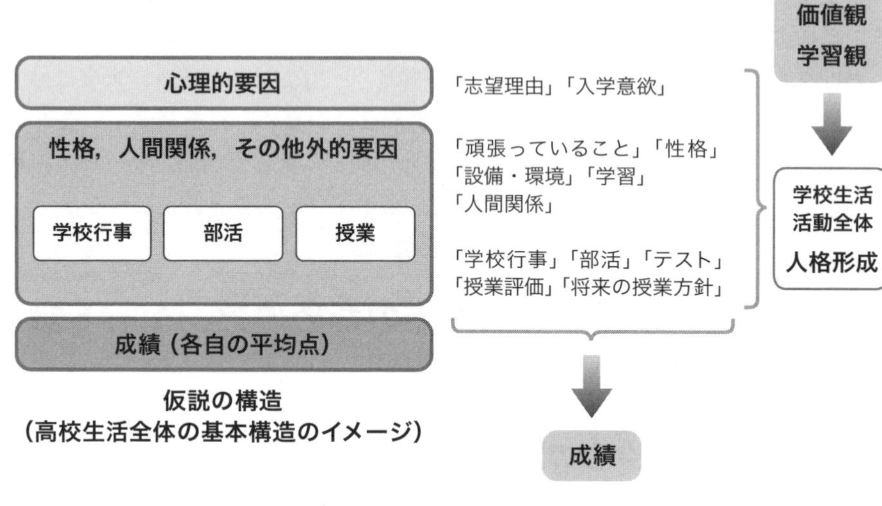

図 7.2　高校生活全体の基本構造のイメージ

そして，以下に調査概要を示し，**表 7.4** にアンケート質問項目を示しておく。

【調査概要】

- **調査対象：**私立 K 高校の生徒 1,777 人（全数調査）
- **実施日：**2002 年 12 月 6 日
- **目的：**高校生活および学習活動調査
- **調査実施方法：**各教室で担任から配布され，その場で回答，回収（事前に先生方にアンケートの趣旨と注意事項を伝達）
- **有効回答数（有効回答率）：**1,499（84.4%）
- **回答形式：**7 段階のリッカートスケール

【アンケート設計について】

(1) 土台となる心理的要因について

仮説 1）「志望理由」や「入学意欲」は，高校生活における活動に影響を与え，それを通じて，成績にも影響を与える。

本仮説 1 により，「志望理由」に関しては，

a. 大学への進学率が高い
b. 入りたい部活があった
c. 自分の学力に合っていた
d. 文武両道をモットーとしている
e. 県立ではなく私立に行きたかった
f. 自宅から通いやすい距離にある
g. 知人や中学，塾の先生に薦められた

について，質問している。

さらに，「入学意欲」に関しては，どのくらい入学したいと思っていたかを質問している。

(2) 性格・人間関係・その他の外的要因について

仮説 2) 実際に高校生活の中で何を「頑張っている」のか，頑張りの基になる「性格」や「人間関係」，「外的要因」が，意欲に影響を与え，成果や成績にも影響を与える。

本仮説 2 より，「頑張っていること」としては，

a. 授業
b. 部活
c. 学校行事
d. 仲間づくり・仲間付き合い

について，それぞれの程度を質問している。

そして，頑張りに関係のある「性格」に関しては，

a. あなたは，自分が負けず嫌いだと思いますか？
b. あなたは，家族や学校の先生からの意見を素直に受け止めることができますか？
c. あなたは，自分がしている（しようとしている）ことが，他人とは違っていることでも，それを最後までやり抜くことができますか？

について，質問をしている。

また，「人間関係」に関しては，

a. 今までの担任の先生，および現在の担任の先生の存在は，あなたの高校生活にどのような影響を与えていますか？　クラス全体への影響のみでなく，あなた自身への影響（例えば，進路指導や個人的な相談）も考慮してください。
b. 部活動を通して出会った仲間との付き合いは，あなたの高校生活にどのような影響を与えていますか？
c. 学校行事を通して，あなたはクラスの仲間との関係が以前（その行事を行う前）よりどうなったと感じますか？
d. クラスの仲間との人間関係は，あなたの高校生活においてどのような影響を与えていますか？

について，その程度について質問をしている。

さらに，外的要因に関しては，以下の「設備・環境」の充実度について質問している。

a. 学食
b. 図書館
c. 特別教室（Home Room 以外の理科室などの教室）

(3) 授業・学校行事・部活について

仮説 3) 文武両道がモットーの高校であるから，勉強だけを頑張っていたり，部活だけを頑張っている生徒よりも，勉強と部活において自分自身で納得のいく成果を出せている生徒が多いのではないか？

仮説 4) 学習意欲と学習，授業評価，テスト，将来の授業方針は関連して，最終的に成績に影響を与える。

仮説 5) 何を頑張ろうとしているかという生徒の心理的要因が，各行動（授業，学校行事，部活）のプロセスに影響を与え，結果的に成績に影響を与える。

仮説 3 より，文武両道にも関連して，「部活」については，

a. あなたは，授業と部活の両立ができていると思いますか？

b. あなたの高校生活を考えたとき，勉強（授業や自宅学習など）と部活に掛けている割合はどの程度だと考えられますか？
c. 部活で活動することによって，高校生活に充実感を感じていますか？
d. あなたは現在所属している部活で，意欲を持って活動できていますか？
e. あなたが入部当初に掲げた目標を，今現在で達成できていますか？　または，達成できましたか？
f. 現在所属する部活動，または所属していた部活動で，あなたは周りの人から評価されるような成果を残すことができましたか？

の項目の質問をしている。

仮説 4 より，「学習」についての取り組み方や「学習意欲」については，

a. あなたの家での 1 日の平均勉強時間をお答えください。
{1：30 分以下・1 時間・1 時間半・2 時間・2 時間半・3 時間・それ以上}
b. 本校での授業を受けたことによって，入学した当初に比べ，あなたの勉強に対する意識に変化はありましたか？
c. 今まで受けてきた授業を振り返ってみて，あなたは授業中どのようにノートを取っていましたか？
d. 1 週間後に期末考査があると仮定してください。あなたは現時点で，自分の最も苦手とする教科のテストを今の状態のままで受けたとき，点数が赤点になることはないが，ギリギリでの合格点しかもらえない（具体的には評定が 4）とわかっているとします。残り 1 週間で，あなたはこの教科の勉強をどのぐらい行おうと思いますか？　ただし，ほかの教科の勉強も行わなければならないことを考慮してください（4 を「ほかの教科と両立して勉強する」として考えてください）。
{1：苦手な教科だから，そのぐらいの評価で満足なのでほかの教科のみ勉強する⇔7：自分に負担がかかってでもほかの教科よりもウェイトを置いて勉強し，さらに高得点を狙う}

について，質問している。

また，「テスト」については，

a. 現在行われている実力テストの実施回数について，今後どうすべきと考えるかお答えください。
b. テストの結果として，順位を貼り出すことを好ましいと思いますか？

を質問している。

そして，「授業評価」に関しては，次のように質問している。

皆さんに授業の評価をしていただきます。評価はどれか1つの科目に絞って行うのではなく，あなたが受けている授業全てを総合した結果として答えてください。まずはa～eの項目について評価を行ってください。その後でf，gの2つの質問にお答えください。

{1：全然そうは思わない⇔7：大いにそう思う}

a. 大学受験に対応できるような授業が行われている
b. あなたの理解を深めるための工夫が行われている
c. 先生は，授業に対して熱意を持って取り組んでいる
d. 授業以外でのアフターケアをしっかり行ってくれる
e. 授業に集中しやすいクラスの雰囲気を作ってくれる
f. あなたは授業の内容についてどのように感じますか？　これは授業のスピードではなく，内容についての質問です。
{1：難しすぎてついていけない⇔7：全て授業中に理解できる}
g. 授業に関する全ての項目を（ここで質問していないことも）含めて，授業全体に対する満足度をお答え下さい。
{1：不満である⇔7：大いに満足している}

さらに，「将来の授業方針」に関しては，次のように質問している。

以下に挙げるような授業が行われるとしたら，あなたはどう思いますか？　なお，d～fはそれぞれを比較してお答えください。

{1：行うべきではない⇔7：是非行って欲しい}

a. 通知表の成績を，テストを行わずレポートの評価のみでつける授業
b. ビデオを使って，言葉での説明以外に視覚的な説明を行う授業
c. 授業中に何人かの生徒がランダムに指名される授業
d. 宿題を出し，それを回収後に採点して返却する授業
e. 宿題を出し，それを授業中に答え合わせをする授業
f. 宿題を出し，答えをプリントで配布し要望があれば解説を行う授業

仮説５より，「学校行事」について以下のように質問している。

まず始めに，質問a～cについて，それぞれの行事に参加して感じた満足度をお答えください。その後で，質問d，eにお答えください。なお「修学旅行の満足度」に関して，１年生は「修学旅行への期待度」としてお答えください ｛1：全く期待していない⇔7：大いに期待している｝ 。

｛1：現状の企画のままでは満足度を得ることができない⇔7：期待していた以上の満足度を得ることができた｝

a. 文化祭
b. 体育祭
c. 修学旅行
d. あなたは，学校行事にどのくらい意欲を持って取り組んできましたか？３つの行事全てを考慮してお答えください。
　｛1：とりあえず参加していた⇔7：実行委員会に参加するなど，自ら積極的に取り組んでいた｝
e. 文化祭に関しての質問です。あなたは，自ら進んで行動し，進んで発言することによって，クラスや部活での企画の成功に貢献できたと思いますか？これは，企画が成功したかどうかではありません。あなたが文化祭を行う過程の中で，何らかの成果を残せたかどうかを考えてください。
　｛1：全く貢献できなかった⇔7：大いに貢献できた｝

表 7.4　アンケート質問項目

質問番号	変数名	質問番号	変数名	質問番号	変数名
(1)「志望理由」の項目に関する質問					
質問 1-a	進学率	質問 1-b	入部	質問 1-c	学力
質問 1-d	モットー	質問 1-e	私立	質問 1-f	距離
質問 1-g	薦め				
(2)「入学意欲」の項目に関する質問					
質問 2	入学欲				
(3)「頑張っていること」の項目に関する質問					
質問 3-a	授業	質問 3-b	部活	質問 3-c	行事
質問 3-d	仲間				
(4)「学校行事」の項目に関する質問					
質問 4-a	文化祭	質問 4-b	体育祭	質問 4-c	修学旅行
質問 4-d	参加意欲	質問 4-e	行事成果		
(5)「性格」の項目に関する質問					
質問 5-a	負けず嫌い	質問 5-b	意見	質問 5-c	やり抜く
(6)「設備・環境」の項目に関する質問					
質問 6-a	学食	質問 6-b	図書館	質問 6-c	特別教室
(7)「学習」の項目に関する質問					
質問 7-a	学習時間	質問 7-b	学習意欲	質問 7-c	ノート
質問 7-d	試験勉強				
(8)「部活」の項目に関する質問					
質問 8-a	文武両立	質問 8-b	割合	質問 8-c	充実感
質問 8-d	部活意欲	質問 8-e	部活目標	質問 8-f	評価
(9)「テスト」の項目に関する質問					
質問 9-a	テスト回数	質問 9-b	順位貼出		
(10)「人間関係」の項目に関する質問					
質問 10-a	先生存在	質問 10-b	部活仲間	質問 10-c	行事仲間
質問 10-d	クラス仲間				
(11)「授業評価」の項目に関する質問					
質問 11-a	大学受験	質問 11-b	工夫	質問 11-c	熱意
質問 11-d	アフターケア	質問 11-e	雰囲気	質問 11-f	授業内容
質問 11-g	授業満足				
(12)「将来の授業方針」の項目に関する質問					
質問 12-a	レポート評価	質問 12-b	ビデオ	質問 12-c	ランダム
質問 12-d	回収・返却	質問 12-e	答え合わせ	質問 12-f	プリント
(13)「成績」の項目に関する質問					
質問 13-a	平均点	質問 13- b	伸び		

7.2.2 教育・学習の質的向上のためのアンケートデータ分析

教育・学習の質的向上のために，様々な教育・学習方法やその改善が議論されているが，教育・学習効果は学生・生徒の特性・価値観や内知識によって個人差（異質性）が大きいため，その個人差（異質性）を考慮して教育・学習効果分析がなされ，その結果を基に教育・学習の改善がなされることが重要である。

椿・岩崎（2011）[6]では，学生・生徒の学習の特性の構造を因子分析によって分析し，得られた因子得点に基づいて学生・生徒をタイプ分類し，ベイジアンネットワーク分析によりタイプ別に教育効果を予測し事前に伝えることで，学習への取り組みの改善をさせるための方法を提案し，キャリア教育データを用いて提案方法の妥当性の検証を行っている。

本項では，椿・大宅・徳富（2013）[7]で提案したタイプ別教育・学習効果分析法で解析を行った結果を示していく。

1) 基本統計量（平均，標準偏差，ヒストグラム，相関係数行列）による現象の把握
2) 因子分析による教育・学習に関する母集団構造の把握
3) 2) で得られた因子得点に基づく学生・生徒のタイプ分類
4) 条件付き確率分布によるタイプ別教育効果・学習効果の分析

そして，本節では，上記でアンケート設計方法の説明に応用例として示した池本・関・椿の（2005）[8]の高校生活学習活動データを，タイプ別教育・学習効果分析法を用いて分析し，幅広い生活学習活動の構造を把握した上でタイプ分類をし，タイプ別の教育・学習効果分析を行うことによって得られる知見の有用性を示す。

(1) 基本統計量（平均，標準偏差，ヒストグラム，相関係数行列）

まずは，現象の把握がしやすくなるように，基本統計量（平均，標準偏差，ヒストグラム，相関係数行列）を表示し，考察してください。

(2) 因子分析による高校生活学習活動の構造分析

本データにおける因子分析のためのスクリープロット（**図 7.3**）より，4因子が妥当であろうと判断した。

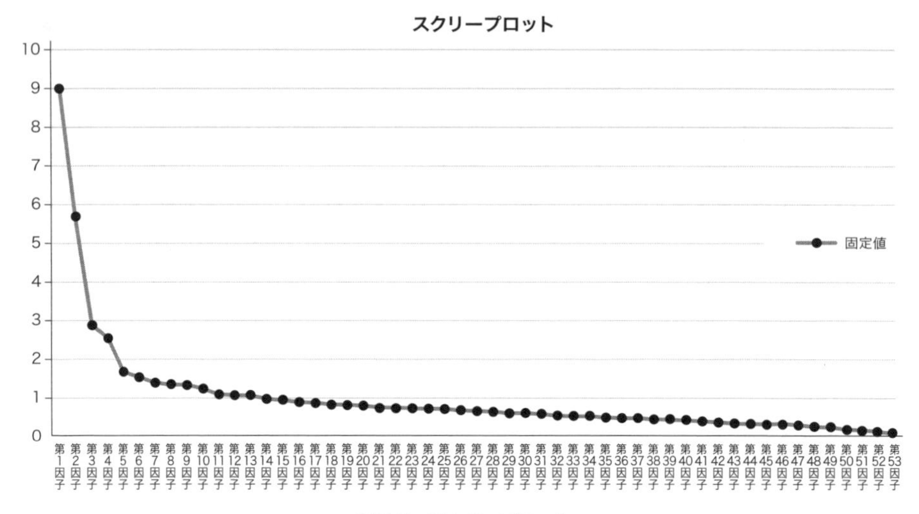

図 7.3 スクリープロット

次に，4因子の場合の因子負荷量を**表 7.5** に示す。

表7.5を考察すると，第1因子は部活頑張りや文武両立など部活に関連する項目の因子負荷量が大きく，特に0.4以上の変数を見ると全てが部活関連項目であることから，第1因子の因子名を「部活動」とした。第2因子は授業関連の項目の因子負荷量が大きく，学食や特別教室など学校の施設の因子負荷量も0.4以上であったため因子名を「授業・学校」とした。そして，第3因子は，行事や仲間に関する項目の因子負荷量が大きかったため因子名を「行事・仲間」とし，第4因子は，授業頑張りや学習時間，学習意欲，ノートなどの因子負荷量が大きかったため，因子名を「学習取組」とした。

表 7.5 因子負荷量（高校生活学習活動データ）

	第1因子	第2因子	第3因子	第4因子
進学率	−0.047	0.301	0.102	0.148
入部	0.430	0.167	0.054	−0.226
学力	−0.081	0.094	0.052	0.241
モットー	0.227	0.262	0.127	0.071
私立	−0.002	0.098	0.170	−0.085
距離	−0.043	0.152	0.106	0.087
薦め	−0.044	0.204	0.088	−0.016
入学欲	0.121	0.238	0.208	−0.145
授業頑	−0.066	0.250	0.097	0.551
部活頑	0.952	−0.016	−0.035	−0.050

行事頑	−0.035	−0.162	0.830	−0.002
仲間頑	0.013	−0.126	0.764	−0.034
文化祭	−0.085	0.219	0.465	−0.010
体育祭	−0.008	0.177	0.453	−0.106
修学旅行	−0.023	0.118	0.395	0.021
参加意欲	−0.050	−0.134	0.754	0.058
行事成果	−0.009	−0.163	0.697	0.055
負けず嫌い	0.159	−0.125	0.259	0.171
意見	0.083	0.161	0.177	0.236
やり抜く	0.082	−0.099	0.127	0.097
学食	−0.085	0.453	−0.041	−0.052
図書館	0.070	0.400	0.020	−0.190
特別教室	0.012	0.483	−0.027	−0.146
学習時間	−0.021	−0.241	0.110	0.458
学習意欲	0.069	0.311	−0.019	0.489
ノート	0.046	0.189	0.103	0.373
試験勉強	0.076	0.143	0.029	0.324
文武両立	0.707	−0.050	−0.026	0.263
割合	0.902	−0.042	−0.045	−0.199
充実感	0.948	−0.012	−0.030	0.006
部活意欲	0.960	0.010	−0.052	−0.005
部活目標	0.786	−0.009	−0.016	0.059
評価	0.766	−0.036	0.001	0.032
テスト回数	−0.066	0.002	−0.085	0.505
順位貼出	−0.003	0.010	0.002	0.356
先生存在	−0.021	0.372	0.112	0.179
部活仲間	0.864	−0.041	0.024	−0.016
行事仲間	−0.023	−0.090	0.713	−0.002
クラス仲間	−0.094	−0.072	0.705	−0.020
大学受験	−0.001	0.760	−0.083	−0.028
工夫	−0.031	0.795	−0.153	0.182
熱意	0.007	0.738	−0.109	0.107
アフターケア	−0.027	0.638	−0.074	0.154
雰囲気	−0.065	0.691	−0.064	0.069
授業内容	−0.091	−0.033	−0.090	0.615
授業満足	−0.026	0.753	−0.139	0.241
レポート評価	−0.016	−0.002	0.191	−0.269
ビデオ	0.078	−0.028	0.221	−0.032
ランダム	0.004	0.090	0.013	0.294
回収・返却	−0.008	0.112	0.027	0.219
答え合わせ	0.052	0.203	0.088	0.028
プリント	−0.042	0.124	−0.061	0.079
伸び	0.061	0.089	0.042	0.390

(3) タイプ分類

次に，(2) の因子分析で得られた因子得点に基づき，ウォード法によるクラスタリングを行う。**図 7.4** を参照されたい。

3クラスタの場合のグループ2が，4クラスタの場合のグループ2と4に分かれるが，グループ4は全ての因子で「高」となっておりグループ2の平均値とは第2因子から第4因子で大分異なるため，4クラスタまで分類することは妥当であると判断した。さらに，4クラスタのグループ2が5クラスタのグループ2と3に分かれるが，グループ2の人数が少なくなるため後の分析のことも考慮し，4クラスタを採用することとした。

ここで，各タイプの特徴を**表 7.6** に，各タイプの各因子の特徴を**表 7.7** にまとめておく。本章では，ほかの章と同様に，クラスタリング手法で単にグルーピングしたものを「グループ」と呼び，各グループの特徴を解釈したところから「タイプ」として捉えている。

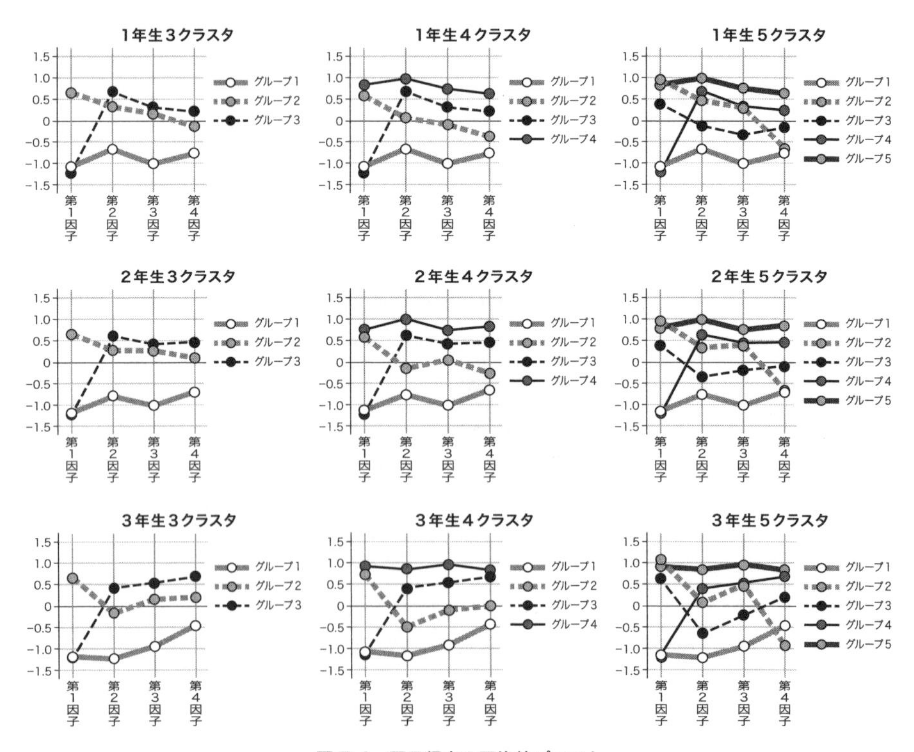

図 7.4　因子得点の平均値プロット

表 7.6　各タイプの特徴

タイプ	特徴
1	全ての取り組みにおいて意識が低い生徒群
2	部活を頑張り，ほかのことは並みにこなしている生徒群
3	部活以外を頑張っている生徒群
4	全てのことに意欲的に取り組んでいる生徒群

表 7.7　各タイプの各因子の特徴

タイプ	部活動	授業・学校	行事・仲間	学習取組	平均点
1	低	低	低	低	3.86
2	高	中	中	中	3.99
3	低	高	高	高	4.46
4	高	高	高	高	4.63

(4) 構造方程式モデリングによる目的変数と因子・変数との関係分析

構造方程式モデリングは，「部活動」，「授業・学校」，「行事・仲間」，「学習取組」を潜在変数とし，各潜在変数の測定方程式は，表 7.5 の第 1，2，3，4 因子の因子負荷量が 0.4 以上の観測変数で構成している。測定方程式とは，潜在変数が観測変数によってどのように測定できるのかを表すことができる方程式である。さらに，この 4 潜在変数から目的変数である平均点への影響を分析している。

まず測定方程式の構造を考察する。表 7.5 で得られた 4 因子と全体の傾向はあまり変わっていない。ただし，潜在変数「授業・学校」では学食や特別教室の影響がやや薄れ，授業の部分の影響がより強く出ていることがわかる。また，潜在因子「学習取組」では授業頑張りや学習意欲など，意欲の部分からの影響が強くなっていることがわかる。

そして，各潜在変数から目的変数である平均点への影響を検討する。第 1 因子の「部活動」から平均点への影響はほとんどなく，係数は 0.005 となっている。第 2 因子の「授業・学校」からは平均点へ最もマイナスの影響が大きかった。授業に満足してしまっている生徒は，独自の学習に対する意欲が向上せずに，授業に対して受け身の姿勢になってしまっているのではないかと考えられる。第 3 因子の「行事・仲間」からはややマイナスの影響がある。部活動と同様に，行事や友人との時間を大切にするあまりに，学習に対する姿勢が疎かになっているのではないかと考えられる。そして，やはり第 4 因子の「学習取組」は平均点にかなりの影響があることがわかった。学習に意欲を持っていたり，授業に熱心に取り組んだりすることは成績向上のためには非常に重要な要素であることがわかる（**表 7.8, 7.9**）。

表 7.8 構造方程式モデリングのパス係数の結果

	第1因子	第2因子	第3因子	第4因子
進学率				
入部	0.455			
学力				
モットー				
私立				
距離				
薦め				
入学欲				
授業頑				0.732
部活頑	0.933			
行事頑			0.756	
仲間頑			0.685	
文化祭			0.536	
体育祭			0.511	
修学旅行				
参加意欲			0.708	
行事成果			0.644	
負けず嫌い				
意見				
やり抜く				
学食		0.361		
図書館				
特別教室		0.342		
学習時間				0.352
学習意欲				0.705
ノート				
試験勉強				
文武両立	0.694			
割合	0.873			
充実感	0.950			
部活意欲	0.956			
部活目標	0.767			

評価	0.743			
テスト回数				0.335
順位貼出				
先生存在				
部活仲間	0.867			
行事仲間			0.656	
クラス仲間			0.631	
大学受験		0.718		
工夫		0.811		
熱意		0.739		
アフターケア		0.685		
雰囲気		0.686		
授業内容				0.439
授業満足		0.776		
レポート評価				
ビデオ				
ランダム				
回収 . 返却				
答え合わせ				
プリント				
伸び				

表 7.9　各因子（潜在変数）から目的変数へのパス係数

各因子から目的変数へのパス係数				
	第 1 因子	第 2 因子	第 3 因子	第 4 因子
平均点	0.005	− 0.245	− 0.147	0.789

表 7.10　タイプごとの各因子（潜在変数）から目的変数へのパス係数

各潜在変数から目的変数へのパス係数				
	第 1 因子	第 2 因子	第 3 因子	第 4 因子
タイプ 1	0.184	− 0.279	− 0.139	0.834
タイプ 2	0.006	− 0.023	− 0.097	0.647
タイプ 3	0.035	− 0.148	− 0.040	0.610
タイプ 4	0.093	− 0.234	− 0.050	0.483

次に，タイプごとの構造方程式モデリングの考察（**表 7.10**）を行ったところ，多少のパス係数の大小は見られるものの，タイプごとの基本的な構造は類似していることがわかった。「学習取組」（第 4 因子）から平均値へのパス係数が各タイ

プ共一番大きく，それに比べ「部活動」（第1因子）は正で小さい係数値を示しており，どのタイプもそれほど大きい影響はないことがわかった。「授業・学校」（第2因子）に関してはマイナスの影響を与えており，「行事・仲間」（第3因子）からの係数は負で小さい値を示していることがわかった。

(5) 条件付き確率分布によるタイプ別教育・学習効果分析

(4) 構造方程式モデリングでは特に第4因子「学習取組」から平均点に強い影響があり，その因子の中でも学習意欲や授業頑張りが大きな要因の1つとなっていた。そこで，ここでは学習意欲と平均点との関係を考察する。学習意欲を条件としたときの平均点の条件付き確率分布のタイプごとの違いを検討する。ほかのタイプとの比較をすることで，タイプ分類しただけでなくタイプ内の目的変数の条件付き分布の違いを把握することができ，説明変数の目的変数に与えている影響の比較を行うことができる。

表 7.11 タイプ別教育・学習効果分析結果 1―「学習意欲」を条件としたときの平均点の条件付確率分布―

学習意欲

タイプ番号	1	2	3	4	5	6	7
1	0.339	0.131	0.201	0.220	0.070	0.029	0.010
2	0.131	0.112	0.151	0.298	0.186	0.065	0.057
3	0.066	0.039	0.098	0.211	0.230	0.195	0.160
4	0.011	0.007	0.045	0.153	0.231	0.265	0.287

平均点

タイプ番号	1	2	3	4	5	6	7
1	0.029	0.157	0.211	0.278	0.185	0.134	0.006
2	0.008	0.124	0.224	0.285	0.239	0.116	0.005
3	0.008	0.039	0.152	0.277	0.344	0.172	0.008
4	0.000	0.011	0.108	0.317	0.369	0.194	0.000

平均点

タイプ1 学習意欲	1	2	3	4	5	6	7
1	0.075	0.292	0.283	0.142	0.123	0.085	0.000
2	0.000	0.073	0.171	0.512	0.171	0.073	0.000
3	0.000	0.095	0.286	0.317	0.190	0.095	0.016
4	0.014	0.130	0.145	0.348	0.188	0.174	0.000
5	0.000	0.000	0.045	0.182	0.409	0.318	0.045

6	0.000	0.000	0.000	0.222	0.333	0.444	0.000
7	0.000	0.000	0.000	0.333	0.333	0.333	0.000

平均点

タイプ2 学習意欲	1	2	3	4	5	6	7
1	0.023	0.253	0.356	0.207	0.103	0.057	0.000
2	0.014	0.162	0.311	0.257	0.189	0.068	0.000
3	0.010	0.190	0.250	0.320	0.130	0.100	0.000
4	0.005	0.112	0.168	0.330	0.264	0.117	0.005
5	0.000	0.041	0.187	0.244	0.366	0.146	0.016
6	0.000	0.000	0.163	0.279	0.349	0.209	0.000
7	0.000	0.053	0.158	0.342	0.263	0.184	0.000

平均点

タイプ3 学習意欲	1	2	3	4	5	6	7
1	0.000	0.118	0.471	0.235	0.059	0.118	0.000
2	0.000	0.200	0.000	0.400	0.400	0.000	0.000
3	0.000	0.080	0.240	0.320	0.240	0.120	0.000
4	0.019	0.037	0.167	0.352	0.296	0.111	0.019
5	0.000	0.017	0.237	0.254	0.373	0.119	0.000
6	0.000	0.000	0.000	0.240	0.500	0.260	0.000
7	0.024	0.024	0.049	0.220	0.341	0.317	0.024

平均点

タイプ4 学習意欲	1	2	3	4	5	6	7
1	0.000	0.000	0.333	0.333	0.333	0.000	0.000
2	0.000	0.000	0.500	0.500	0.000	0.000	0.000
3	0.000	0.083	0.083	0.583	0.250	0.000	0.000
4	0.000	0.024	0.098	0.390	0.366	0.122	0.000
5	0.000	0.000	0.129	0.323	0.419	0.129	0.000
6	0.000	0.000	0.070	0.268	0.451	0.211	0.000
7	0.000	0.013	0.117	0.273	0.286	0.312	0.000

平均点：あなたの現在の定期テスト（中間・期末考査）の平均点はどのくらいですか？
1：20点以下　2：21～40点　3：41～50点　4：51～60点　5：61～70点 6：71～90点　7：91点以上
学習意欲：本校での授業をうけたことによって，入学した当初に比べ，あなたの勉強に対する意識に変化はありましたか？
1：学習に対する意欲が入学当初より下がった ～7：高校での勉強が進むにつれ勉強に対する意欲は高まった

表7.11より，まずタイプごとの学習意欲の分布を考察する。授業や学習に真面目に取り組むタイプ3，4になるに従って，タイプ1，2よりも学習意欲が高くなっていること，特にタイプ4の学習意欲はカテゴリ水準5，6，7を中心に分布しており，学習意欲が高いことがわかる。

次に「学習意欲」を条件とした「平均点」の条件付き確率分布を考察する。各タイプ共，学習意欲が高くなるに従って平均点が上がった分布となっていることがわかる。ただし，タイプ2のみ，学習意欲が7の場合に平均点が下がっている。これは部活に熱心に取り組み授業に対する取り組みは中程度のタイプの生徒の場合高い学習意欲を示しても，平均点の向上にはあまり結びついていないことを示している。このタイプの生徒にはまず，授業に真面目に取り組み着実に実力を付けることを勧めるべきである。

さらに，**表7.12**より，生徒の1日の「平均学習時間」を条件としたときの「平均点」の条件付き確率分布を考察していく。まず，学習時間の分布は，タイプ1は学習時間1に集中しており，平均点はカテゴリ水準4を中心に分布していることがわかる。それに比べ，タイプ3，4は学習時間1，2に集中しており，平均点はカテゴリ水準5を中心に分布していることがわかる。

次に「学習時間」を条件としたときの「平均点」の条件付き確率分布を検討する。タイプ4は他のタイプに比べ学習時間が少なくても平均点はあまり低くないが，学習時間が増えるにつれ学習時間4位までは着実に高い平均点に推移していることがわかる。

タイプ1，2は，学習時間1の生徒達は特に平均点が低い傾向にある。学習をふだん行わない生徒も，少なくとも学習時間2に向上させ1日1時間程度の学習をするようになれば，多くの生徒は平均点が4，5に向上すると考えられる。

表7.12　タイプ別教育・学習効果分析結果2―「学習時間」を条件としたときの平均点の条件付確率分布―

		学習時間						
		1	2	3	4	5	6	7
タイプ番号	1	0.511	0.192	0.048	0.077	0.038	0.070	0.064
	2	0.446	0.219	0.080	0.095	0.026	0.051	0.083
	3	0.277	0.211	0.133	0.145	0.055	0.090	0.090
	4	0.209	0.280	0.112	0.149	0.067	0.108	0.075

平均点

タイプ番号	1	2	3	4	5	6	7
1	0.029	0.157	0.211	0.278	0.185	0.134	0.006
2	0.008	0.124	0.224	0.285	0.239	0.116	0.005
3	0.008	0.039	0.152	0.277	0.344	0.172	0.008
4	0.000	0.011	0.108	0.317	0.369	0.194	0.000

平均点

タイプ1 学習時間	1	2	3	4	5	6	7
1	0.050	0.238	0.294	0.231	0.131	0.050	0.006
2	0.000	0.133	0.117	0.417	0.200	0.133	0.000
3	0.000	0.067	0.133	0.333	0.333	0.133	0.000
4	0.042	0.083	0.208	0.292	0.208	0.167	0.000
5	0.000	0.000	0.000	0.250	0.333	0.417	0.000
6	0.000	0.000	0.182	0.318	0.227	0.227	0.045
7	0.000	0.000	0.050	0.150	0.300	0.500	0.000

平均点

タイプ2 学習時間	1	2	3	4	5	6	7
1	0.017	0.214	0.278	0.244	0.186	0.061	0.000
2	0.000	0.069	0.179	0.310	0.297	0.145	0.000
3	0.000	0.038	0.208	0.302	0.321	0.132	0.000
4	0.000	0.048	0.159	0.381	0.270	0.127	0.016
5	0.000	0.000	0.118	0.471	0.176	0.235	0.000
6	0.000	0.059	0.118	0.206	0.382	0.206	0.029
7	0.000	0.036	0.236	0.309	0.182	0.218	0.018

平均点

タイプ3 学習時間	1	2	3	4	5	6	7
1	0.014	0.056	0.254	0.282	0.296	0.085	0.014
2	0.000	0.093	0.278	0.259	0.315	0.056	0.000
3	0.000	0.000	0.029	0.382	0.382	0.206	0.000
4	0.000	0.027	0.000	0.459	0.378	0.135	0.000
5	0.000	0.000	0.071	0.000	0.429	0.500	0.000
6	0.000	0.000	0.043	0.130	0.435	0.391	0.000
7	0.000	0.000	0.130	0.174	0.304	0.304	0.043

平均点

タイプ4 学習時間	1	2	3	4	5	6	7
1	. 0.000	0.036	0.107	0.357	0.339	0.161	0.000
2	0.000	0.013	0.160	0.280	0.413	0.133	0.000
3	0.000	0.000	0.067	0.300	0.433	0.200	0.000
4	0.000	0.000	0.125	0.325	0.350	0.200	0.000
5	0.000	0.000	0.111	0.389	0.278	0.222	0.000
6	0.000	0.000	0.069	0.276	0.345	0.310	0.000
7	0.000	0.000	0.000	0.350	0.350	0.300	0.000

平均点：あなたの現在の定期テスト（中間・期末考査）の平均点はどのくらいですか？
1：20点以下　2：21～40点　3：41～50点　4：51～60点　5：61～70点 6：71～90点　7：91点以上
学習時間：あなたの家での1日の平均勉強時間をお答えください
1：30分以下　2：1時間　3：1時間半　4：2時間　5：2時間半　6：3時間 7：それ以上

(6) 本分析法に基づく各生徒の学習指導のための解析

さらに，これまでの分析結果を基に，**表7.13**に示す2人の生徒AおよびBについて，学習向上の指導案を示す。

表7.13 生徒AおよびBに対するアドバイス表

	タイプ	平均点	学習意欲	学習時間
生徒A	1	3	4	1
生徒B	3	3	5	2

表7.13より，生徒AおよびBは共に平均点は3で伸び悩んでおり，学習方針が上手に立っていない生徒であることがわかる。また，単に学習時間を増やすよう，あるいは学習意欲を高めるように指導しても，多くの生徒は単純には改善がなされないであろう。そこでタイプ別教育・学習効果分析法により得られた知見に基づいて学習アドバイスをすることを考える。

タイプ1（生徒A）と3（生徒B）は共に部活に力を入れていないタイプであるが，タイプ3は授業や学習取組さらに行事仲間は高いタイプ，タイプ1はそれらも低いタイプである。

まず，生徒Aはタイプ1に含まれており，学習意欲は4と中程度はあるものの平均点向上には結びついていないことがわかる。そこで，表7.12を参照すると，タイプ1で学習時間1の生徒は平均点が3及び4の場合が多いが，学習時間2の生徒は約75%が4以上の平均点を取っていることがわかる。さらに，学習意欲を4から5に向上させると，約95%が4以上の平均点を取っていることもわかる。

そこで，生徒Aには1日30分未満の勉強時間を何とか1時間まで延ばし勉強習慣をより身に付けるだけ，あるいはもう少し学習意欲を向上させることで，大きく平均点向上の可能性があることを示唆するアドバイス案を提案する。

次に，タイプ3に含まれている生徒Bは学習意欲はある程度高いため，学習時間は2であるが，同様に学習時間を3（1時間半）に延ばすと，約97%が4以上の平均点を取っていることがわかることから，もう少し勉強時間を増やすことで平均点が大きく向上する可能性があるとアドバイスすることができる。

【参考文献】

[1] Vargo, S. L. and Robert, F. L. (2004a) : "Evolving to A New Dominant Logic for Marketing", *Journal of Marketing*, Vol.68, Issue 1, pp.1-17.

[2] Vargo, S. L. and Robert F. L. (2004b) : "The Four Service Marketing Myths: Remnants of a Goods-Based, Manufacturing Model", *Journal of Service Research*, Vol.6, Issue 4, pp.324-335.

[3] Heskett, J.L., Sasser, W.E. Jr. and Schlesinger, L.A. (1998) : "The Service Profit Chain: How Leading Companies Link Profit and Growth to Loyalty, Satisfaction, and Value", *International Journal of Service Industry Management*, Vol.9, No.3, pp.312-313.

[4] 渡部裕晃・椿美智子（2016）：" タイプ別サービス効果分析システムを用いた顧客と従業員のマッチングに関する研究 "，経営情報学会誌，Vol.24, No.4, pp.231-238.

[5] Haraga,S.,Tsubaki,M., and Suzuki,T.,"Expansion of the Analytical System of Measuring Service Effectiveness by Customer Type to Include Repeat Analysis," *International Journal of Social Science and Humanity*, Vol.4, No.2, pp.194-200.

[6] 椿美智子・岩崎晃（2011），ベイジアンネットワークを用いたタイプ別教育効果分析法の推定精度・予測精度の検証，日本教育情報学会誌，Vol.26, No4, pp.25-36.

[7] 椿美智子・大宅太郎・徳富雄典 (2013)：“ タイプ別教育・学習効果システムの提案 ”, 日本教育情報研究, Vol.28, No.3, pp.15-26.

[8] 池本賢司・関秀明・椿美智子 (2005)， 高校教育の質的向上に対する要望と生徒側の特性との関係解析のためのアンケート調査設計とモデル構築 , 行動計量学会誌 , Vol.32, No.1, pp.1-19.

第8章

サービス価値を見出す
プロセスデータ分析

8.1 プロセスログデータの特徴と重要な変数化

現代では，学習者が学習した経過のログデータを取ることができる時代になってきている。本節では，学習プロセスログデータの特徴を示し，プロセスデータ中に示されている学習興味や，学習方略，メタ認知などとプロセスデータの各パターンを対応付け，変数化する方法を示す。学習プロセス中のパターンに対してこれらの変数化をすることによって，学習活動と学習効果の関係を，より詳細に掘り下げることができるからである。本章は学習データの例で説明をするが，このような変数化はサービス購買ビッグデータにおいても，顧客の特性の重要な特徴を抽出するために有用であると考えている。

ここでは，グローバル化が進む現代社会においてますます重要になってきている英語スキルの向上を目指して行った学習調査のプロセスログデータの分析を応用例として示すことにより，変数化の方法をわかりやすく説明する。

文部科学省は平成23年度より，小学校の学習指導要領の改定を行い，第5, 6学年における外国語活動の必修化を行った（文部科学省（2011）[1]）。さらに，小中高等学校を通じた英語教育改革を計画的に進めるための「グローバル化に対応した英語教育改革実施計画」を平成25年に発表し（文部科学省（2012）[2]），さらに，専門的な見地から検討を行うために「英語教育の在り方に関する有識者会議」を平成26年に設置し，「今後の英語教育の改善・充実方策について　報告～グローバル化に対応した英語教育改革の五つの提言～」を発表している（文部科学省（2014）[3]）。その中で具体的に，改革1）国が示す教育目標・内容の改善，改革2）学校における指導と評価の改善，改革3）高等学校・大学の英語力の評価及び入学者選抜の改善，改革4）教科書・教材の充実，改革5）学校における指導体制の充実が挙げられている。

さらに，改革4）教科書・教材の充実においては「小学校の高学年では，中学年での外国語活動を継承し，また，中学校での学習への円滑な接続を踏まえながら，アルファベット文字の認識，日本語と英語の音声の違いやそれぞれの特徴，語順などへの気付きを促す指導に有効な教科書といった教材が必要である」とされている。

8.1.1　学習調査概要及び小学生における英語4技能について

本章で分析するデータの学習調査は，2013年10月～2014年3月の期間に私立淑徳小学校の保護者の同意を得られた2年生90人，4年生75人を対象に行ったものである（本書では主に4年生の例で説明していく）。私立である淑徳小学校の児童は，小学校1年生のときから独自のカリキュラムを用いて英語学習を行っている環境に置かれているため一般的な公立小学校の児童と比べて英語能力が高いと考えられる。

本学習調査では，10月～12月及び1月～3月までの2つの期間において，ベースライン（1時点目）と学習期間終了直後（2時点目）でテストによる測定を行うクロスオーバー法を用いている（**図8.1**参照）。まず，調査対象の児童及び保護者に対して英語学習や家庭学習に関する事前アンケート調査を実施している。児童を2つのグループに分けるために，アンケート項目の音声ペン使用経験，英語学習経験，家庭学習習慣の回答結果の組み合わせにより児童を8カテゴリに分類を行い，グループ間に背景の差がないように，各カテゴリに対して p=0.5 としたベルヌーイ試行を行い，2グループへの割り付けを行った（**図8.2**参照）。

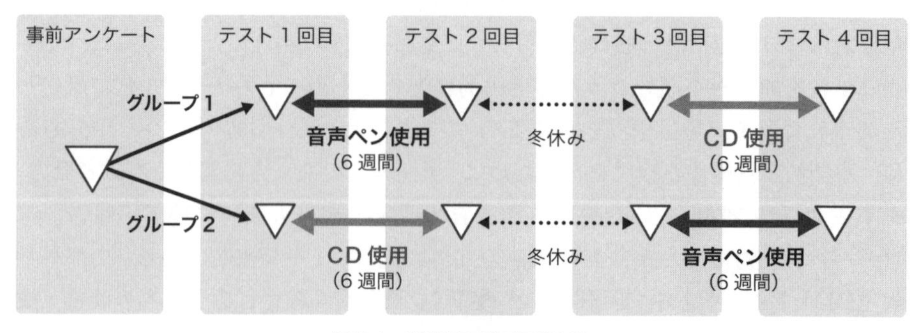

図8.1　学習調査概要モデル図

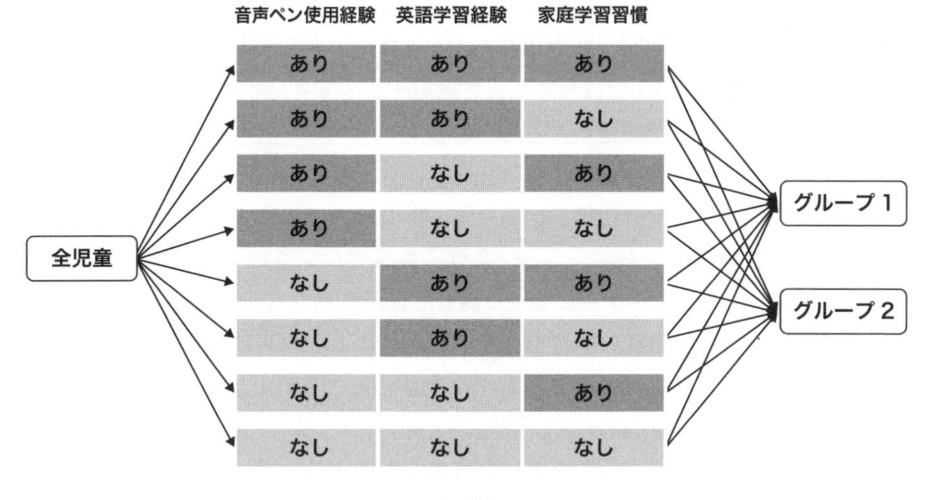

図 8.2　割り付け概要図

図8.1は学習調査概要を表したモデル図であるが，グループ1の児童は，最初の6週間に音声ペン，冬休みの後の6週間にCDを使用して家庭学習を行い，一方，グループ2の児童は，最初の6週間にCD，冬休みの後の6週間に音声ペンを使用して家庭学習を行った。本研究で用いられている音声ペンは，英語の音声が聞けるだけではなく，自分の声を録音・再生でき，学習プロセスのログデータの記録を取ることができる機能を備えている（Gridmark社製音声ペンを使用）。

8.1.2　本学習調査におけるテキスト及びテストと英語4技能の関係

(1) テキスト構成

テキストは4年生が最初の6週間にUnit6及びUnit7の2単元の学習を，冬休み明けの6週間にUnit8及びUnit9の学習を行っている。各Unitは7つの大問で構成されており，それぞれの大問は以下のような構成となっている。

① **大問1：** 4年生のUnit6の大問1では音声ペンによって“Can you use chopsticks?”や“I' m really hungry.”などのテキストに書かれている文章を聞くことができ，さらに絵を見ながらスクリプトを読むことにより，どのような場面でどのような英語を話せばよいか，どのように受け答えをすればよいかを学習するこ

8　サービス価値を見出すプロセスデータ分析

とができる。さらに，音声ペンを活用することにより，自分が英文を話したときの声を録音し，再生して「聞き」振り返りをすると共に，ネイティブの発音とも比較できる．したがって，大問1ではリスニング能力，リーディング能力，スピーキング能力を向上させることができると考えられる。

②大問2：4年生 Unit6 大問2では，食べ物の絵の下にある単語を読むことができる。また，音声ペンを使うことにより，食べ物の絵を押すことでテキストの再生（聞き），さらに自分の話した声を録音し，その再生（聞く）も行うことができ，単元に対応した単語群の学習を行うことができる。ゆえに，リスニング能力，リーディング能力，スピーキング能力を向上させることができると考えられる。

③大問3：児童は Quiz を押すことで問題文を聞き適切なイラストを選ぶ問題である。疑問文のスクリプトがないため難易度は大問1より高くなっているが，何回も音声ペンを押すことができるためリスニング能力が低い生徒でも十分に取り組める大問となっている。

④大問4：音声ペンを用い Question を選択することにより，Unit 内に出てくる単語が発音され（聞き），その単語の綴りを順番に押して（書いて）いくことができる。この大問では，リスニング能力，ライティング能力の向上が考えられる。

⑤大問5：児童は絵を見て単語のスペルを読み，書くことができる。また，音声ペンを使用することにより単語の発音を聞くこともできる。このことにより，リスニング能力，リーディング能力，ライティング能力の向上が考えられる。

⑥大問6：単元のテーマの疑問文を聞き，絵を見て答えを読み選択することができるため，リスニング能力及び，疑問文，選択肢からのリーディング能力の向上が考えられる。

⑦大問7：まず Quiz を押し，単語の発音を聞き確認する。その後，自分の話した発音の確認を行うために Answer を押し，ネイティブの発音と自分の発音を比較することができる。さらに，大問5同様に単語を読み，書くことができる。この大問では，リスニング能力，リーディング能力，ライティング能力，スピー

キング能力の向上が考えられる。

各大問と対応する4技能の関係を**表8.1**に示した。

表8.1　4年生におけるテキストの問題と英語4技能の能力向上の対応表

大問	リスニング	リーディング	ライティング	スピーキング
1	○	○		○
2	○	○		○
3	○			
4	○		○	
5	○	○	○	
6	○	○		
7	○	○	○	○

(2) テスト構成

テストは学習前の事前テスト，前半学習後の2回目テスト，後半学習前の3回目テスト，後半学習後の最終テストの計4回行われており，6つの大問で構成されている（**図8.3**，**表8.2**）。

①**大問1：**英単語を読み，それに対応した絵と適切に結び付けるリーディングの問題である。適切な組み合わせを選んだ場合は加点され，各1点の15点満点である。

②**大問2：**絵を見て空欄2つに適切なアルファベットを書き入れるライティングの問題であり，各2点の20点満点である。

③**大問3：**英文を読み，絵を見て適切な答えを結び付けるか選択するリーディングの問題である。大問1とは異なり英文の意味を理解しなければならないため難易度が高いと考えられ，各2点の10点満点である。

④**大問4：**絵を見て，疑問文を聞き，疑問文に対して適切な答えを選ぶリスニングの問題であり，各4点の20点満点である。

⑤大問 5：英文を聞き，空欄に適切なアルファベットを記入するリスニング，ライティングの問題であり，各 4 点の 20 点満点である。

⑥大問 6：スピーキングの問題であり，先生が英語で質問した内容に対して英語で答える問題である。先生は，“What' s your name?”，“What' s this?”，“How old are you?” のような 3 つの質問を行い，受け答えの内容で採点する。各 5 点の 15 点満点である。

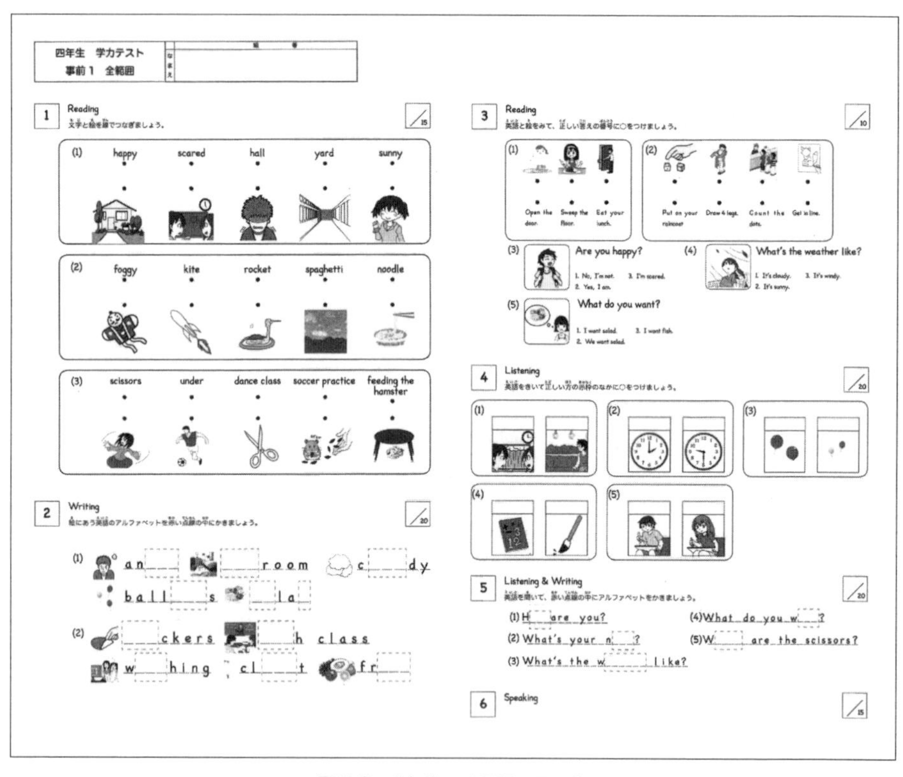

四年生　学力テスト
事前１　全範囲
なまえ

1 Reading /15
文字と絵を線でつなぎましょう。
(1) happy　scared　hall　yard　sunny
(2) foggy　kite　rocket　spaghetti　noodle
(3) scissors　under　dance class　soccer practice　feeding the hamster

2 Writing /20
絵にあう英語のアルファベットを赤い点線の中にかきましょう。
(1) an___　___room　c___dy
ball___s　___la___
(2) ___ckers　___h class
w___hing　cl___t　fr___

3 Reading /10
英語と絵をみて、正しい答えの番号に○をつけましょう。
(1) Open the door.　Sweep the floor.　Eat your lunch.
(2) Put on your raincoat　Draw 4 legs.　Count the dots.　Get in line.
(3) Are you happy?
1. No, I'm not.　2. Yes, I am.　3. I'm scared.
(4) What's the weather like?
1. It's cloudy.　2. It's sunny.　3. It's windy.
(5) What do you want?
1. I want salad.　2. We want salad.　3. I want fish.

4 Listening /20
英語をきいて正しい方の赤枠のなかに○をつけましょう。
(1)　(2)　(3)　(4)　(5)

5 Listening & Writing /20
英語を聞いて、赤い点線の中にアルファベットをかきましょう。
(1) H___are you?
(2) What's your n___?
(3) What's the w___like?
(4) What do you w___?
(5) W___are the scissors?

6 Speaking /15

図 8.3　4 年生の 1 回目のテスト

表8.2　4年生におけるテストの問題と英語4技能の対応表

大問	リスニング	リーディング	ライティング	スピーキング
1		○		
2			○	
3		○		
4	○			
5	○		○	
6				○

8.1.3　小学生における英語4技能について

ヨーロッパ言語共通参照枠「CEFR（Common European Framework of Reference for Languages）」は，欧州評議会（Council of Europe）が2001年に発表した欧州における言語教育に関するシラバス，カリキュラムガイドライン，試験，教科書などを推敲するための共通の基礎を与えるために作られたものであり，言語学習者が言語を用いてコミュニケーションを行うために学習すべきことや，効果的に行動するためにどのような知識やスキルを上達させるべきかを包括的に説明しているものである。CEFRでは，学習者を6つのレベル（初級に該当するA1・A2，中級に該当するB1・B2，上級に該当するC1・C2）に分類している。しかし，投野（2012）[4]によると，この枠組みで考えたときの日本人の英語学習者のレベルは，80%がAレベルであり，Cレベルはごくわずかであることが示されている。

本章では，CEFRに完全に準拠し日本の英語教育での利用を目的に構築された新しい英語能力の到達度指標であるCEFR-J（投野（2012）[4]，文部科学省（2014）[5]）（**表8.3**を参照）を示し，テキストの大問とCEFR-Jの関係を検討したものを**表8.4**に示す。

表 8.3 CEFR-J におけるレベルと英語 4 技能の対応

	レベル	PreA1	A1.1	A1.2	A1.3	A2.1	A2.2
話すこと	やりとり	基礎的な語句を使って，「助けて！」や「～が欲しい」などの自分の要求を伝えることができる。また，必要があれば，欲しいものを指さししながら自分の意思を伝えることができる。	なじみのある定型表現を使って，時間・日にち・場所について質問したり，質問に答えたりすることができる。	基本的な語や言い回しを使って日常のやりとり（何ができるかできないかや，色についてのやりとりなど）において単純に応答することができる。	趣味，部活動などのなじみのあるトピックに関して，はっきりと話されれば，簡単な質疑応答をすることができる。	順序を表す表現であるfirst，then，nextなどのつなぎ言葉や「右に曲がって」や「まっすぐ行って」などの基本的な表現を使って，単純な道案内をすることができる。	簡単な英語で，意見や気持ちをやりとりしたり，賛成や反対などの自分の意見を伝えたり，物や人を較べたりすることができる。
		一般的な定型の日常の挨拶や季節の挨拶をしたり，そうした挨拶に応答したりすることができる。	家族，日課，趣味などの個人的なトピックについて，（必ずしも正確ではないが）なじみのある表現や基礎的な文を使って，質問したり，質問に答えたりすることができる。	スポーツや食べ物などの好き嫌いなどのとてもなじみのあるトピックに関して，はっきり話されれば，限られたレパートリーを使って，簡単な意見交換をすることができる。	基本的な語や言い回しを使って，人を誘ったり，誘いを受けたり，断ったりすることができる。	補助となる絵やものを用いて，基本的な情報を伝え，また，簡単な意見交換をすることができる。	予測できる日常的な状況（郵便局・駅・店など）ならば，さまざまな語や表現を用いてやり取りができる。
	発表	簡単な語や基礎的な句を用いて，自分についてのごく限られた情報（名前，年齢など）を伝えることができる。	基礎的な語句，定型表現を用いて，限られた個人情報（家族や趣味など）を伝えることができる。	前もって発話することを用意した上で，限られた身近なトピックについて，簡単な語や基礎的な句を限られた構文を用い，簡単な意見を言うことができる。	前もって発話することを用意した上で，限られた身近なトピックについて，簡単な語や基礎的な句を限られた構文を用い，複数の文で意見を言うことができる。	一連の簡単な語句や文を使って，自分の趣味や特技に触れながら自己紹介をすることができる。	写真や絵，地図などの視覚的補助を利用しながら，一連の簡単な語句や文を使って，自分の毎日の生活に直接関連のあるトピック（自分のこと，学校のこと，地域のことなど）について，短いスピーチをすることができる。
		前もって話すことを用意した上で，基礎的な語句，定型表現を用いて，人前で実物などを見せながらその物を説明することができる。	基礎的な語句，定型表現を用いて，簡単な情報（時間や日時，場所など）を伝えることができる。	前もって発話することを用意した上で，日常生活の物事を，簡単な語や基礎的な句を限られた構文を用い，簡単に描写することができる。	前もって発話することを用意した上で，日常生活に関する簡単な事実を，簡単な語や基礎的な句を限られた構文を用い，複数の文で描写できる。	写真や絵，地図などの視覚的補助を利用しながら，一連の簡単な句や文を使って，身近なトピック（学校や地域など）について短い話をすることができる。	一連の簡単な語句や文を使って，意見や行動計画を，理由を挙げて短く述べることができる。

B1.1	B1.2	B2.1	B2.2	C1	C2
身近なトピック（学校・趣味・将来の希望）について，簡単な英語を幅広く使って意見を表明し，情報を交換することができる。	病院や市役所といった場所において，詳細にまた自信を持って，問題を説明することができる。関連する詳細な情報を提供して，その結果として正しい処置を受けることができる。	ある程度なじみのあるトピックならば，新聞・インターネットで読んだり，テレビで見たニュースの要点について議論することができる。	一般的な分野から，文化，学術などの，専門的な分野まで，幅広いトピックの会話に積極的に参加し，自分の考えを正確かつ流暢に表現することができる。	言葉をことさら探さずに流暢に自然に自己表現ができる。社会上，仕事上の目的に合った言葉遣いが，意のままに効果的にできる。自分の考えや意見を正確に表現でき，自分の発言を他の話し手の発言にうまくあわせることができる。	いかなる会話や議論でも無理なくこなすことができ，慣用表現，口語体表現をよく知っている。自分を流暢に表現し，細かい意味のニュアンスを正確に伝えることができる。表現上の困難に出会っても，周りの人に気づかれないように修正し，うまく繕うことができる。
個人的に関心のある具体的なトピックについて，簡単な英語を多様に用いて，社交的な会話を続けることができる。	駅や店などの一般的な場所で，間違った切符の購入などといったサービスに関する誤りなどの問題を，自信を持って詳しく説明することができる。相手が協力的であれば，丁寧に依頼したり，お礼を言って，正しいものやサービスを受けることができる。	母語話者同士の議論に加われないこともあるが，自分が学んだトピックや自分の興味や経験の範囲内のトピックなら，抽象的なトピックであっても，議論できる。	幅広い慣用表現を使って，雑誌記事に対して意見を交換することができる。		
使える語句や表現を繋いで，自分の経験や夢，希望を順序だて，話しを広げながら，ある程度詳しく語ることができる。	短い読み物か短い新聞記事であれば，ある程度の流暢さをもって，自分の感想や考えを加えながら，あらすじや要点を順序だてて伝えることができる。	ある視点に賛成または反対の理由や代替案などをあげて，事前に用意されたプレゼンテーションを聴衆の前で流暢に行うことができ，一連の質問にもある程度流暢に対応ができる。	要点とそれに関連する詳細の両方に焦点を当てながら，流暢にプレゼンテーションができ，また，あらかじめ用意されたテキストから自然にはなれて，聴衆が興味のある点に対応してプレゼンテーションの内容を調整し，そこでもかなり流暢に容易に表現できる。	複雑なトピックを，派生的問題にも立ち入って，詳しく論ずることができ，一定の観点を展開しながら，適切な結論でまとめ上げることができる。	状況にあった文体で，はっきりと流暢に記述・論述ができる。効果的な論理構成によって聞き手に重要点を把握させ，記憶にとどめさせることができる。
自分の考えを事前に準備して，メモの助けがあれば，聞き手を混乱させないように，馴染みのあるトピックや自分に関心のある事柄について語ることができる。	自分の関心事であれば，社会の状況（ただし自分の関心事）について，自分の意見を加えてある程度すらすらと発表し，聴衆から質問がでれば相手に理解できるように答えることができる。	ディベートなどで，そのトピックが関心のある分野のものであれば，論拠を並べ自分の主張を明確に述べることができる。	ディベートなどで，社会問題や時事問題に関して，補助的観点や関連事例を詳細に加えながら，自分の視点を明確に展開することができ，話を続けることができる。		

表 8.3 CEFR-J におけるレベルと英語 4 技能の対応（続き）

	レベル	PreA1	A1.1	A1.2	A1.3	A2.1	A2.2
書くこと	書くこと	アルファベットの大文字・小文字，単語のつづりをブロック体で書くことができる。	住所・氏名・職業などの項目がある表を埋めることができる。	簡単な語や基礎的な表現を用いて，身近なこと（好き嫌い，家族，学校生活など）について短い文章を書くことができる。	自分の経験について，辞書を用いて，短い文章を書くことができる。	日常的・個人的な内容であれば，招待状，私的な手紙，メモ，メッセージなどを簡単な英語で書くことができる。	身の回りの出来事や趣味，場所，仕事などについて，個人的経験や自分に直接必要のある領域での事柄であれば，簡単な描写ができる。
		単語のつづりを1文字ずつ発音されれば，聞いてそのとおりに書くことができる。また書いてあるものを写すことができる。	自分について基本的な情報（名前，住所，家族など）を辞書を使えば短い句または文で書くことができる。	簡単な語や基礎的な表現を用いて，メッセージカード（誕生日カードなど）や身近な事柄についての短いメモなどを書ける。	趣味や好き嫌いについて複数の文を用いて，簡単な語や基礎的な表現を使って書くことができる。	文と文をand, but, becauseなどの簡単な接続詞でつなげるような書き方であれば，基礎的・具体的な語彙，簡単な句や文を使った簡単な英語で，日記や写真，事物の説明文などのまとまりのある文章を書くことができる。	聞いたり読んだりした内容（生活や文化の紹介などの説明や物語）であれば，基礎的な日常生活語彙や表現を用いて，感想や意見などを短く書くことができる。
理解	聞くこと	ゆっくりはっきりと話されれば，日常の身近な単語を聞きとることができる。	当人に向かって，ゆっくりはっきりと話されれば，「立て」「座れ」「止まれ」といった短い簡単な指示を理解することができる。	趣味やスポーツ，部活動などの身近なトピックに関する短い話を，ゆっくりはっきりと話されれば，理解することができる。	ゆっくりはっきりと話されれば，自分自身や自分の家族・学校・地域などの身の回りの事柄に関連した句や表現を理解することができる。	ゆっくりはっきりと放送されれば，公共の乗り物や駅や空港の短い簡潔なアナウンスを理解することができる。	スポーツ・料理などの一連の行動を，ゆっくりはっきりと指示されれば，指示通りに行動することができる。
		英語の文字が発音されるのを聞いて，どの文字かわかる。	日常生活に必要な重要な情報（数字，品物の値段，日付，曜日など）を，ゆっくりはっきりと話されれば，聞きとることができる。	日常生活の身近なトピックについての話を，ゆっくりはっきりと話されれば，場所や時間等の具体的な情報を聞きとることができる。	（買い物や外食などで）簡単な用をたすのに必要な指示や説明を，ゆっくりはっきりと話されれば，理解することができる。	学校の宿題，旅行の日程などの明確で具体的な事実を，はっきりとなじみのある発音で指示されれば，要点を理解することができる。	視覚補助のある作業（料理，工作など）の指示を，ゆっくりはっきりと話されれば，聞いて理解することができる。

B1.1	B1.2	B2.1	B2.2	C1	C2
自分に直接関わりのある環境（学校，職場，地域など）での出来事を，身近な状況で使われる語彙・文法を用いて，ある程度まとまりのあるかたちで，描写することができる。	新聞記事や映画などについて，専門的でない語彙や複雑でない文法構造を用いて，自分の意見を含めて，あらすじをまとめたり，基本的な内容を報告したりすることができる。	自分の専門分野であれば，メールやファックス，ビジネス・レターなどのビジネス文書を，感情の度合いをある程度含め，かつ用途に合った適切な文体で，書くことができる。	自分の専門分野や関心のある事柄であれば，複雑な内容を含む報告書や論文などを，原因や結果，仮定的な状況も考慮しつつ，明瞭かつ詳細な文章で書くことができる。	いくつかの視点を示して，明瞭な構成で，かなり詳細に自己表現ができる。自分が重要だと思う点を強調しながら，手紙やエッセイ，レポートで複雑な主題について書くことができる。読者を念頭に置いて適切な文体を選択できる。	明瞭で流暢な文章を適切な文体で書くことができる。効果的な論理構造で事情を説明し，その重要点を読み手に気づかせ，記憶にとどめさせるよう，複雑な手紙，レポート，記事を書くことができる。仕事や文学作品の概要や評論を書くことができる。
身近な状況で使われる語彙・文法を用いれば，筋道を立てて，作業の手順などを示す説明文を書くことができる。	物事の順序に従って，旅行記や自分史，身近なエピソードなどの物語文を，いくつかのパラグラフで書くことができる。また，近況を詳しく伝える個人的な手紙を書くことができる。	そのトピックについて何か自分が知っていれば，多くの情報源から統合して情報や議論を整理しながら，それに対する自分の考えの根拠を示しつつ，ある程度の結束性のあるエッセイやレポートなどを，幅広い語彙や複雑な文構造をある程度使って，書くことができる。	感情や体験の微妙なニュアンスを表現するのでなければ，重要点や補足事項の詳細を適切に強調しながら，筋道だった議論を展開しつつ，明瞭で結束性の高いエッセイやレポートなどを，幅広い語彙や複雑な文構造を用いて，書くことができる。		
外国の行事や習慣などに関する説明の概要を，ゆっくりはっきりと話されれば，理解することができる。	自然な速さの録音や放送（天気予報や空港のアナウンスなど）を聞いて，自分に関心のある，具体的な情報の大部分を聞き取ることができる。	自然な速さの標準的な英語で話されていれば，テレビ番組や映画の母語話者同士の会話の要点を理解できる。	非母語話者への配慮としての言語的な調整がなされていなくても，母語話者同士の多様な会話の流れ（テレビ，映画など）についていくことができる。	構成が明瞭ではなく，事柄の関係性が暗示されているだけで明示的になっていないときでも，長い話を理解できる。また，特別に努力しないでもテレビ番組や映画を理解することができる。	生であれ，放送されたものであれ，母語話者の速いスピードの発話でも，話し方の癖に慣れる時間の余裕があれば，どんな種類の話し言葉も難無く理解することができる。
自分の周りで話されている少し長めの議論でも，はっきりとなじみのある発音であれば，その要点を理解することができる。	はっきりとなじみのある発音で話されれば，身近なトピックの短いラジオニュースなどを聞いて，要点を理解することができる。	トピックが身近であれば，長い話や複雑な議論の流れを理解することができる。	自然な速さで標準的な発音の英語で話されていれば，現代社会や専門分野のトピックについて，話者の意図を理解することができる。		

表 8.3　CEFR-J におけるレベルと英語 4 技能の対応（続き）

	レベル	PreA1	A1.1	A1.2	A1.3	A2.1	A2.2
理解	読むこと	口頭活動で既に慣れ親しんだ絵本の中の単語を見つけることができる。	「駐車禁止」，「飲食禁止」などの日常生活で使われる非常に短い簡単な指示を読み，理解することができる。	簡単なポスターや招待状などの日常生活で使われる非常に短い簡単な文章を読み，理解することができる。	簡単な語を用いて書かれた，スポーツ・音楽・旅行など個人的な興味のあるトピックに関する文章を，イラストや写真も参考にしながら理解することができる。	簡単な語を用いて書かれた人物描写，場所の説明，日常生活や文化の紹介などの，説明文を理解することができる。	簡単な英語で表現されていれば，旅行ガイドブック，レシピなど実用的・具体的で内容が予想できるものから必要な情報を探すことができる。
		ブロック体で書かれた大文字・小文字がわかる。	ファーストフード・レストランの，絵や写真がついたメニューを理解し，選ぶことができる。	身近な人からの携帯メールなどによる，旅の思い出などが書かれた非常に短い簡単な近況報告を理解することができる。	簡単な語を用いて書かれた，挿絵のある短い物語を理解することができる。	簡単な語を用いて書かれた短い物語や伝記などを理解することができる。	生活，趣味，スポーツなど，日常的なトピックを扱った文章の要点を理解したり，必要な情報を取り出したりするこができる。

表 8.4　テキストの大問と CEFR-J の関係

CEFR-J	4 年生			
	PreA1	A1.1	A1.2	A1.3
listen	テキスト 2，4，5，7	テキスト前後 5，後前 5，後後 5	テキスト前後 1	テキスト前前 1，3，前後 1，後前 1，3，後後 1，3
	テキスト 4	テキスト前前 5	テキスト後前 1	テキスト前前 3
read	テキスト 1			
	テキスト 1，2，3，5，6，7	テキスト前前 1，2，6		
speak	テキスト前前 1	テキスト前後 1，後前 1	テキスト 1	テキスト前後 1，後前 1
	テキスト後前 1，後後 1	テキスト前後 1	（テキスト前前 1）	テキスト後前 1
		テキスト前後 1，後前 1		
write	テキスト 5，7			
	テスト 5			

B1.1	B1.2	B2.1	B2.2	C1	C2
学習を目的として書かれた新聞や雑誌の記事の要点を理解することができる。	インターネットや参考図書などを調べて，文章の構成を意識ながら，学業や仕事に関係ある情報を手に入れることができる。必要であれば時に辞書を用いて，図表と関連づけながら理解することができる。	現代の問題など一般的関心の高いトピックを扱った文章を，辞書を使わずに読み，複数の視点の相違点や共通点を比較しながら読むことができる。	記事やレポートなどのやや複雑な文章を一読し，文章の重要度を判断することができる。綿密な読みが必要と判断した場合は，読む速さや読み方を変えて，正確に読むことができる。	長い複雑な事実に基づくテクストや文学テクストを，文体の違いを認識しながら理解できる。自分の関連外の分野での専門的記事や長い技術的説明書も理解できる。	抽象的で，構造的にも言語的にも複雑な文章，例えばマニュアル・専門的記事・文学作品のテクストなど，事実上あらゆる形式で書かれた英文を容易に読むことができる。
ゲームのやり方，申込書の記入のしかた，ものの組み立て方など，簡潔に書かれた手順を理解することができる。	平易な英語で書かれた長めの物語の筋を理解することができる。	難しい部分を読み返すことができれば，自分の専門分野の報告書・仕様書・操作マニュアルなどを，詳細に理解することができる。	自分の専門分野の論文や資料から，辞書を使わずに，必要な情報や論点を読み取ることができる。		

8.1.4 児童の学習意図とプロセスログデータのパターンについて

学習を行う際の意図・興味は非常に重要であることは様々な先行研究で示されている。例えば，Ainley, Hidi and Berndorff（2002）[6]は，内容に対する興味が低い場合に比べて，高い場合の方が学習の持続性が高く成績も良くなることを示しており，Renninger, Ewen and Lasher（2002）[7]は，内容に対する興味が高い場合の方が，内容が難しいテキストであっても，難しさを感じずに読むことができることを示している。

また，McDaniel, Waddill, Finstand and Bourg (2000)[8]，Schiefele (1996)[9]などは，内容に対する興味が高い方が深い学習処理がなされることを示している。また，生徒の事前の知識と興味とが相互作用をして学習効果につながるとも考えられる。Hidi and Renninger (2006)[10]，Renninger (2000)[11]，Schraw and Lehman（2001）[12]などは，深い興味の特徴として，価値の認知と多くの知識を伴うことを挙げている。

さらに，伊田（2003）[13] などにおいて，獲得価値（課題の遂行が望ましい自己概念の獲得につながる）や利用価値（課題遂行が将来の職業的目標と関連する）については細かく分類がなされているが，興味価値（課題の内容がおもしろい）については分類がなされていなかった。

また，より深い興味を持っている場合の方が意味の理解を重視する学習法略を用いやすいと予測され，Ainley, Hidi and Berndorff（2002）[6]，Son & Metcalfe（2000）[14] などでは，興味の高さが自発的・積極的な学習行動を予測することも示されている。

しかし，田中（2015）[15] では小学5年生から高校1年生までを対象として，理科において種類の異なる興味を弁別可能な尺度として作成し，各興味の特徴について検討している。

そして，Ogawara, Tsubaki and Nagamori（2016）[16] では，田中（2015）[15] に基づき，さらに拡張し，児童の英語学習に関する学習意図に関して新たな分類を行った。

表 8.5 児童の英語学習に関する学習意図の分類（Ogawara, Tsubaki and Nagamori[2016]）

価値的興味	日常関連型	テキスト内の自分の生活と関連した単語を勉強している場合
		テキスト内の自分の生活と関連した構文を勉強している場合
	思考活性型	構文に関する問題を行っている場合
		物語に関する問題で全問を順番に解いている場合
		Question に関する問題で不正解とならずに正解している場合
		テキスト内の難易度の高い問題に関して正解している場合
		単語に関する問題を大問を超えて復習を行っている場合
		構文に関する問題を大問を超えて復習を行っている場合
	知識獲得型	同じ問題・単語を複数回連続して学習を行っている場合
		日常的ではない難しめの単語，問題を学習している場合
		大問内の問題を全問行っている場合
感情的興味	達成感情型	単語に関する問題を大問を超えて復習を行っている場合
		構文に関する問題を大問を超えて復習を行っている場合
		Question に関する問題で不正解になった後に連続して正解するまで問題を解き続けている場合
		Question に関する問題で正解した後も繰り返して同じ問題を復習している場合

<table>
<tr><td rowspan="6">感情的興味</td><td>親しみ感情型</td><td>日常的に接するわけではないが，親しみやすく親近感を覚えることのできる単語を学習している場合</td></tr>
<tr><td>驚き発見型</td><td>身近であるが読みが複雑であったり使い方に驚きを覚える単語などを学習している場合</td></tr>
<tr><td>リスニング体験型</td><td>リスニング問題に関して大問内の全ての問題を解かずにほかの大問に移行している場合</td></tr>
<tr><td>リーディング体験型</td><td>リーディング問題に関して大問内の全ての問題を解かずにほかの大問に移行している場合</td></tr>
<tr><td>ライティング体験型</td><td>ライティング問題に関して大問内の全ての問題を解かずにほかの大問に移行している場合</td></tr>
<tr><td>スピーキング体験型</td><td>スピーキング問題に関して大問内の全ての問題を解かずにほかの大問に移行している場合</td></tr>
</table>

さらに，Ogawara, Tsubaki and Nagamori (2016) [16] では，**表 8.5** の「小学生の英語学習に関する学習意図」の 10 パターン型について，学習プロセスログデータを詳細に分析することによりそれぞれプロセスパターンの対応抽出を行っている。

(1) 日常関連型

(1.1) テキスト内の自分の生活と関連した単語を勉強している場合

小学生の英語学習において自分の生活と関連があり興味を持つことがある単語として，**表 8.6** に示すような，生活の中でよく食べる食べ物，そのほか，色や数字，身近な動物である dog，cat などを，日常関連型の単語に関する興味として抽出している。

表 8.6　日常関連型興味（単語）に関する学習ログデータ

年月日	時間	番号	前後	大問	内容	ログ
2013/10/30	16:53:42	13	前	2	noodles	O
2013/10/30	16:53:44	196	録	録	録	O
2013/10/30	16:53:47	209	前	2	noodles	O
2013/10/30	16:53:54	14	前	2	fruit	O
2013/10/30	16:53:55	196	録	録	録	O
2013/10/30	16:53:59	210	前	2	fruit	O
2013/10/30	16:54:07	10	前	2	fish	O
2013/10/30	16:54:09	196	録	録	録	O
2013/10/30	16:54:12	206	前	2	fish	O

(1.2) テキスト内の自分の生活と関連した構文を勉強している場合

小学生の英語学習において自分の生活と関連があり興味を持つことがある構文として，**表 8.7** に示すような大問 1 の会話 “Can you use chopsticks?” や “I' m really hungry.” のような生活の中で使われる構文などを，日常関連型の構文に関する興味として抽出している。

表 8.7　日常関連型興味（構文）に関する学習ログデータ

年月日	時間	番号	前後	大問	内容	ログ
2013/10/30	13:43:34	6	前	1	3-1	O
2013/10/30	13:43:37	7	前	1	3-2	O
2013/10/30	13:43:40	5	前	1	2-2	O
2013/10/30	13:43:42	4	前	1	2-1	O
2013/10/30	13:43:47	2	前	1	1-2	O
2013/10/30	13:43:49	2	前	1	1-2	O
2013/10/30	13:43:53	5	前	1	2-2	O
2013/10/30	13:43:56	1	前	1	1-1	O
2013/10/30	13:43:59	3	前	1	1-3	O

(2) 思考活性型

(2.1) 構文に関する問題を行っている場合

表 8.8 のよう（大問 6）にテーマの構文に関する問題を多く行っている場合，英文の規則や法則の意味を理解でき，思考が活性化され，構文を習得できるのではないかという価値に関してポジティブな感情を持つことができると考えられる。

表 8.8　思考活性型興味の構文に関する問題の学習ログデータ

年月日	時間	番号	前後	大問	内容	ログ
2013/10/30	19:05:41	67	前	6	Q1	Q
2013/10/30	19:05:50	68	前	6	Q1	S
2013/10/30	19:05:55	67	前	6	Q1	Q
2013/10/30	19:05:59	73	前	6	Q2	Q
2013/10/30	19:06:07	73	前	6	Q2	Q
2013/10/30	19:06:11	76	前	6	Q2	S
2013/10/30	19:06:16	79	前	6	Q3	Q
2013/10/30	19:06:19	83	前	6	Q3	O
2013/10/30	19:06:21	83	前	6	Q3	O

2013/10/30	19:06:23	82	前	6	Q3	O
2013/10/30	19:06:23	83	前	6	Q3	O
2013/10/30	19:06:25	83	前	6	Q3	O
2013/10/30	19:06:31	83	前	6	Q3	O
2013/10/30	19:06:34	79	前	6	Q3	Q
2013/10/30	19:06:36	83	前	6	Q3	S

(2.2) 物語に関する問題で全問を順番に解いている場合

表8.9のよう（大問1）に物語に関する問題を全問順番に解くことにより，疑問文とそれに対する返答などを正しく学習することができ，思考が活性化され，習ったこと同士がつながっていくという価値が見いだされると考えられる。

表8.9　思考活性型興味の物語に関する問題で全問を順番に解いている学習ログデータ

年月日	時間	番号	前後	大問	内容	ログ
2014/1/18	19:42:13	1	前	1	1-1	O
2014/1/18	19:42:17	202	録	録	録	O
2014/1/18	19:42:20	203	前	1	1-1	O
2014/1/18	19:42:34	1	前	1	1-1	O
2014/1/18	19:42:41	202	録	録	録	O
2014/1/18	19:42:46	203	前	1	1-1	O
2014/1/18	19:42:55	2	前	1	1-2	O
2014/1/18	19:42:58	202	録	録	録	O
2014/1/18	19:43:04	205	前	1	1-3	O
2014/1/18	19:43:13	3	前	1	1-3	O
2014/1/18	19:43:15	202	録	録	録	O
2014/1/18	19:43:18	204	前	1	1-2	O
2014/1/18	19:43:25	4	前	1	2-1	O
2014/1/18	19:43:29	202	録	録	録	O
2014/1/18	19:43:34	206	前	1	2-1	O
2014/1/18	19:43:44	5	前	1	2-2	O
2014/1/18	19:43:46	202	録	録	録	O
2014/1/18	19:43:49	207	前	1	2-2	O
2014/1/18	19:43:54	6	前	1	3-1	O
2014/1/18	19:43:57	202	録	録	録	O
2014/1/18	19:44:00	208	前	1	3-1	O
2014/1/18	19:44:05	7	前	1	3-2	O

(2.3) Questionに関する問題で不正解とならずに正解している場合

表8.10のように各問題に対して不正解とならずに正解となる行為はその問題に対して自分自身でじっくりと考えており，思考が活性化されていると考えられる。

表8.10 思考活性型興味のQuestionに関する問題で不正解とならずに正解している学習ログデータ

年月日	時間	番号	前後	大問	内容	ログ
2014/1/17	16:52:25	32	前	4	Question	Q
2014/1/17	16:52:37	50	前	4	R	S
2014/1/17	16:52:47	45	前	4	M	S
2014/1/17	16:52:55	48	前	4	P	S
2014/1/17	16:53:21	51	前	4	S	S
2014/1/17	16:53:32	45	前	4	M	S
2014/1/17	16:53:45	48	前	4	P	S
2014/1/17	16:53:52	52	前	4	T	O
2014/1/17	16:53:54	32	前	4	Question	Q
2014/1/17	16:54:18	51	前	4	S	S
2014/1/17	16:54:32	45	前	4	M	S
2014/1/17	16:54:43	48	前	4	P	S
2014/1/17	16:55:01	50	前	4	R	S

(2.4) テキスト内の難易度の高い問題に関して正解している場合

表8.11のようにテキスト内における難易度の高い問題で正解することは，自分でしっかりとした予測を立て自分自身でじっくり考えるという行為で行われており，思考が活性化している状態と考えられる。本書においては，テキスト内の難易度の高い大問4における音声ペンによって読み上げられた単語のスペルを間違えないように順番に押す問題を正解しているかどうかで判断している。

表8.11 思考活性型興味のテキスト内の難易度の高い問題に関して正解している学習ログデータ

年月日	時間	番号	前後	大問	内容	ログ
2013/11/2	8:32:25	32	前	4	Question	Q
2013/11/2	8:32:42	46	前	4	N	S
2013/11/2	8:32:59	36	前	4	D	S
2013/11/2	8:33:35	45	前	4	M	S
2013/11/2	8:33:57	46	前	4	N	S
2013/11/2	8:34:22	36	前	4	D	S

(2.5) 単語に関する問題を大問を超えて復習を行っている場合

表8.12 のように関連のある単語の問題に対して，大問を超えて学習を行っている場合には，色々な角度からの知識がつながっており，思考が活性化していると考えられると共に，達成できて嬉しいという感情を持つことができる。

表8.12　思考活性型興味の単語に関する問題を大問を超えて復習を行っている学習ログデータ

年月日	時間	番号	前後	大問	内容	ログ
2013/10/31	21:09:10	32	前	4	Question	Q
2013/10/31	21:09:43	8	前	2	spaghetti	O
2013/10/31	21:09:46	204	前	2	spaghetti	O
2013/10/31	21:09:46	196	録	録	録	O
2013/10/31	21:10:01	204	前	2	spaghetti	O
2013/10/31	21:10:02	204	前	2	spaghetti	O
2013/10/31	21:10:13	196	録	録	録	O
2013/10/31	21:10:18	204	前	2	spaghetti	O
2013/10/31	21:10:25	8	前	2	spaghetti	O
2013/10/31	21:10:27	12	前	2	ice cream	O
2013/10/31	21:10:54	66	前	5	bell	O
2013/10/31	21:10:55	66	前	5	bell	O

(2.6) 構文に関する問題を大問を超えて復習を行っている場合

表8.13 のように構文に関する問題を大問を超えて復習を行っている場合には，問題を解くことにより思考が活性化されると共に，達成できて嬉しいという感情を持つことができる。

表8.13　思考活性型興味の構文に関する問題を大問を超えて復習を行っている学習ログデータ

年月日	時間	番号	前後	大問	内容	ログ
2013/10/30	18:02:08	200	前	1	2-1	O
2013/10/30	18:02:20	16	前	3	Question	Q
2013/10/30	18:02:20	16	前	3	Question	O
2013/10/30	18:02:23	23	前	3	Question	Q
2013/10/30	18:02:23	23	前	3	Question	O
2013/10/30	18:02:31	67	前	6	Q1	Q
2013/10/30	18:02:34	68	前	6	Q1	S
2013/10/30	18:02:36	73	前	6	Q2	Q

2013/10/30	18:02:42	76	前	6	Q2	S
2013/10/30	18:02:44	79	前	6	Q3	Q
2013/10/30	18:02:47	83	前	6	Q3	S

(3) 知識獲得型

(3.1) 同じ問題・単語を複数回連続して学習を行っている場合

表 8.14 のように同じ問題を繰り返して学習を行うことにより，児童は自分自身が知っていること（知識）を確実に増すことができるという価値を持つことができる。

表 8.14 知識獲得型興味の同じ問題を複数回連続して行っている学習ログデータ

年月日	時間	番号	前後	大問	内容	ログ
2014/2/28	0:16:53	202	録	録	録	O
2014/2/28	0:16:57	224	後	2	eating a snack	O
2014/2/28	0:17:02	224	後	2	eating a snack	O
2014/2/28	0:17:09	109	後	2	drinking juice	O
2014/2/28	0:17:13	109	後	2	drinking juice	O
2014/2/28	0:17:17	109	後	2	drinking juice	O
2014/2/28	0:17:26	109	後	2	drinking juice	O
2014/2/28	0:17:30	109	後	2	drinking juice	O
2014/2/28	0:17:35	109	後	2	drinking juice	O
2014/2/28	0:17:39	109	後	2	drinking juice	O
2014/2/28	0:17:44	110	後	2	playing the drums	O

(3.2) 日常的ではない難しめの単語・問題を学習している場合

表 8.15 のように難しめの単語を学習することにより，新しいことを学び知識を獲得できるという価値を持つことができる。

表 8.15 知識獲得型興味の日常的ではない難しめの単語・問題の学習ログデータ

年月日	時間	番号	前後	大問	内容	ログ
2014/2/6	18:54:02	211	前	2	math class	O
2014/2/6	18:54:07	10	前	2	calligraphy class	O
2014/2/6	18:54:11	10	前	2	calligraphy class	O
2014/2/6	18:54:17	10	前	2	calligraphy class	O
2014/2/6	18:54:24	10	前	2	calligraphy class	O
2014/2/6	18:54:29	202	録	録	録	O

2014/2/6	18:54:32	10	前	2	calligraphy class	O
2014/2/6	18:54:38	10	前	2	calligraphy class	O
2014/2/6	18:54:42	202	録	録	録	O
2014/2/6	18:54:45	212	前	2	calligraphy class	O

(3.3) 大問内の問題を全問行っている場合

表 8.16 のように大問内の問題を連続して全問行うことにより，より多くの知識を身に付けることができ，色々なことについて知ることができるという価値を持つことができる。

表 8.16　知識獲得型興味の大問内の問題を全問行っている学習ログデータ

年月日	時間	番号	前後	大問	内容	ログ
2014/2/11	18:33:47	159	後	5	baseball	O
2014/2/11	18:33:49	160	後	5	snake	O
2014/2/11	18:33:50	161	後	5	eraser	O
2014/2/11	18:33:52	162	後	5	name	O
2014/2/11	18:33:55	163	後	5	game	O
2014/2/11	18:33:58	164	後	5	make	O
2014/2/11	18:34:09	164	後	5	make	O
2014/2/11	18:34:12	165	後	5	case	O
2014/2/11	18:34:14	166	後	5	vase	O
2014/2/11	18:34:18	132	後	4	Question	Q

(4) 達成感情型

(4.1) 単語に関する問題を大問を超えて復習を行っている場合

思考活性型興味の (2.5) でも示した通り，表 8.12 のように単語に関する問題を大問を超えて学習することにより，色々な角度からの知識がつながっていることがわかり，また，色々な角度から理解することが達成でき嬉しいという感情を持つことができる達成感情型興味にも該当すると考えられるため，単語に関連する問題を大問を超えて復習を行う行為は達成感情型，思考活性型の 2 種類の興味からなる行為だと考えている。

(4.2) 構文に関する問題を大問を超えて復習を行っている場合

表8.13のように構文に関する問題を大問を超えて復習を行っている場合には，問題を解くことにより思考が活性化されると共に，達成できて嬉しいという感情を持つことができる。

(4.3) Questionに関する問題で不正解になった後に連続して正解するまで問題を解き続けている場合

表8.17のようにあるQuestionに関する問題で不正解になった後．連続して正解するまで問題を解くことにより，問題を解くことが達成できて嬉しいという感情を持つことができる。

表8.17　達成感情型興味のQuestionに関する問題で不正解になった後に連続して正解するまで問題を解き続けている学習ログデータ

年月日	時間	番号	前後	大問	内容	ログ
2013/10/30	20:56:53	19	前	3	3	F
2013/10/30	20:56:56	19	前	3	3	S
2013/10/30	20:57:02	18	前	3	2	F
2013/10/30	20:57:04	16	前	3	Question	Q
2013/10/30	20:57:07	18	前	3	2	F
2013/10/30	20:57:11	18	前	3	2	S
2013/10/30	20:57:16	17	前	3	1	F
2013/10/30	20:57:21	17	前	3	1	F
2013/10/30	20:57:25	17	前	3	1	S
2013/10/30	20:57:27	20	前	3	4	S
2013/10/30	20:57:32	16	前	3	Question	Q

(4.4) Questionに関する問題で正解した後も繰り返して同じ問題を復習している場合

表8.18のようにあるQuestionに関する問題で正解した後も繰り返して同じ問題を復習することにより，きちんと理解できて嬉しいという感情を持つことができる。

表8.18　達成感情型興味のQuestionに関する問題で正解した後も繰り返して同じ問題を復習している学習ログデータ

年月日	時間	番号	前後	大問	内容	ログ
2013/10/30	17:43:53	122	後	3	Question	Q

2013/10/30	17:44:02	125	後	3	Q2	S
2013/10/30	17:44:10	130	後	3	Q4	S
2013/10/30	17:44:17	123	後	3	Q1	S
2013/10/30	17:44:23	127	後	3	Q3	S
2013/10/30	17:44:29	123	後	3	Q1	O
2013/10/30	17:44:31	124	後	3	Q1	O
2013/10/30	17:44:33	127	後	3	Q3	O
2013/10/30	17:44:34	128	後	3	Q3	O

(5) 驚き発見型

(5.1) 身近であるが読みが複雑であったり使い方に驚きを覚える単語などを学習している場合

表8.19 のように身近ではあるが読みや綴りが複雑であったりするものを多く学習している場合は，知って驚くような興味深い体験をしていると考えられる。

表8.19　驚き発見型興味に関する学習ログデータ

年月日	時間	番号	前後	大問	内容	ログ
2013/10/31	21:09:43	8	前	2	spaghetti	O
2013/10/31	21:09:46	204	前	2	spaghetti	O
2013/10/31	21:09:46	196	録	録	録	O
2013/10/31	21:10:01	204	前	2	spaghetti	O
2013/10/31	21:10:02	204	前	2	spaghetti	O
2013/10/31	21:10:13	196	録	録	録	O
2013/10/31	21:10:18	204	前	2	spaghetti	O
2013/10/31	21:10:25	8	前	2	spaghetti	O
2013/10/31	21:10:27	12	前	2	ice cream	O

(6) 親しみ感情型

(6.1) 日常的に接するわけではないが親しみやすく親近感を覚えることのできる単語を学習している場合

表8.20 のよう（drum）に親しみやすく親近感を覚えることのできる単語を学習している場合は親しみを感じ，より印象に残るような勉強を行うことができていると考えられる。

表 8.20 親しみ感情型に関する興味に関する学習ログデータ

年月日	時間	番号	前後	大問	内容	ログ
2014/1/20	19:34:40	62	前	5	run	O
2014/1/20	19:34:43	63	前	5	sun	O
2014/1/20	19:34:46	64	前	5	cup	O
2014/1/20	19:34:52	63	前	5	sun	O
2014/1/20	19:34:54	66	前	5	drum	O
2014/1/20	19:34:56	66	前	5	drum	O
2014/1/20	19:34:58	66	前	5	drum	O
2014/1/20	19:34:59	66	前	5	drum	O
2014/1/20	19:35:04	64	前	5	cup	O
2014/1/20	19:35:06	32	前	4	Question	Q

(7) リーディング体験型

(7.1) リーディングの問題に関して大問内の全ての問題を解かずにほかの大問に移行している場合

表 8.21 のように，ある大問の学習を行う際にリーディングを学習しており，かつその大問の全問題を解き終わる前にほかの大問に移行してリーディングを体験している場合，リーディング体験型の興味を持って学習しているとして抽出している。

表 8.21 リーディング体験型興味に関する学習ログデータ

年月日	時間	番号	前後	大問	内容	ログ
2013/11/17	20:05:07	202	前	1	3-1	O
2013/11/17	20:05:13	6	前	1	3-1	O
2013/11/17	20:05:21	6	前	1	3-1	O
2013/11/17	20:05:37	67	前	6	Q1	Q
2013/11/17	20:05:42	71	前	6	Q1	O
2013/11/17	20:05:49	69	前	6	Q1	O

(8) ライティング体験型

(8.1) ライティングの問題に関して大問内のすべての問題を解かずにほかの大問に移行している場合

表 8.22 のように，ある大問の学習を行う際にライティングを学習しており，かつその大問の全問題を解き終わる前にほかの大問に移行してライティングを体験し

ていた場合，ライティング体験型の興味を持って学習しているとして抽出している。

表 8.22　ライティング体験型興味に関する学習ログデータ

年月日	時間	番号	前後	大問	内容	ログ
2013/12/7	10:23:18	64	前	5	bedroom	O
2013/12/7	10:23:20	65	前	5	ten	O
2013/12/7	10:23:24	66	前	5	bell	O
2013/12/7	10:23:28	93	前	7	spaghetti	O
2013/12/7	10:23:30	94	前	7	fish	O
2013/12/7	10:23:31	95	前	7	salad	O
2013/12/7	10:23:32	96	前	7	soup	O
2013/12/7	10:23:33	97	前	7	fruit	O
2013/12/7	10:23:34	98	前	7	noodles	O
2013/12/7	10:23:35	99	前	7	chopsticks	O
2013/12/7	10:23:37	100	前	7	hungry	O

(9) リスニング体験型

(9.1) リスニングの問題に関して大問内の全ての問題を解かずにほかの大問に移行している場合

表 8.23 のように，ある大問の学習を行う際にリスニングを学習しており，かつその大問の全問題を解き終わる前にほかの大問に移行してリスニングを体験していた場合，リスニング体験型の興味を持って学習しているとして抽出している。

表 8.23　リスニング体験型興味に関する学習ログデータ

年月日	時間	番号	前後	大問	内容	ログ
2013/10/30	17:31:05	197	前	1	1-1	O
2013/10/30	17:31:12	197	前	1	1-1	O
2013/10/30	17:31:29	8	前	2	spaghetti	O
2013/10/30	17:31:34	204	前	2	spaghetti	O
2013/10/30	17:31:41	8	前	2	spaghetti	O
2013/10/30	17:31:49	204	前	2	spaghetti	O
2013/10/30	17:31:55	204	前	2	spaghetti	O
2013/10/30	17:32:00	204	前	2	spaghetti	O
2013/10/30	17:32:12	204	前	2	spaghetti	O
2013/10/30	17:32:13	204	前	2	spaghetti	O

2013/10/30	17:32:23	204	前	2	spaghetti	O
2013/10/30	17:32:30	204	前	2	spaghetti	O
2013/10/30	17:32:32	204	前	2	spaghetti	O
2013/10/30	17:32:35	9	前	2	french fries	O
2013/10/30	17:32:43	205	前	2	french fries	O
2013/10/30	17:32:55	10	前	2	fish	O
2013/10/30	17:32:58	206	前	2	fish	O
2013/10/30	17:33:00	10	前	2	fish	O
2013/10/30	17:33:08	23	前	3	Question	Q
2013/10/30	17:33:16	27	前	3	Q2	S
2013/10/30	17:33:23	30	前	3	Q4	S
2013/10/30	17:33:31	29	前	3	Q3	S

(10) スピーキング体験型

(10.1) スピーキングの問題に関して大問内の全ての問題を解かずにほかの大問に移行している場合

表 8.24 のように，ある大問の学習を行う際にスピーキングを学習しており，かつその大問の全問題を解き終わる前にほかの大問に移行してスピーキングを体験していた場合，スピーキング体験型の興味を持って学習しているとして抽出している。

表 8.24 スピーキング体験型興味に関する学習ログデータ

年月日	時間	番号	前後	大問	内容	ログ
2013/10/30	21:47:01	197	前	1	1-1	O
2013/10/30	21:47:09	198	前	1	1-2	O
2013/10/30	21:47:13	197	前	1	1-1	O
2013/10/30	21:47:20	199	前	1	1-3	O
2013/10/30	21:47:24	200	前	1	2-1	O
2013/10/30	21:47:34	204	前	2	spaghetti	O
2013/10/30	21:47:37	208	前	2	ice cream	O
2013/10/30	21:47:47	205	前	2	french fries	O
2013/10/30	21:47:49	209	前	2	noodles	O
2013/10/30	21:47:52	206	前	2	fish	O

ここで，抽出した19パターンの児童の学習意図に関して4年生前期・後期に対する回数の抽出データを**表 8.25** に示す。

表8.25（1）　4年生における各児童の学習意図の回数データ（前期）

	日常1	日常2	思考1	思考2	思考3	思考4	思考5達成1	思考6達成2	知識1	知識2	知識3	達成3	達成4	親しみ	驚き	read	write	listen	speak
1	5	15	15	0	0	0	0	2	12	0	1	0	2	0	1	17	6	11	9
2	9	8	8	0	0	2	1	1	33	0	2	0	0	1	1	16	7	3	3
3	3	22	22	0	8	21	0	1	14	0	9	1	1	2	0	11	7	6	4
4	12	21	21	0	0	8	0	0	28	0	7	0	4	1	1	10	3	7	9
5	23	17	17	0	4	47	0	0	31	1	11	0	2	3	4	15	4	10	7
6	20	21	21	0	2	22	0	0	25	1	11	0	1	2	1	4	2	6	5
7	26	36	36	2	15	54	0	0	12	1	27	0	1	2	2	12	8	10	7
8	18	32	32	0	2	38	0	0	29	0	12	1	4	0	2	3	1	7	6
9	52	99	99	2	14	330	0	3	155	1	49	3	17	2	6	29	17	23	21
10	3	45	45	0	0	18	0	0	51	0	4	2	2	1	2	13	2	8	6
11	44	64	64	0	7	81	0	2	91	2	29	2	14	3	7	33	11	17	17
12	10	21	21	0	1	17	1	0	24	0	10	0	3	0	2	21	10	4	3
13	83	108	108	0	14	77	0	1	143	6	38	0	9	4	10	80	37	36	24
14	8	17	17	0	0	8	0	0	17	0	1	1	2	1	0	11	2	6	4
15	25	19	19	0	1	28	0	0	35	2	1	1	0	1	5	19	4	13	8
16	16	18	18	0	3	12	0	0	24	2	11	1	1	0	2	12	3	9	6
17	4	4	4	0	0	18	0	0	8	0	5	1	2	0	0	2	0	1	1
18	5	12	12	1	6	8	0	1	10	0	13	1	0	0	0	6	6	4	1
19	22	51	51	0	6	49	0	1	65	0	26	0	4	1	4	9	3	12	10
20	3	11	11	0	4	42	0	1	26	0	8	0	2	0	1	10	2	1	2
21	26	74	74	0	2	69	0	0	103	1	27	5	11	3	2	16	7	23	13
22	16	21	21	0	1	8	0	1	45	0	8	1	5	1	0	17	10	5	4
23	18	28	28	1	0	0	0	1	15	0	8	0	0	0	0	5	3	6	5
24	32	33	33	0	0	0	0	1	55	1	9	2	2	1	4	20	6	15	13
25	17	35	35	0	2	18	0	0	57	0	9	1	1	0	2	9	3	8	8
26	9	9	9	0	1	0	0	0	12	0	9	1	1	0	1	10	5	3	3
27	10	13	13	0	1	17	0	0	32	1	6	0	0	1	4	2	2	3	3
28	0	1	1	0	0	5	0	0	2	0	0	0	1	0	0	1	0	1	0
29	16	27	27	0	0	22	0	0	48	1	20	2	5	4	5	11	8	10	8
30	20	39	39	0	10	67	0	1	49	0	19	0	6	3	0	17	9	11	8
31	37	46	46	0	9	193	0	1	77	1	37	2	10	2	4	15	11	10	10
32	1	4	4	0	0	1	0	0	2	0	3	0	0	0	1	4	2	2	2
33	12	19	19	0	3	127	0	0	54	2	8	1	5	1	2	7	4	21	6

表8.25 (2) 4年生における各児童の学習意図の回数データ（後期）

	日常1	日常2	思考1	思考2	思考3	思考4	思考5達成1	思考6達成2	知識1	知識2	知識3	達成3	達成4	親しみ	驚き	read	write	listen	speak
1	4	7	11	0	0	0	0	1	25	0	1	0	2	0	0	15	9	5	5
2	3	4	6	0	1	2	0	2	13	0	3	0	1	0	0	3	1	0	0
3	0	0	0	0	0	0	0	0	0	0	0	0	0	0	0	0	0	0	0
4	10	16	23	0	1	5	0	1	77	0	3	0	1	3	2	20	7	14	8
5	2	6	7	0	0	0	0	1	11	0	3	1	2	3	1	10	7	2	2
6	2	8	9	0	4	19	0	1	12	0	8	0	0	1	0	1	0	3	2
7	0	0	0	0	0	0	0	0	0	0	0	0	0	0	0	1	0	1	1
8	9	23	33	2	1	34	0	0	86	1	10	2	2	1	6	9	3	9	9
9	4	7	8	1	1	24	0	1	20	1	8	2	1	2	2	4	1	2	1
10	5	13	14	0	0	9	0	2	33	2	9	0	4	3	1	3	1	2	2
11	11	24	32	0	5	25	0	1	41	0	8	3	3	3	3	8	6	3	3
12	0	0	0	0	0	0	0	0	0	0	0	0	0	0	0	1	0	0	0
13	14	29	35	0	5	69	0	1	101	3	13	5	3	3	3	30	21	15	14
14	0	1	2	0	0	0	0	1	1	0	0	0	0	0	0	7	2	1	1
15	35	44	68	10	4	56	2	6	90	0	35	2	5	9	8	54	19	31	28
16	0	2	2	0	0	0	0	0	2	0	0	0	0	0	0	1	0	1	1
17	5	4	8	0	0	5	0	0	23	0	2	1	2	0	0	14	3	9	6
18	3	5	7	0	1	17	0	0	21	0	3	0	1	0	0	9	5	4	3
19	1	9	10	0	2	7	0	0	25	0	3	0	0	1	1	6	2	5	5
20	4	7	10	0	1	10	0	1	32	0	4	0	0	1	1	6	0	5	3
21	0	1	1	0	0	0	0	0	0	0	0	0	0	0	0	1	0	1	1
22	1	4	5	0	0	0	0	1	5	0	2	0	0	0	0	2	1	3	3
23	0	1	1	0	0	0	0	0	3	0	0	0	0	0	0	1	0	1	1
24	1	7	7	0	0	4	0	1	12	0	2	0	2	1	1	7	1	3	4
25	4	16	17	0	3	36	0	2	56	0	6	1	3	1	2	14	9	7	5
26	3	6	8	0	0	2	0	1	19	0	1	0	1	0	0	7	2	3	3
27	8	10	15	2	5	65	0	2	39	0	8	0	1	2	4	15	9	8	8
28	2	12	14	0	0	7	0	2	29	0	4	0	2	0	0	8	1	6	5
29	0	4	4	0	0	0	0	0	4	0	0	0	0	0	0	2	0	2	2
30	6	13	16	0	3	15	0	0	23	0	4	2	1	1	1	26	10	9	7
31	3	11	13	0	0	7	0	1	35	0	4	1	1	0	1	2	0	4	5
32	8	17	25	0	3	39	0	1	48	0	11	0	1	5	7	13	2	10	8
33	4	12	13	0	3	32	0	0	39	3	9	0	1	2	2	5	2	6	3
34	16	30	47	1	7	51	0	0	58	0	21	1	4	7	9	13	3	11	11

表8.25より4年生の回数の多い学習意図は，日常関連型でテキスト内の自分の生活と関連した単語，構文を勉強している場合，思考活性型で構文に関する問題を行っている場合，テキスト内の難易度の高い問題に関して正解している場合，知識獲得型で同じ問題，単語を複数回連続して学習を行っている場合，大問内の問題を全問行っている場合及びリーディング体験型となっている。また，思考4の高難易度の問題の正解数が多くなっており，単語のスペルなども意識した学習を行っているのではないかと考えられる。

8.1.5 英語学習効果に影響を与える変数に関する検討

Zimmerman and Martinez (1986) [17] が提案した自己調整学習を行うことによる学習効果の有用性は，Zimmerman and Martinez (1990) [18]，Pintrich and De Groot (1990) [19]，伊藤・神藤 (2003) [20]，松沼 (2004) [21] など，多くの論文で示されている。自己調整学習においては「動機付け」「学習方略」「メタ認知」の3要素を実施することが重要である。岡田 (2010) [22] は，小学生の段階で，動機付けを行っての学習が可能であることを示している。また，木下・松浦・角屋 (2007) [23] は，小学生の段階でメタ認知を活用できることを示している。英語能力向上のためのモデル化を行うにあたり，本書では椿・権田・加藤・前田 (2015) [24] で提案した自己調整学習と英語教育に関する30変数に対する水準改良版を示す (Ogawara, Tsubaki and Nagamori (2016) [16])。8.2節において，8.1.4項で示した児童の学習興味と共に，勉強法との関連を分析し，小学生から英語教育を始めるにあたり，英語能力向上に有効な勉強法の分析を行う。

8.1.5.1 自己調整学習に関する変数化について

(1) 動機付けについて

岡田 (2010) [22] は，自己決定理論において学習に対する外発的動機付けを4分類して動機付けの効果を測定することがあることを示している。4分類とは外的な報酬を得るため，あるいは他者の統制的な働きかけによって学習に取り組む動機付けである「外発的調整」，自尊心を維持し不安や恥ずかしさを軽減するために自我関与的に学習する動機付けである「取り入れ的調整」，学習内容に個人的な価値や重要性を見出し積極的に取り組む動機付けである「同一的調整」，学習することに対する同一的調整がほかの活動に対する価値や欲求と矛盾なく統合され，自己内で葛藤を生じずに学習に取り組む動機付けである「内発的動機」である。内発的動機付けは，学習すること自体を目的として学習の内容に興味や楽しさを感じて自発的に取り組む動機付けである。小学生の段階では，興味や価値によって学習に取り組む自律的な動機付けと親や教師などからの指示で取り組む統制的な動機付けが弁別されており，自律的な動機付けか統制的な動機付けのいずれか一方のみが強い児童が比較的多く存在している。そこで，英語学習の動機付けについて，下記のように変数化した。

変数 1）外的調整：小学生にとっての「外的報酬」としては親が褒めることが考えられ，統制的な働きかけも両親から発生すると考えられる。検証可能な方法としては保護者アンケートの「英語塾及び家庭教師についての項目」を用いて変数化を行い，また週に何回通っているかで期待度が異なると考えられるため，0～2の3段階で評価を行うこととした。

変数 2）英語が好き：動機付けの概念の1つである「内発的動機」にあたると考えられるためである。評価方法は児童アンケートの「英語が好きについての項目」を用いて変数化を行い，アンケートが5件法のため，変数も1～5で評価を行うこととした。

変数 3）勉強目的：英語を勉強する目的が将来にそれが生きると認識している児童は動機付けの「同一化的調整」が働くのではないかと考え，評価方法としては児童アンケートの自由記述である「英語の勉強目的」を書く項目を用いて変数化をし，ただ漠然と海外の人と話せるようになるではなく，将来や東京オリンピックなど，より目的意識がある場合を2，記述内容が漠然とした理由である場合を1，目的なしの場合を0の3水準で評価を行うこととした。

変数 4）交流欲求：林原（2012）[25] では交流欲求が英語学習動機の因子として表れていた。そこで海外の人と話したい欲求があるかどうかについて変数化し，評価方法は児童アンケートにある「英語の勉強目的」の記述欄に「海外の人と話したい」のように交流欲求が含まれている記述を行っているかどうかで判断を行うこととした。

変数 5）教材の有用性：林原（2012）[25] では学習教材が有用なものであることも勉強動機の1つとして考えている。そこで，教材の有用性，つまり音声ペンが有用性のある教材ツールかどうか判断を行っていることについて変数化することとし，評価方法としては児童アンケートの「音声ペン使用経験」の回答結果を用いて，現在使用している人を有用性ありとし「2」，全く使用していない人を「1」，現在使用していないが過去に使用していた人を有用性なしと判断し「0」とすることとした。

(2) 学習方略について

伊藤・神藤（2003）[20] は中学生用の自己動機付け方略尺度の作成を行っている。椿・権田・加藤・前田（2015）[24] では，伊藤・神藤（2003）[20] を参考に，以下の変数について検討している。

変数6）めりはり方略：伊藤・神藤（2003）[20] では，内的調整における方略に「めりはり方略」が含まれることを示していることから，変数化に取り入れた。めりはり方略を使用しているかの検証方法として，ログデータを使用し，ペンの使用時間に空白の時間があるかどうかで判断を行うことができると考えた。

変数7〜9）負担軽減方略：伊藤・神藤（2003）[20] では，外的調整における方略に負担軽減方略が含まれていることを示していることから，変数に取り入れた。負担軽減方略を使用しているかの検証方法として，**図8.4**のように学習軌跡のパターンにおいて（変数7）「難しいところから解いている」傾向があるかどうかで判断を行うことができ，その他に，（変数8）「簡単なところから勉強を始める」，（変数9）「得意なところ，好きなところから多く始める」もログデータの内容から分析できると考えた（椿・権田・加藤・前田（2015）[24]）。

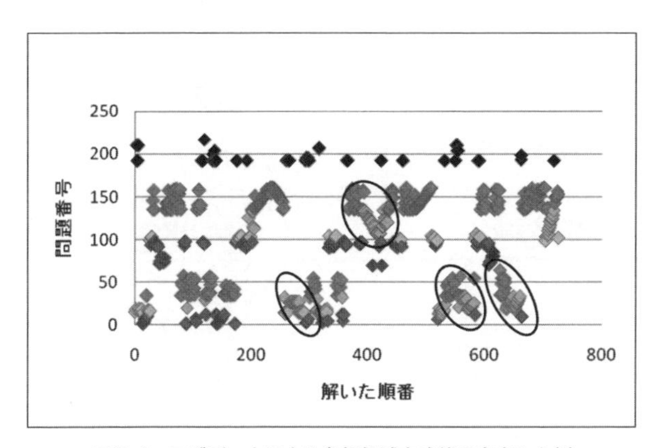

図8.4　ログデータによる負担軽減方略使用を表した例

難しいところから解いている：テキストの内容をCEFR-Jに基づき精査したところ，各大問内における各問題における内容の難易度の差よりも大問間の差の方が大きいと考えられたため，7つの大問のうち各学習日の学習開始時に各Unitの大問3，大問4，大問6から解き始めている場合を難しいところから解いていると水準の変更を行うこととした。

変数10）勉強量分散化：水野（2002）[26]では分散学習の効果を示しているため，勉強方法が集中型か分散型か評価する変数化を検討した（**図8.5**）。評価変数としては，

（最も多く勉強を行った日の学習回数）÷（期間中に学習した回数）

で定義し，以下の水準を用いる。

0：値が0	1：値が1	2：0.8以上1.0未満
3：0.6以上0.8未満	4：0.4以上0.6未満	5：0.2以上0.4未満
6：0より大きく0.2未満		

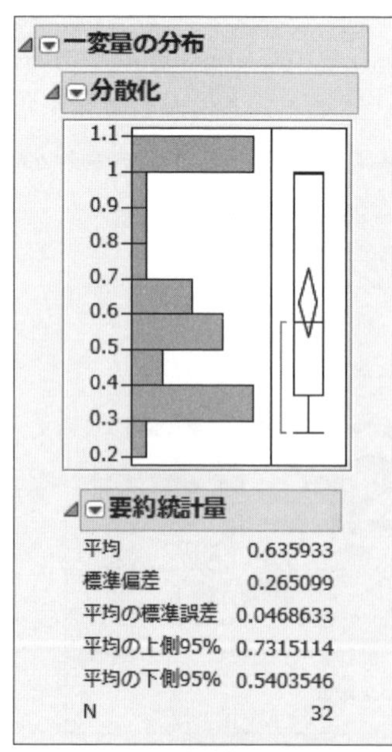

（1）前期

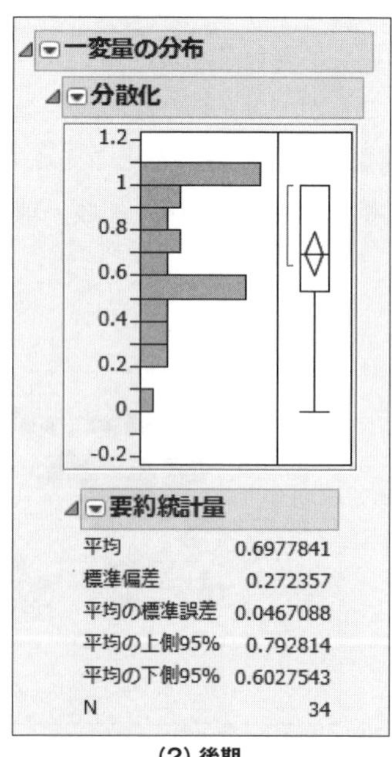

（2）後期

図8.5 勉強量分散化の4年生前後期のヒストグラム

変数 11）勉強日数：水野（2002）[26]では，勉強量を評価する際に回数にも着目していたため，勉強を行った日数を評価する変数化を取り入れた。評価方法は，勉強日数が 0 日の場合を 0，1〜2 日の場合を 1，3〜4 日の場合を 2，5〜6 日の場合を 3，7〜8 日の場合を 4，9 日以上の場合を 5 と評価することとした。

変数 12）勉強間隔：水野（2002）[26]では分散学習効果を示しているため，勉強量分散化だけではなく，勉強する日の間隔をどのくらい空けているかを評価する変数化も取り入れた。音声ペンを 1 回使用してから次に使用するまで日数を表す変数化である。評価方法は，最も間隔が短いものをその人の間隔とし，間隔が 0 日（2 日以上勉強していない）ならば 0，10 日以上ならば 1，9 日〜7 日ならば 2，6 日〜4 日ならば 3，3 日〜1 日ならば 4 と評価することとした。

変数 13）コンスタントな勉強習慣：水野（2002）[26]では分散学習効果を示しているため，勉強方法が集中型か分散型かを評価する変数化も取り入れた。勉強を毎週行う習慣があるかを表す変数化である。6 週間に渡って調査を行っているので，7 水準で評価を行う。勉強を行わなかった場合を 0，1 週間に渡って行っている場合を 1，2 週間に渡って行っている場合を 2，3 週間，4 週間，5 週間，6 週間に渡っている場合をそれぞれ 3，4，5，6 と評価することとした。

（3）メタ認知について

木下・松浦・角屋（2007）[23]は，理科の観察・実験活動における小学生のメタ認知の実態を把握し，メタ認知に影響を及ぼす要因構造を明らかにしている。メタ認知の定義として，Flavell（1976）[27]，Brown and Campione（1981）[28]，松浦（2003）[29]に基づき「認知についての認知」と捉え，「人が自分の認知的資源や学習者としての自分自身と学習自体との適合性について持っている知識」のメタ認知的知識と，「学習あるいは問題解決を目指して進行している試みの間に行われている自己調整の機制」のメタ認知的技能があるとしている。椿・権田・加藤・前田（2015）[24]では，以下の変数化について検討している。

変数 14）友人との関わりによるメタ認知：木下・松浦・角屋（2007）[23]では，友人との関わりによるメタ認知が自分自身によるメタ認知に影響を与えていることがわかっている。したがって，友人と英語学習を行っていれば，英語学習においてメタ認知を活用しているのではないかと考えられる。保護者アンケートの

「英語保育の経験」,「英語塾に通った経験」を変数化とすれば検証できるのではないかと考えられる。これらを行っていたならば，英語で友人と話す機会があるからである。

変数 15）学習の振り返り：木下・松浦・角屋（2007）[23]では振り返りに着目していることから，椿・権田・加藤・前田（2015）[24]でも取り入れていた。**図 8.6** のようにログデータをプロットし，Ogawara, Tsubaki and Nagamori (2016) [16]では大問単位で複数回同一の大問を学習しているかで評価を行い，していないものを水準 0，半数の大問に対して複数回学習しているものを水準 1，全部の大問を複数回学習しているものを水準 2 とすることとした。

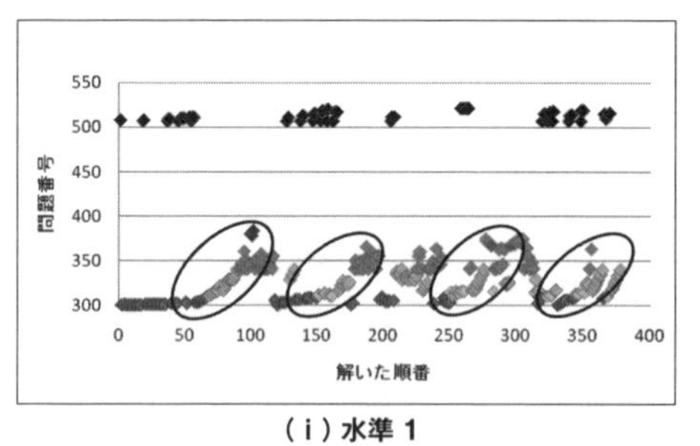

（i）水準 1

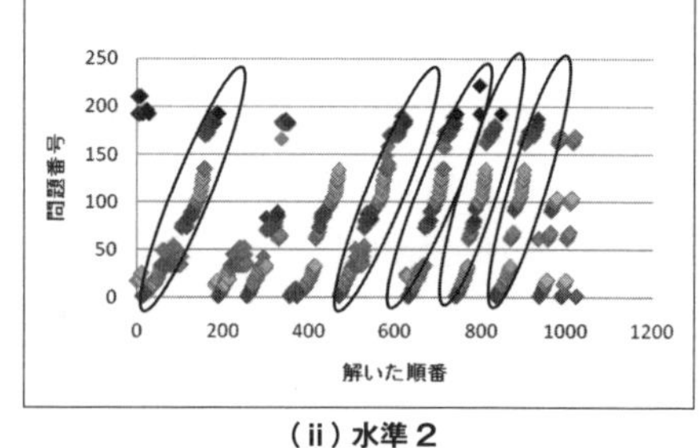

（ii）水準 2

図 8.6　学習の振り返りにおけるログデータの例

変数 16）両親との関わりによるメタ認知：木下・松浦・角屋（2007）[23]では，教師との関わりも自分自身によるメタ認知に影響があることが確認されていた。小学生においては教師と同様に，両親によるメタ認知に対する影響があるのではないかと考えられる。検証方法としては，児童アンケート「親が英語が上手なため英語を聞くことがよくありますか」の回答結果で，「はい」と答えた児童は，英語の自分の考えへの親による影響を認知していると判断した。

変数 17）どこが大事かわかっている：木下・松浦・角屋（2007）[23]ではどこが大事かわかっていることに着目していたことから，椿・権田・加藤・前田（2015）[24]でも取り入れ，CERF-J に基づき，各 Unit のテーマフレーズを会話形式で学習できる大問 1 がテキストの肝となっており，また，単元テーマの内容の疑問文と解答を学習できる大問 3，単元テーマの疑問文を聞き絵を見て答えを選択できる大問 6 の 2 つの大問が次に大事であると判断し，評価基準を大問 1，3，6 の解答状況とし，大問1の全問題と大問3又は大問6の問題を1問以上解答している場合を水準1，行っていない場合を水準0とした。

変数18）前に習ったことと結び付いている： 木下・松浦・角屋（2007）[23] では前に習ったことと結び付いていることに着目していることから，内容として学習塾や家庭教師の学習と結び付き活かされているかを判断して変数化し，塾や家庭教師経験がなく第1回テスト大問1で6割以上取れている場合を水準3，塾や家庭教師経験があり第1回テスト大問1で6割以上取れている場合を水準2，塾や家庭教師経験がなく第1回テスト大問1で6割未満の場合を水準1，塾や家庭教師経験があり第1回テスト大問1で6割未満の場合を水準0とした。

8.1.5.2　英語教育に関する変数化について

本節では，椿・権田・加藤・前田（2015）[24] で提案した英語教育に関する「ライティング」「リスニング」「リーディング」「スピーキング」の能力を伸ばすために有効な変数化に対して Ogawara, Tsubaki and Nagamori（2016）[16] で改良した水準を示す。また，小学生における「ライティング」は文章ではなく，単語の読み・書きのものが多いため，単語を覚えているかどうかが小学生にとって「ライティング」ができるカギになるのではないかと考えられる。

(1) ライティング（語彙）

佐治・佐伯（2012）[30] は小学6年生の語彙理解と単語親密度に関する考察をしている。

変数19）単語親密度： 佐治・佐泊（2012）[30] では単語親密度に着目していることから，変数化に取り入れている。評価方法としては，塾に行っている人・行っていたことのある人が大問1において正答率の高い単語を親密度が高い単語として評価する。事前テストにおいて塾に行っている人・行っていた人が正答率の高い単語は4年生の場合 Spaghetti であった。

前田・田頭・三浦（2003）[31] は高校生英語学習者の語彙学習方略（VLS）の使用に焦点を当て，その学習成果を明らかにしており，「体制化方略」「反復方略」「イメージ化方略」の3因子を仮定するモデルが確認されている。「体制化方略」とは英語学習の場合同義語・類義語・反語をピックアップしてまとめて覚えるなどの方略のことであり，「反復方略」とは英語から日本語，日本語から英語へと何度も書き換えるなどの方略のことであり，「イメージ化方略」とは単語を見ながらアルファベットの配列の雰囲気をつかむなどの方略のことである。

変数 20）関連のある単語をまとめて覚える：前田・田頭・三浦（2003）[31] では同一場面で使える関連のある単語をまとめて覚えることに着目していることから，本書でも同一場面で使える関連のある単語をまとめて覚えることについて変数化を行う。検証方法としては，大問 2 の問題を全て解いている（水準 1）か否か（水準 0）の 2 水準で判断することとした。

変数 21）ほかの単語と関連させて連想できるようにして覚える：評価方法は，大問 1 の問題を順番に解いているかで変数化し，解いている（水準 1），いない場合（水準 2）の 2 水準で判断することとした。

変数 22-23）反復方略：前田・田頭・三浦（2003）[31] ではわかるまで繰り返し学習していることに着目していることから，本書でも（変数 22）「わかるまで繰り返し行っている」ことについて変数化を行う。繰り返しの検証方法は，**図 8.7** のように学習軌跡において何度も同じ個所を押している（水準 1）か否か（水準 0）で判断を行うこととした（椿・権田・加藤・前田（2015）[24]）。（変数 23）英語を聞き，さらに自分で speaking を行い，またそれを自分で聞く反復を行っているかも変数化した。

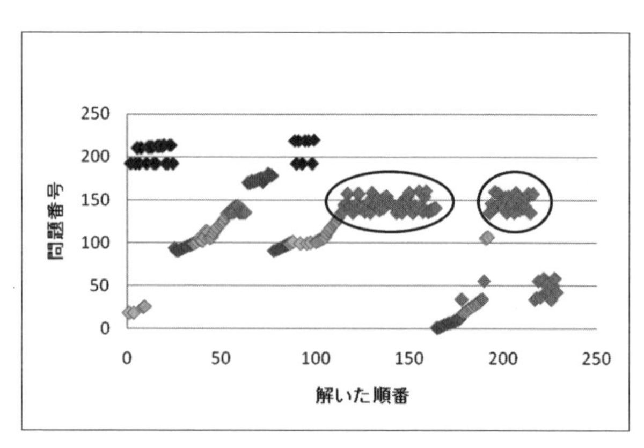

図 8.7 ログデータによる繰り返し有無を表した例

変数24）イメージ化方略：前田・田頭・三浦（2003）[31]ではイメージができるように何度も見ることに着目していることから，本書でもイメージ化方略の変数化を取り入れた。イメージ化方略の有無の規準を明確にするため，大問2（絵と単語が付いていてイメージしやすい問題）を全問連続して解答している場合を水準1，していない場合を水準0とすることとした（椿・権田・加藤・前田（2015）[24]）（**図8.8**）。

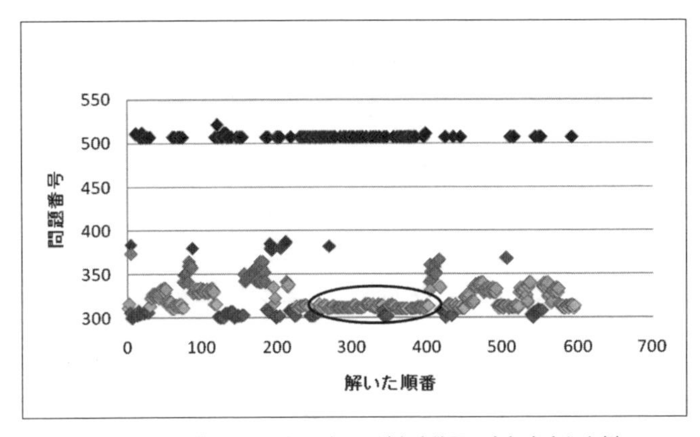

図8.8　ログデータによるイメージ方略使用の有無を表した例

(2) リーディング

変数25）勉強量（リーディング）：武谷（2013）[32]の教材と同様に，本教材もスクリプトを見ながら学習を行うため，ある程度勉強を多く行うことでリーディングに効果があるのではないかと考えられる。勉強量の評価は音声ペンのログデータより行う。前後期の各ヒストグラムを考察したところ，301回以上の児童もかなり存在したことから以下のように100回刻みで7段階評価を行う水準に改良することとした。

0：0回学習　　1：1～100回学習　　2：101～200回学習
3：201～300回学習　　4：301～400回学習　　5：401～500回学習
6：501回以上学習

(3) ライティング

変数26）勉強量（ライティング）：ライティングの勉強量と成績の間に相関があるのではないかと考え，勉強量も変数化に取り入れた。前後期の各ヒストグラムを考察したところ151回以上学習している児童がかなりいたことから，以下のように50回刻みで7段階評価を行う水準に改良することとした。

0：0回学習　1：1～50回学習　2：51～100回学習
3：101～150回学習　4：151～200回学習　5：201～250回学習
6：251回以上学習

(4) リスニング

武谷 (2013) [32]は，1年間高校生が授業以外にもリスニング教材を用いた勉強を行い，学習効果を測っている。対照群は高校の授業のみの学習を行い，処置群は高校の授業に加えて別の英語指導を受けている。その結果，リスニング，リーディングには効果が表れたが，ライティングには効果が表れなかったことが示されている。これはスクリプトを見ながらリスニング学習を行っているためであると考えられる。

変数27）勉強量（リスニング）：武谷 (2013) [32]の教材と同じように，本教材もスクリプトを見ながら学習を行うため，ある程度勉強を行うことでリーディングにも効果があるのではないかと考えられる。リスニングに関しては，前後期の各ヒストグラムを作成し考察したところ，301回以上の児童もかなりいたため以下のように100回刻みで7段階評価を行う水準に改良することとした。

0：0回学習　1：1～100回学習　2：101～200回学習
3：201～300回学習　4：301～400回学習　5：401～500回学習
6：501回以上学習

変数28）3R勉強法：武谷 (2013) [32]の教材では3Rシステムを導入して効果が表れているため，本書でも3R勉強法について変数化を行う。3R勉強法とは，リスニング教材の問題集を解く際に，ラウンドによって目標及び指導方法を変える手法である。はじめに解くときは大まかな理解を得ることが目的であり，問題を解く際に事前情報，参考情報，ヒント情報を明示する。2回目に解く際は，正確，詳細な理解を得ることが目的であり，補助情報，ヒント情報を明示する。3回目に解く際は，話者の意図，結論などの理解を得ることが目的であり，発展情報，ヒント情報を明示する。検証方法は，ログデータの学習軌跡において大問1（物語の流れがある問題）を3回以上学習しているかどうかで行う。また，小学生のリスニングの段階では詳細理解や筆者意図などを測る必要が高校生に比べ少なく，小学生が指示なく自ら3R勉強法を実践する能力はないと思われるため本書では回数だけで判断を行った。

(5) スピーキング

変数29）勉強量（スピーキング）：スピーキングの勉強量と成績の間に相関があるのではないかと考え，勉強量も変数化に取り入れたが，前後期の各ヒストグラムを考察したところ，スピーキングの勉強量はそれほど多くなかったため以下のように20回刻みで7段階評価を行う水準に改良することとした。

0：0回学習　　1：1〜20回学習　　2：21〜40回学習
3：41〜60回学習　　4：61〜80回学習　　5：81〜100回学習
6：101回以上学習

変数30）フォニックス（スピーキング・音声再生・スピーキングによる反復）：英語教育においてフォニックスを導入している学校が増えている。米国では初歩の単語の綴りの呼び方を「フォニックス」と定義し，竹林（1988）[33]では「初心者に綴りと発音の関係を規則で教える指導法」と定義している。フォニックスでは英語のリズムを重視していることより，本書でも英語のリズムに慣れるための勉強方法を取り入れていることの変数化を取り入れた。スピーキングにおいて，「話す→録音を再生→話す」を実践している（水準1）か否か（水準0）で判断を行うこととした。

上記で説明してきた変数化のまとめを**表8.26**及び**表8.27**に示す。また，椿・権田・加藤・前田（2015）[24]から水準などの変更があった場合には表8.26及び表8.27最右部に示した。

表 8.26 本書で用いる自己調整学習に関する変数

	変数名	意味
動機づけ	外的調整	両親からの統率的な働きかけ
	好意度	内発的動機
	勉強目的	同一化的調整
	交流欲求	海外の人と話したい欲求
	教材の有用性	学習教材を有用なものと感じている
学習方略	めりはり方略	めりはりをつけて学習を行っている
	難しいところから解いている	各学習日の学習開始時に大問 3, 4, 6 から解いている
	簡単なところから勉強を始める	学習初日に大問 1，2 から解いている
	得意・好きなところから多く始める	学習初日に大問 1，2 以外から解いている
	勉強量分散化	1 日の勉強量に偏りがあるか
	コンスタントな勉強習慣	毎週勉強する習慣がついているか
	勉強間隔	学習を行ってから次に学習を行うまでの期間

評価基準	具体的な水準	先行研究からの変更
保護者アンケート項目「1 週間の英語塾，家庭教師の回数」	0：通っていない 1：週に 1 回通っている 2：週に 2 回通っている	
児童アンケート「英語が好き」	1：とても嫌い 2：嫌い 3：どちらでもない 4：好き 5：とても好き	
児童アンケート「英語を勉強する目的」	0：目標がない 1：漠然とした目標がある 2：具体的な目標がある	
児童アンケート「英語を勉強する目的」	0：交流欲求なし 1：交流欲求あり	
児童アンケート「音声ペンの使用経験」	0：過去に音声ペンの使用経験あり 1：過去・現在で音声ペンの使用経験なし 2：現在でも音声ペンを使用している	
ログデータ「ペンの使用時間」		○
ログデータ「学習軌跡」	0：解いていない 1：解いている	○
ログデータ「学習軌跡」	0：解いていない 1：解いている	
ログデータ「学習軌跡」	0：解いていない 1：解いている	
最も多く勉強した日の学習回数／期間中に学習した回数の累計	0：値が 0 1：値が 1 2：0.8 以上 1.0 未満 3：0.6 以上 0.8 未満 4：0.4 以上 0.6 未満 5：0.2 以上 0.4 未満 6：0 より大きく 0.2 未満	○
ログデータ「ペンの使用時間」	0：0 勉強を行わなかった 1：1 週間にわたって学習を行っている 2：2 週間にわたって学習を行っている 3：3 週間にわたって学習を行っている 4：4 週間にわたって学習を行っている 5：5 週間にわたって学習を行っている 6：6 週間にわたって学習を行っている	
ログデータ「ペンの使用時間」	0：0 日（2 日以上勉強していない） 1：10 日以上空いている 2：7-9 日空いている 3：4-6 日空いている 4：1-3 日空いている	

表 8.26 本書で用いる自己調整学習に関する変数（続き）

学習方略	勉強日数	何日間学習を行ったか
メタ認知	友人との関わりによるメタ認知	友人と英語学習を行っている
	両親との関わりによるメタ認知	親による英語の影響を受けていることを感知しているか
	学習の振り返り	学習時に復習を行っている
	どこが大事かわかっている	テキストのキモである大問 1, 3, 6 を学習している
	前に習ったところとの結び付き	学習塾や家庭学習，授業が活かされている

表 8.27 本書で用いる英語教育に関する変数

カテゴリ	変数名	意味
リーディング	read 勉強量	リーディングに関する勉強量の評価
ライティング	write 勉強量	ライティングに関する勉強量の評価
	単語親密度	親密度の高い単語をまとめて覚えている
	関連のある単語をまとめて覚える	単語の学習を行う際に食べ物，スポーツなど関連のある単語をまとめて覚えているか

ログデータ「ペンの使用時間」	0：勉強していない 1：1-2 日勉強している 2：3-4 日勉強している 3：5-6 日勉強している 4：7-8 日勉強している 5：9 日以上勉強している	
保護者アンケート「英語保育の経験」，「英語塾の経験」	0：どちらの経験もない 1：どちらかの経験はあり	
児童アンケート「親が英語が上手なため英語をよく聞くことがある」	0：影響を受けていない 1：影響を受けている	
ログデータ「学習軌跡」	0：振り返りなし 1：半数の大問で複数回の復習を行っている 2：全部の大問で複数回の復習を行っている	○
ログデータ「学習軌跡」	0：解いていない 1：解いている	○
事前テスト大問 1 の結果	0：塾や家庭教師経験があり第 1 回テスト大問 1 で 6 割未満の場合 1：塾や家庭教師経験がなく第 1 回テスト大問 1 で 6 割未満の場合 2：塾や家庭教師経験があり第 1 回テスト大問 1 で 6 割以上の場合 3：塾や家庭教師経験がなく第 1 回テスト大問 1 で 6 割以上の場合	○

評価基準	具体的な水準	先行研究からの変更
100 回刻みで段階評価	0：0 回学習 1：1～100 回学習 2：101～200 回学習 3：201～300 回学習 4：301～400 回学習 5：401～500 回学習 6：501 回以上学習	○
50 回刻みで 8 段階評価	0：0 回学習 1：1～50 回学習 2：51～100 回学習 3：101～150 回学習 4：151～200 回学習 5：201～250 回学習 6：251 回以上学習	○
事前テスト大問 1 の正答率の最も高い問題を正解しているか	(4 年生の場合) 0：spaghetti を正解していない 1：spaghetti を正解している	
ログデータ「学習軌跡」	0：覚えていない 1：覚えている（大問2の問題を全て解いている）	

表 8.27 本書で用いる英語教育に関する変数（続き）

ライティング	ほかの単語と連想させて覚える	大問1の問題を順番に解いているか
	繰り返し学習	同じ問題を連続して繰り返し行っているか
	イメージ方略	大問2を全問連続して解いているか
リスニング	listen 勉強量	リスニングに関する勉強量の評価
	3RL 勉強法	物語の問題を3回以上行っているか
	本文再生・録音・再生による反復	英語を聞き，録音を行い，さらにそれを再生することによる反復を行っているか
スピーキング	speak 勉強量	スピーキングに関する勉強量の評価
	フォニックス（録音・再生・録音による反復）	録音をし，再生を行い，繰り返して録音を行っている

8.2 学習プロセス分析

本書で分析する学習調査データのテストの4技能（リーディング・ライティング・リスニング・スピーキング）の結果においては各最高点（満点）が異なり，後半の学習では天井効果もあるため，各技能の学習効果の比較を行うために，各学習期間前後のテストの得点の差（第2回目テスト得点－第1回目テスト得点，第4回目テスト得点－第3回目テスト得点）ではなく，得点の差の偏差値を目的変数として分析を行う。児童 i の技能 j の能力向上の偏差値を導出する式は以下の通りである。

$$\text{児童 } i \text{ の技能 } j \text{ の能力向上の偏差値}$$
$$= \frac{(\text{児童 } i \text{ の技能 } j \text{ の第 } t \text{ 学習期間の得点向上} - \text{技能 } j \text{ の第 } t \text{ 学習期間の得点向上の平均点}) \times 10}{\text{機能 } j \text{ の第 } t \text{ 学習期間の得点向上の標準偏差}} + 50 \tag{8.1}$$

ログデータ「学習軌跡」	0：行っていない 1：行っている	○
ログデータ「学習軌跡」	0：行っていない 1：行っている	○
ログデータ「学習軌跡」	0：解いていない 1：解いている	○
100回刻みで7段階評価	0：0回学習 1：1～100回学習 2：101～200回学習 3：201～300回学習 4：301～400回学習 5：401～500回学習 6：501回以上学習	○
ログデータ「学習軌跡」	0：行っていない 1：行っている	
ログデータ「学習軌跡」	0：行っていない 1：行っている	
20回刻みで7段階評価	0：0回学習 1：1～20回学習 2：21～40回学習 3：41～60回学習 4：61～80回学習 5：81～100回学習 6：101回以上学習	○
ログデータ「学習軌跡」	0：行っていない 1：行っている	

前半，後半の学習者がそれぞれ多くいれば，各学習期間における分析を行うことも可能であるが，本データは全体で75名の学習調査であるため，上記のような標準化を行っている。学習データの場合，同じ学習環境で教育が行われるのは，同一学校内の同一学年である場合が多く，その単位での教育効果や学習効果の分析を行うことが多いと考えられる。その場合には，生徒数は本データのように，それほど多くはならないことが考えられる。

8.2.1　重回帰分析による変数選択

本項では，重回帰分析による変数選択を行い（RによるステップワイズAIC変数選択（変数減増法）を使用），各技能の向上に有効であった説明変数を考察する。

$$y_{ij} = \beta_{0j} + \beta_{1j}x_{1ij} + \beta_{2j}x_{2ij} + \cdots + \beta_{qj}x_{qij} + \cdots + \beta_{pj}x_{pij} + \varepsilon_{ij} \tag{8.2}$$

ここで，y_{ij}は目的変数（本節では，児童iの英語各技能jの得点向上の偏差値），x_{qij}は第q番目の説明変数を表している。また，ε_{ij}は正規分布$\mathrm{N}(\mu_j, {\sigma_j}^2)$に従う確率変数を表し，ここで，$\mu_j$は技能$j$の向上の偏差値の母平均，${\sigma_j}^2$は技能$j$の向上の偏差値の母分散を示している。

説明変数としては，8.1節で説明した学習意図・興味の19変数，自己調整学習に関する18変数，英語教育に関する12変数を導入し，変数選択を行い，特に各技能の向上にとって有効であった変数を考察していく。

(1) リスニング

5%有意で，回帰係数の推定値が大きい方から示すと，学習意図・興味の思考活性型1（2.925），ライティング体験型（0.795），親しみ感情型（0.757），前に習ったことと結び付けている（0.655），外的調整（0.585），リスニング勉強量（0.563），フォニックス（0.441），思考活性型6達成感情型2（0.410），学習の振り返り（0.404）となっていることがわかる。

リスニングの勉強の変数としては，リスニング勉強量とフォニックスが正の影響を与えていることがわかる。そのほかは，ライティング体験型興味が正の影響を与えており，ライティングを勉強すると同時に発音を聞き，リスニングの能力も高まっているのではないかと考えられる。また，構文に関する問題を行っている児童，学習の振り返りを行っている児童，前に習ったことと結び付けている児童の方が能力が向上していることがわかる。さらに，親しみ感情型興味を持っている児童，思考を活性化させ問題を解き，達成感情も得られるような学習をしている児童，外的調整のある児童の方が，リスニングが向上していることがわかる。

寄与率は0.7713であるが，自由度調整済み寄与率は0.5496であり，5割位の説明力ではあるが，選択された学習法や興味を考察することには意味があると考えられる（**表8.28**）。

表8.28 リスニングの向上に対する重回帰分析の結果

	Estimate	Std. Error	t value	Pr(>|t|)
(Intercept)	0.000	0.082	− 0.002	0.999
外的調整	0.585	0.173	3.373	0.002
勉強目的	− 0.388	0.131	− 2.954	0.006
教材有用性	− 0.325	0.126	− 2.582	0.014
めりはり方略	0.160	0.127	1.254	0.219

難しいところから解いている	− 0.372	0.123	− 3.030	0.005
簡単なところから勉強を始める	0.450	0.277	1.624	0.114
得意なところ・好きなところから多く始める	0.411	0.257	1.602	0.119
勉強習慣	− 0.264	0.126	− 2.095	0.044
友人と英語学習を行う	− 0.247	0.147	− 1.678	0.103
両親との関わりによるメタ認知	0.148	0.111	1.340	0.189
学習の振り返り	0.404	0.194	2.086	0.045
前に習ったことと結び付けている	0.655	0.157	4.164	<0.001
listen 勉強量	0.563	0.271	2.082	0.045
X3R 勉強法	− 0.521	0.133	− 3.929	<0.001
単語親密度	− 0.356	0.156	− 2.286	0.029
関連のある単語をまとめて覚える	− 0.536	0.169	− 3.174	0.003
イメージ化方略	− 0.177	0.149	− 1.185	0.244
speak 勉強量	− 0.897	0.335	− 2.675	0.012
フォニックス	0.441	0.158	2.796	0.009
思考 1	2.926	0.657	4.450	<0.001
思考 3	− 0.489	0.256	− 1.906	0.065
思考 4	0.463	0.273	1.697	0.099
思考 5 達成 1	− 0.172	0.149	− 1.158	0.255
思考 6 達成 2	0.410	0.151	2.721	0.010
知識 1	0.526	0.436	1.206	0.237
知識 2	− 0.279	0.166	− 1.682	0.102
知識 3	− 0.943	0.454	− 2.077	0.046
達成 4	− 1.242	0.393	− 3.161	0.003
親しみ	0.757	0.156	4.857	<0.001
read	− 0.619	0.412	− 1.502	0.143
write	0.796	0.329	2.420	0.021
listen	− 1.213	0.356	− 3.406	0.002

Multiple R-squared	0.771
Adjusted R-squared	0.550
F-statistic	3.478
p-value	<0.001
Df	33

(2) リーディング

5％有意で，回帰係数の推定値が大きい方から示すと，学習意図・興味の思考活性型1（3.941），スピーキング体験型（2.427），ライティング体験型（1.370），ライティング勉強量（1.309），得意なところ・好きなところから多く始める（1.026），学習の振り返り（0.558），知識獲得型2（0.510），思考活性型5達成感情型1（0.504），英語を聞き・さらに自分でspeakingを行い・またそれを自分で聞くことによる反復を行っている（0.409）となっていることがわかる。

リーディングの場合には直接的なリーディングの勉強の変数よりも，スピーキング，ライティング，リスニングの変数が有意となっており，それらを勉強するときに同時にリーディングも高まっているのではないかと考えられる。また，思考活性型の興味や学習の振り返りが良い影響を与えていることはリスニングの場合と同様であった。また，得意なところ・好きなところから多く始める学習を行っている児童の方が技能が高まっていることがわかる。さらに，日常的でない難しめの単語・問題を学習し知識を獲得することに興味を持っている児童，思考を活性化させ問題を解き達成感情も得られるような学習している児童の方がリーディングが向上していることがわかる（**表 8.29**）。

表 8.29 リーディングの向上に対する重回帰分析の結果

	Estimate	Std. Error	t value	Pr(>|t|)
(Intercept)	0.000	0.100	− 0.003	0.998
勉強目的	− 0.454	0.168	− 2.711	0.011
交流欲求	− 0.511	0.144	− 3.547	0.001
教材有用性	− 0.323	0.154	− 2.097	0.045
難しいところから解いている	− 0.184	0.156	− 1.184	0.246
簡単なところから勉強を始める	0.614	0.305	2.014	0.053
得意なところ・好きなところから多く始める	1.026	0.345	2.968	0.006
勉強量分散	− 0.194	0.186	− 1.045	0.304
勉強習慣	− 0.401	0.179	− 2.241	0.033
友人と英語学習を行う	0.271	0.143	1.900	0.067
両親との関わりによるメタ認知	0.362	0.177	2.041	0.050
学習の振り返り	0.558	0.223	2.502	0.018
前に習ったことと結び付けている	0.303	0.196	1.549	0.132
listen 勉強量	0.653	0.484	1.349	0.187

英語を聞き.さらに自分でspeakingを行い.またそれを自分で聞くことによる反復を行ってる	0.409	0.183	2.230	0.033
read 勉強量	− 0.664	0.576	− 1.154	0.257
write 勉強量	1.309	0.501	2.610	0.014
単語親密度	− 0.482	0.190	− 2.541	0.016
関連のある単語をまとめて覚える	− 0.387	0.190	− 2.034	0.051
イメージ化方略	− 0.291	0.190	− 1.531	0.136
speak 勉強量	− 1.276	0.460	− 2.776	0.009
フォニックス	− 0.597	0.214	− 2.786	0.009
日常 1	− 0.453	0.393	− 1.152	0.258
思考 1	3.941	0.920	4.284	<0.001
思考 3	− 0.523	0.331	− 1.583	0.124
思考 4	− 0.408	0.290	− 1.407	0.170
思考 5 達成 1	0.504	0.199	2.536	0.017
知識 2	0.510	0.208	2.458	0.020
知識 3	− 1.922	0.659	− 2.918	0.007
達成 3	− 0.489	0.209	− 2.342	0.026
達成 4	− 0.726	0.514	− 1.413	0.168
親しみ	− 0.377	0.224	− 1.686	0.102
read	− 3.038	0.654	− 4.648	<0.001
write	1.370	0.475	2.887	0.007
listen	− 1.388	0.573	− 2.423	0.022
speak	2.427	0.743	3.268	0.003

Multiple R-squared	0.716
Adjusted R-squared	0.385
F-statistic	2.165
p-value	0.017
Df	30

(3) ライティング

5%有意で，回帰係数の推定値が大きい方から示すと，学習意図・興味の思考活性型 1（3.755），前に習ったことと結び付けている（0.898），得意なところ・好きなところから多く始める（0.655），リスニング勉強量（0.527），外的調整（0.519），親しみ感情型（0.503），学習の振り返り（0.421），フォニックス（0.395），英語を聞き・さらに自分でspeakingを行い・またそれを自分で聞くことによる反復を行っている（0.353），思考活性型6達成感情型2（0.347），勉強量分散（0.289）となっていることがわかる。

思考活性型興味，学習の振り返りの有効性はリスニング，リーディング分野と共通している。さらに，ライティングの向上にリスニングの勉強の変数と共通していたのは，前に習ったことと結び付けている，リスニング勉強量，外的調整，親しみ感情型興味，フォニックス，思考を活性化させ問題を解き達成感情も得られるような学習であり，リーディングの勉強の変数と共通していたのは，得意なところ・好きなところから多く始める，英語を聞き・さらに自分でspeakingを行い・またそれを自分で聞くことによる反復を行っている，であった。また，ライティング学習には，分散学習が正の影響を与えていたことがわかる（**表8.30**）。

表8.30　ライティングの向上に対する重回帰分析の結果

	Estimate	Std. Error	t value	Pr(>|t|)
(Intercept)	− 0.001	0.076	− 0.008	0.994
外的調整	0.519	0.128	4.054	<0.001
勉強目的	− 0.767	0.126	− 6.083	<0.001
交流欲求	− 0.186	0.100	− 1.855	0.073
教材有用性	− 0.676	0.113	− 6.002	<0.001
めりはり方略	0.230	0.120	1.917	0.064
難しいところから解いている	− 0.354	0.117	− 3.031	0.005
簡単なところから勉強を始める	0.324	0.240	1.347	0.187
得意なところ・好きなところから多く始める	0.655	0.253	2.583	0.014
勉強量分散	0.289	0.132	2.194	0.035
勉強日数	− 0.516	0.137	− 3.768	0.001
両親との関わりによるメタ認知	0.189	0.106	1.789	0.083
学習の振り返り	0.421	0.169	2.493	0.018
前に習ったことと結び付けている	0.898	0.132	6.784	<0.001
listen 勉強量	0.527	0.250	2.110	0.043
X3R 勉強法	− 0.455	0.119	− 3.821	0.001
英語を聞き.さらに自分でspeakingを行い.またそれを自分で聞くことによる反復を行ってる	0.353	0.117	3.008	0.005
単語親密度	− 0.319	0.130	− 2.449	0.020
関連のある単語をまとめて覚える	− 0.911	0.155	− 5.876	<0.001

イメージ化方略	− 0.228	0.139	− 1.632	0.112
speak 勉強量	− 0.873	0.321	− 2.725	0.010
フォニックス	0.395	0.153	2.574	0.015
日常 1	− 0.480	0.276	− 1.739	0.091
思考 1	3.755	0.579	6.481	<0.001
思考 5 達成 1	− 0.154	0.121	− 1.271	0.213
思考 6 達成 2	0.347	0.139	2.500	0.018
知識 1	0.467	0.316	1.480	0.148
知識 3	− 1.282	0.391	− 3.275	0.002
達成 4	− 1.396	0.316	− 4.421	<0.001
親しみ	0.503	0.151	3.337	0.002
read	− 0.353	0.269	− 1.311	0.199
listen	− 1.827	0.399	− 4.576	<0.001
speak	0.900	0.491	1.833	0.076

Multiple R-squared	0.804
Adjusted R-squared	0.614
F-statistic	4.229
p-value	<0.001
Df	33

(4) スピーキング

5%有意で，回帰係数の推定値が大きい方から示すと，学習意図・興味の日常関連型 2（2.228），知識獲得型興味 1（1.519），リスニング体験型（0.813），思考活性型 3（0.772），簡単なところから勉強を始める（0.693），得意なところ・好きなところから多く始める（0.476），前に習ったことと結び付けている（0.427），思考活性型 2（0.381），どこが大事かわかっている（0.353）となっていることがわかる。

得意なところ・好きなところから多く始める，前に習ったことと結び付けている以外の変数は，スピーキングのみで正で有意な影響を与えていた。スピーキング向上には，リスニング体験型の興味，日常関連型の興味が有効であり，思考活性型でも物語に関する問題を全問順番に解いていたり，Question に関する問題で不正解とならずに正解しているような学習意図まで持って学習を行い，どこが大事かわかっている児童はスピーキングが向上していたことがわかる（**表 8.31**）。

表 8.31　スピーキングの能力向上に対する重回帰分析の結果

	Estimate	Std. Error	t value	Pr(>|t|)
(Intercept)	− 0.001	0.088	− 0.010	0.992
勉強目的	− 0.329	0.115	− 2.871	0.006
交流欲求	0.152	0.105	1.454	0.153
教材有用性	− 0.399	0.107	− 3.733	0.001
簡単なところから勉強を始める	0.693	0.211	3.279	0.002
得意なとこ・好きなところから多く始める	0.476	0.218	2.186	0.034
勉強量分散	− 0.192	0.133	− 1.445	0.156
勉強習慣	− 0.422	0.177	− 2.388	0.021
勉強間隔	− 0.211	0.129	− 1.633	0.110
勉強日数	0.355	0.181	1.956	0.057
どこが大事かわかっている	0.353	0.142	2.485	0.017
前に習ったことと結び付けている	0.427	0.132	3.226	0.002
read 勉強量	− 0.797	0.264	− 3.017	0.004
単語親密度	− 0.217	0.127	− 1.700	0.096
ほかの単語と関連させて覚える	− 0.255	0.115	− 2.214	0.032
日常 2	2.228	1.038	2.146	0.038
思考 1	− 3.350	1.225	− 2.733	0.009
思考 2	0.381	0.180	2.119	0.040
思考 3	0.772	0.202	3.811	<0.001
思考 4	− 0.971	0.205	− 4.736	<0.001
知識 1	1.519	0.357	4.251	<0.001
驚き	0.266	0.193	1.378	0.175
read	− 0.573	0.215	− 2.670	0.011
listen	0.813	0.262	3.099	0.003

Multiple R-squared	0.662
Adjusted R-squared	0.476
F-statistic	3.570
p-value	<0.001
Df	42

8.2.2 初期能力によるグループ分けに基づく重回帰分析による変数選択

8.2.1項では，調査学習を行った4年生の全児童に対して重回帰分析を行って，全体的な傾向を示した。しかし，調査学習前の初期能力の違いによって，向上の仕方には違いがあることも考えられるため，本項では各技能における初期能力の偏差値でそれぞれ上位半数と下位半数にグループ分けし，英語各技能の向上に関して有効であった変数が異なっていたかをグループごとに重回帰分析の変数選択（増減法：グループ分けしサンプルサイズが小さいため）を行うことによって比較・検討をする。

(1) 各技能の初期能力が高かったグループの分析

(1-1) リスニングの場合

図8.9(1)より，リスニングの初期能力が高かったグループの重回帰分析において変数選択され，有意となり偏回帰係数が正であった変数は，思考活性型4(0.602)，前に習ったものに結び付けている（0.171）であった。リスニングが調査学習前からある程度できていた児童の中では，テキスト内の難易度の高い問題に関して正解し思考を活性化させたり，前に習ったものに結び付けて勉強していた児童の方がリスニングが向上していたことがわかる。

(1-2) リーディングの場合

リーディングの初期能力が高かったグループの重回帰分析においては，3R勉強法（0.328）のみが正で有意に影響を与えていることがわかる。

(1-3) ライティングの場合

ライティングが調査学習前からある程度出来ていた児童は，英語が好き（0.37）で，学習の振り返り（0.665）を行っており，教材有用性（0.287）を感じている児童の方がライティングを向上させていたことがわかる。

(1-4) スピーキングの場合

スピーキングの初期能力が高かったグループの重回帰分析においては，どの変数も選択されなかった。スピーキングが調査学習前からある程度できていた児童にとっては，テスト自身が簡単であったためではないかと考えられる。

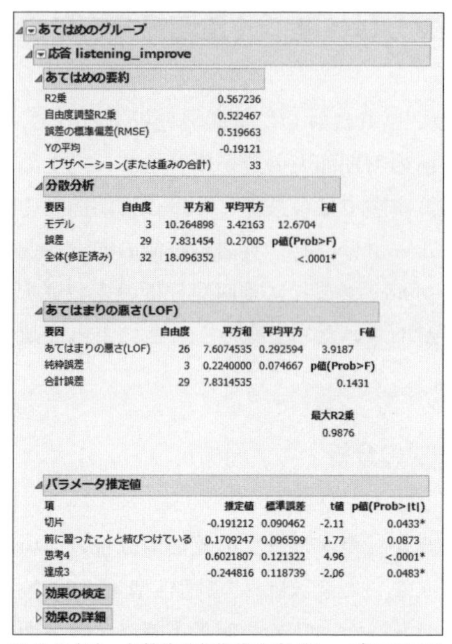

あてはめのグループ

応答 listening_improve

あてはめの要約

R2乗	0.567236
自由度調整R2乗	0.522467
誤差の標準偏差(RMSE)	0.519663
Yの平均	-0.19121
オブザベーション(または重みの合計)	33

分散分析

要因	自由度	平方和	平均平方	F値
モデル	3	10.264898	3.42163	12.6704
誤差	29	7.831454	0.27005	p値(Prob>F)
全体(修正済み)	32	18.096352		<.0001*

あてはまりの悪さ(LOF)

要因	自由度	平方和	平均平方	F値
あてはまりの悪さ(LOF)	26	7.6074535	0.292594	3.9187
純粋誤差	3	0.2240000	0.074667	p値(Prob>F)
合計誤差	29	7.8314535		0.1431
				最大R2乗
				0.9876

パラメータ推定値

項	推定値	標準誤差	t値	p値(Prob>|t|)
切片	-0.191212	0.090462	-2.11	0.0433*
前に習ったことと結びつけている	0.1709247	0.096599	1.77	0.0873
思考4	0.6021807	0.121322	4.96	<.0001*
達成3	-0.244816	0.118739	-2.06	0.0483*

効果の検定

効果の詳細

図 8.9（1） 各技能の初期能力高グループの重回帰分析の変数選択結果（リスニング）

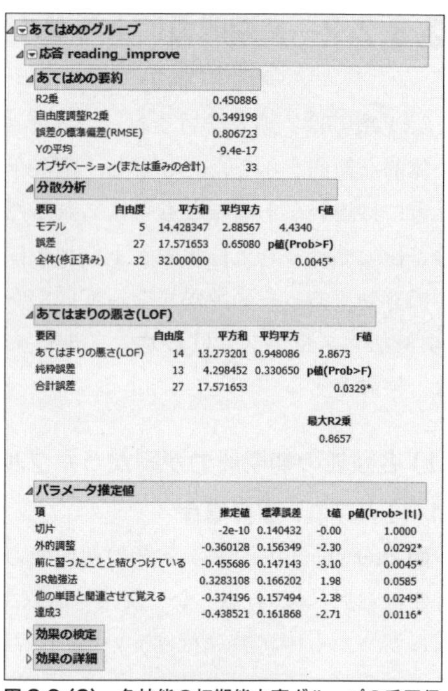

あてはめのグループ

応答 reading_improve

あてはめの要約

R2乗	0.450886
自由度調整R2乗	0.349198
誤差の標準偏差(RMSE)	0.806723
Yの平均	-9.4e-17
オブザベーション(または重みの合計)	33

分散分析

要因	自由度	平方和	平均平方	F値
モデル	5	14.428347	2.88567	4.4340
誤差	27	17.571653	0.65080	p値(Prob>F)
全体(修正済み)	32	32.000000		0.0045*

あてはまりの悪さ(LOF)

要因	自由度	平方和	平均平方	F値
あてはまりの悪さ(LOF)	14	13.273201	0.948086	2.8673
純粋誤差	13	4.298452	0.330650	p値(Prob>F)
合計誤差	27	17.571653		0.0329*
				最大R2乗
				0.8657

パラメータ推定値

項	推定値	標準誤差	t値	p値(Prob>|t|)
切片	-2e-10	0.140432	-0.00	1.0000
外的調整	-0.360128	0.156349	-2.30	0.0292*
前に習ったことと結びつけている	-0.455686	0.147143	-3.10	0.0045*
3R勉強法	0.3283108	0.166202	1.98	0.0585
他の単語と関連させて覚える	-0.374196	0.157494	-2.38	0.0249*
達成3	-0.438521	0.161868	-2.71	0.0116*

効果の検定

効果の詳細

図 8.9（2） 各技能の初期能力高グループの重回帰分析の変数選択結果（リーディング）

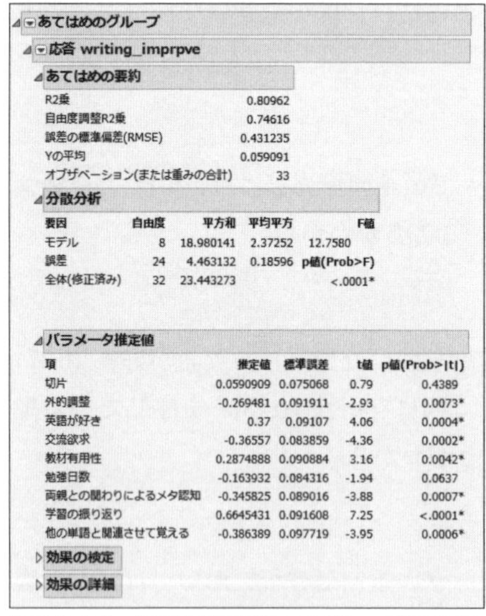

あてはめのグループ

応答 writing_imprpve

あてはめの要約

R2乗	0.80962
自由度調整R2乗	0.74616
誤差の標準偏差(RMSE)	0.431235
Yの平均	0.059091
オブザベーション(または重みの合計)	33

分散分析

要因	自由度	平方和	平均平方	F値
モデル	8	18.980141	2.37252	12.7580
誤差	24	4.463132	0.18596	p値(Prob>F)
全体(修正済み)	32	23.443273		<.0001*

パラメータ推定値

項	推定値	標準誤差	t値	p値(Prob>|t|)
切片	0.0590909	0.075068	0.79	0.4389
外的調整	-0.269481	0.091911	-2.93	0.0073*
英語が好き	0.37	0.09107	4.06	0.0004*
交流欲求	-0.36557	0.083859	-4.36	0.0002*
教材有用性	0.2874888	0.090884	3.16	0.0042*
勉強日数	-0.163932	0.084316	-1.94	0.0637
両親との関わりによるメタ認知	-0.345825	0.089016	-3.88	0.0007*
学習の振り返り	0.6645431	0.091608	7.25	<.0001*
他の単語と関連させて覚える	-0.386389	0.097719	-3.95	0.0006*

効果の検定

効果の詳細

図 8.9（3） 各技能の初期能力高グループの重回帰分析の変数選択結果（ライティング）

(2) 各技能の初期能力が低かったグループの分析

(2-1) リスニングの場合

図8.10 (1) より，リスニングの初期能力が低かったグループの重回帰分析において変数選択され，係数が正であった変数は，親しみ感情型興味 (0.767)，フォニックス (0.304) であった。リスニングが調査学習前それほどできていなかった児童の中では，日常的に接するわけではないが親しみやすく親近感を覚えることのできる単語を勉強したり，フォニックス学習法を用いて勉強していた児童の方がリスニングが向上していたことがわかる。

(2-2) リーディングの場合

リーディングの初期能力が低かったグループの重回帰分析において変数選択され，係数が正であった変数は，ライティング体験型興味 (1.033)，難しいところから解いている (0.323)，スピーキング勉強量 (0.280) となっており，やはりリーディングはライティングやスピーキングを勉強するときに読むことが必要になるため同時に伸びているのではないか，また意欲的に難しいところから解いていた児童の方が技能を向上させていたことがわかる。

(2-3) ライティングの場合

ライティングが調査学習前にはあまりできていなかった児童は，英語を聞き・さらにスピーキングを行い・またそれを自分で聞くことによる反復を行っている (0.685) などして，スピーキングを多く勉強し (0.301)，前に習ったことと結び付けていたり (0.420)，難しいところから解いている (0.423) 児童の方がライティングを向上させていたことがわかる。さらに，外的調整 (0.645) がある児童，Question に関する問題で不正解とならずに解答して思考を活性化させていた児童の方が能力を向上させていたことがわかる。

(2-4) スピーキングの場合

スピーキングの初期能力が低かったグループの重回帰分析においては，難しいところから解いていたり (0.446)，関連のある単語をまとめて覚えていたり (0.439)，フォニックス学習法 (0.333) を行っている児童の方がスピーキングを向上させていたことがわかる。

あてはめのグループ

応答 listening_improve

あてはめの要約

R2乗	0.508434
自由度調整R2乗	0.457583
誤差の標準偏差(RMSE)	0.85272
Yの平均	0.190909
オブザベーション(または重みの合計)	33

分散分析

要因	自由度	平方和	平均平方	F値
モデル	3	21.810442	7.27015	9.9984
誤差	29	21.086831	0.72713	p値(Prob>F)
全体(修正済み)	32	42.897273		0.0001*

あてはまりの悪さ(LOF)

要因	自由度	平方和	平均平方	F値
あてはまりの悪さ(LOF)	17	11.673631	0.686684	0.8754
純粋誤差	12	9.413200	0.784433	p値(Prob>F)
合計誤差	29	21.086831		0.6091
				最大R2乗
				0.7806

パラメータ推定値

項	推定値	標準誤差	t値	p値(Prob>|t|)
切片	0.1909091	0.14844	1.29	0.2086
勉強量分散	-0.460583	0.15915	-2.89	0.0072*
フォニックス	0.303511	0.150833	2.01	0.0536
親しみ	0.7668335	0.159143	4.82	<.0001*

効果の検定

要因	パラメータ数	自由度	平方和	F値	p値(Prob>F)
勉強量分散	1	1	6.090006	8.3754	0.0072*
フォニックス	1	1	2.944196	4.0491	0.0536
親しみ	1	1	16.882609	23.2181	<.0001*

効果の詳細

図8.10（1） 各技能の初期能力低グループの重回帰分析の変数選択結果（リスニング）

あてはめのグループ

応答 reading_improve

あてはめの要約

R2乗	0.69419
自由度調整R2乗	0.592253
誤差の標準偏差(RMSE)	0.63855
Yの平均	-3e-11
オブザベーション(または重みの合計)	33

分散分析

要因	自由度	平方和	平均平方	F値
モデル	8	22.214083	2.77676	6.8100
誤差	24	9.785917	0.40775	p値(Prob>F)
全体(修正済み)	32	32.000000		0.0001*

パラメータ推定値

項	推定値	標準誤差	t値	p値(Prob>|t|)
切片	-1.52e-10	0.111157	-0.00	1.0000
勉強目的	-0.428141	0.116324	-3.68	0.0012*
難しいところから解いている	0.3230468	0.1207	2.68	0.0132*
勉強量分散	-0.497789	0.134238	-3.71	0.0011*
両親との関わりによるメタ認知	-0.356968	0.124626	-2.86	0.0085*
3R勉強法	-0.280237	0.146084	-1.92	0.0670
speak勉強量	0.2796718	0.144489	1.94	0.0648
read	-0.689091	0.22687	-3.04	0.0057*
write	1.0329769	0.212972	4.85	<.0001*

効果の検定

要因	パラメータ数	自由度	平方和	F値	p値(Prob>F)
勉強目的	1	1	5.5236228	13.5467	0.0012*
難しいところから解いている	1	1	2.9208121	7.1633	0.0132*
勉強量分散	1	1	5.6070353	13.7513	0.0011*
両親との関わりによるメタ認知	1	1	3.3452863	8.2043	0.0085*
3R勉強法	1	1	1.5005032	3.6800	0.0670
speak勉強量	1	1	1.5276244	3.7465	0.0648
read	1	1	3.7617435	9.2257	0.0057*
write	1	1	9.5924105	23.5254	<.0001*

効果の詳細

図8.10（2） 各技能の初期能力低グループの重回帰分析の変数選択結果（リーディング）

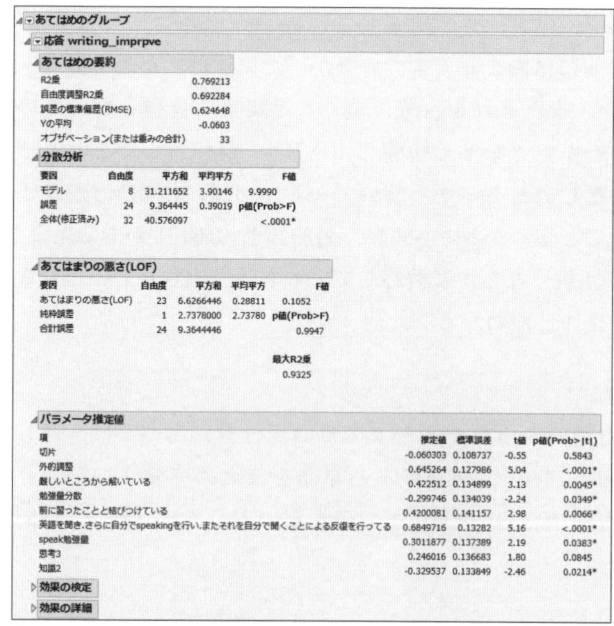

あてはめのグループ

応答 writing_imprpve

あてはめの要約

R2乗	0.769213
自由度調整R2乗	0.692284
誤差の標準偏差(RMSE)	0.624648
Yの平均	-0.0603
オブザベーション(または重みの合計)	33

分散分析

要因	自由度	平方和	平均平方	F値
モデル	8	31.211652	3.90146	9.9990
誤差	24	9.364445	0.39019	p値(Prob>F)
全体(修正済み)	32	40.576097		<.0001*

あてはまりの悪さ(LOF)

要因	自由度	平方和	平均平方	F値
あてはまりの悪さ(LOF)	23	6.6266446	0.28811	0.1052
純粋誤差	1	2.7378000	2.73780	p値(Prob>F)
合計誤差	24	9.3644446		0.9947
				最大R2乗
				0.9325

パラメータ推定値

項	推定値	標準誤差	t値	p値(Prob>|t|)
切片	-0.060303	0.108737	-0.55	0.5843
外的調整	0.645264	0.127986	5.04	<.0001*
難しいところから解いている	0.422512	0.134899	3.13	0.0045*
勉強量分散	-0.299746	0.134039	-2.24	0.0349*
前に習ったことと結びつけている	0.4200081	0.141157	2.98	0.0066*
英語を聞き.さらに自分でspeakingを行い.またそれを自分で聞くことによる反復を行ってる	0.6849716	0.13282	5.16	<.0001*
speak勉強量	0.3011877	0.137389	2.19	0.0383*
思考3	0.246016	0.136683	1.80	0.0845
知識2	-0.329537	0.133849	-2.46	0.0214*

効果の検定

効果の詳細

図8.10（3） 各技能の初期能力低グループの重回帰分析の変数選択結果（ライティング）

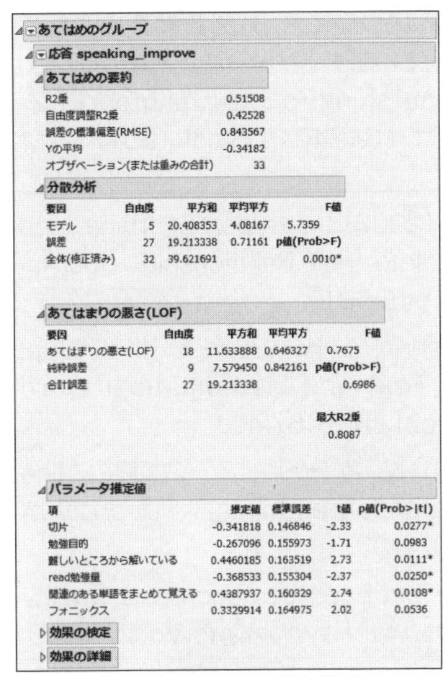

あてはめのグループ

応答 speaking_improve

あてはめの要約

R2乗	0.51508
自由度調整R2乗	0.42528
誤差の標準偏差(RMSE)	0.843567
Yの平均	-0.34182
オブザベーション(または重みの合計)	33

分散分析

要因	自由度	平方和	平均平方	F値
モデル	5	20.408353	4.08167	5.7359
誤差	27	19.213338	0.71161	p値(Prob>F)
全体(修正済み)	32	39.621691		0.0010*

あてはまりの悪さ(LOF)

要因	自由度	平方和	平均平方	F値
あてはまりの悪さ(LOF)	18	11.633888	0.646327	0.7675
純粋誤差	9	7.579450	0.842161	p値(Prob>F)
合計誤差	27	19.213338		0.6986
				最大R2乗
				0.8087

パラメータ推定値

項	推定値	標準誤差	t値	p値(Prob>|t|)
切片	-0.341818	0.146846	-2.33	0.0277*
勉強目的	-0.267096	0.155973	-1.71	0.0983
難しいところから解いている	0.4460185	0.163519	2.73	0.0111*
read勉強量	-0.368533	0.155304	-2.37	0.0250*
関連のある単語をまとめて覚える	0.4387937	0.160329	2.74	0.0108*
フォニックス	0.3329914	0.164975	2.02	0.0536

効果の検定

効果の詳細

図 8.10 (4)　各技能の初期能力低グループの重回帰分析の変数選択結果（スピーキング）

【参考文献】

[1]　文部科学省 (2011)："小学校学習指導要領第 4 章外国語活動"，http://www.mext.go.jp/a_menu/shotou/new-cs/youryou/syo/gai.htm（2017 年 11 月 26 日にアクセス）

[2]　文部科学省 (2012)："グローバル人材の育成について"，http://www.mext.go.jp/b_menu/shingi/chukyo/chukyo3/047/siryo/__icsFiles/afieldfile/2012/02/14/1316067_01.pdf (2017 年 11 月 26 日にアクセス)

[3]　文部科学省 (2014)："今後の英語教育の改善・充実方策について　報告　～グローバル化に対応した英語教育改革の五つの提言～"「英語教育の在り方に関する有識者会議」

http://www.mext.go.jp/b_menu/shingi/chousa/shotou/102/houkoku/attach/1352464.htm (2017 年 11 月 26 日にアクセス)

[4]　投野由紀夫 (2012)："CEFR-J の取組について"，外国語教育における「CAN-DO リスト」の形での学習到達目標設定に関する検討会議資料，http://www.mext.go.jp/b_menu/shingi/chousa/shotou/092/shiryo/__icsFiles/afieldfile/2014/01/31/1343401_03.pdf (2017 年 11 月 26 日にアクセス)

[5] 文部科学省 (2014)："CEFR-J の取り組みについて", 外国語教育における「CAN-DO リスト」の形での学習到達目標設定に関する検討会議, 2014/01/10 資 料, http://www.mext.go.jp/b_menu/shingi/chousa/shotou/092/shiryo/__icsFiles/afieldfile/2014/01/31/1343401_03.pdf (2017年11月26日アクセス).

[6] Ainley, M., Hidi, S., and Berndorff, D. (2002) : "Interest, Learning, and the Psychological Processes that Mediate their Relationship", *Journal of Educational Psychology*, Vol.94, pp.545-561.

[7] Renninger, K. A., Ewen, L., and Lasher, A. K. (2002) : "Individual Interest as Context in Expository Text and Mathematical Word Problems," *Learning and Instruction*, Vol.12, pp.467-491.

[8] McDaniel, M. A., Waddill, P. J., Finstad, K., & Bourg, T. (2000) : "The Effects of Text-based Interest on Attention and Recall," *Journal of Educational Psychology*, Vol.92, pp.492-502.

[9] Schiefele, U. (1996) : "Topic Interest, Text Representation, and Quality of Experience," *Contemporary Educational Psychology*, Vol.21, pp.3-18.

[10] Hidi, S., & Renninger, K. A. (2006) : "The Four-phase Model of Interest Development,"*Educational Psychologist*, Vol.41, pp.111-127.

[11] Renninger, K. A (2000) : "Individual Interest and Its Implications for Understanding Intrinsic Motivation," In Sansone, C. and Harackiewicz, J. M. (Eds.), *Intrinsic and Extrinsic Motivation : The Search for Optimal Motivation and Performance* (pp. 373-404), San Diego, CA : Academic Press.

[12] Schraw, G., and Lehman, S. (2001) : "Situational Interest : A Review of the Literature and Directions for Future Research," *Educational Psychology Review*, Vol.13, pp.23-52.

[13] 伊田勝憲 (2003)：高校生版・課題価値測定尺度の妥当性検討—自意識および達成動機との関連から—, *Bulletin of the Graduate School of Education and Human Development, Nagoya University (Psychology and Human Development Sciences)*, Vol.51, pp.117-125.

[14] Son, L. K., & Metcalfe, J. (2000) : Metacognitive and Control Strategies in Study-Time Allocation. *Journal of Experimental Psychology: Learning, Memory, and Cognition,* Vol.26, pp.204-221.

[15] 田中瑛津子 (2015)："理科に対する興味の分類", 教育心理学研究 , Vol.63, No.1,pp.23-36.

[16] Ogawara, Tsubaki and Nagamori (2016) : "A Study on Analysing Speaking-pen Learning Log Data Considering Interests for Improvement of Primary School Children's English Ability", *Proceedings of International Conference on Education 2016*, pp.12-18.

[17] Zimmerman,B.J.,and Martinez-Pons,M. (1986) : "Development of a Structured Interview for Assessing Student Use of Self-regulated Learning Strategies", *American Educational Research Journal*, Vol.23, pp.614- 628.

[18] Zimmerman,B.J.,and Martinez-Pons,M. (1990) : Student Differences in Self-regulated Learning : Relating Grade, Sex, and Giftedness to Self-efficacy and Strategy Use. *Journal of Educational Psychology*, Vol.82, pp.51- 59.

[19] Pintrich, P.R., & De Groot, E.V. (1990) : Motivational and Self-regulated Learning Compunents of Classroom Academic Performance, *Journal of Counseling Psychology*, Vol.46, pp.102-109.

[20] 伊藤崇達・神藤貴昭 (2003) : " 自己効力感，不安，自己調整学習方略，学習の持続性に関する因果モデルの検証　認知的側面と動機づけ的側面の自己調整学習方略に着目して "，日本教育工学会論文誌，Vol.27, No.4, pp.377-385.

[21] 松沼光泰 (2004) : " テスト不安，自己効力感，自己調整学習及びテストパフォーマンスの関連性―小学校４年生と算数のテストを対象として―"，教育心理学研究，Vol.52, pp.426-436.

[22] 岡田涼 (2010) : " 小学生から大学生における学習動機づけの構造的変化―動機づけ概念間の関連性についてのメタ分析―"，教育心理学研究 58 (4)，pp.414-425.

[23] 木下博義・松浦拓也・角屋重樹 (2007) : " 理科の観察・実験活動におけるメタ認知の実態とその要因構造に関する研究 "，日本教育工学会論文誌，Vol.30, No.4, pp.355-363.

[24] 椿美智子・権田駿・加藤直広・前田善裕 (2015) : " 音声ペン学習プロセスログデータ分析に基づく小学生の英語能力向上のためのモデル化・検証に関する研究 "，教育情報研究，Vol.31, No.1, pp.43-54

[25] 林原慎 (2012) : " 日韓における英語学習動機が授業評価に及ぼす影響 "，日本教育工学会論文誌，Vol.35, No.4, pp.369-378.

[26] 水野りか (2002) : " 最適分散学習方式，改良 Low-First 方式の効果の持続性―実験的検証と予測モデルの構築―"，認知科学，Vol.9, No.4, pp.532-542.

[27] Flavell, J.H. (1976) : Metacognitive Aspects of Problem Solving. In Resnick, L. B. (ed) *The Nature of Intelligence*. IEA, pp.231-235.

[28] Brown,A.L. and Campione,J.C. (1981) : "Inducing Flexible Thinking: The Problem of Access." In Friendman,M.P. Das,J.P. and O'Connor, N. (eds.), *Intelligence and Learning*. Plenum Press, pp.515-529.

[29] 松浦拓也 (2003) : " 理科教育におけるメタ認知能力育成に関する研究—観察・実験活動を中心にして—", 広島大学教育学研究科学位論文。

[30] 佐治量哉・佐伯泰子 (2012) : " 小学生6年生の語彙理解と単語親密度に関する考察 ", 小学校英語教育学会誌, Vol.12, pp.115-124.

[31] 前田啓朗・田頭憲二・三浦宏昭 (2003) : " 高校生英語学習者の語彙学習方略使用と学習成果 ", 教育心理学研究, Vol.51, pp.273-280.

[32] 武谷容章 (2013) : " 日本人高校生 EFL 学習者を対象とした英語コミュニケーション能力向上のためのコンピューター支援による指導に関する研究 ", Language Education & Technology, Vol.50, pp.131-153.

[33] 竹林滋 (1988) :『英語のフォニックスー綴り字と発音ー』, ジャパンタイムズ。

索引

〈著者略歴〉

椿　美智子（つばき　みちこ）

1990年　博士（工学）（東京理科大学）
1992年　オックスフォード大学統計学科海外訪問研究員
1999年　電気通信大学電気通信学部システム工学科講師
2001年　電気通信大学電気通信学部システム工学助教授
2012年　電気通信大学大学院情報理工学研究科総合情報学専攻経営情報学コース教授
2014年　電気通信大学副学長（広報担当），広報センター長・アドミッションセンター長
2016年　電気通信大学大学院情報理工学研究科情報学専攻経営・社会情報学プログラム教授
2017年　電気通信大学副学長（入試・広報担当），広報センター長・アドミッションセンター長
現在に至る

〈主な著書〉『ユニーク&エキサイティング　サイエンス』（共著，近代科学社，2013/03）
『問題解決学としての統計学』（共著，日科技連出版社，2012/12）
『統計応用の百科事典』（共著，丸善出版，2011/10）
『品質管理の演習問題と解析［手法編］』（共著，日本規格協会出版社，2009/02）
『教育の質的向上のための品質システム工学的データ分析―個人差の解析を中心として―』（現代図書，2007/03）
『生産管理用語辞典』（共著，日本規格協会出版社，2002/03）
『医学研究のための統計的方法』（椿美智子・椿広計共訳 Statistical Method in Medical Research, 3rd Edition, Peter Armitage and Geoffrey Berry, サイエンティスト社，2001/09）
『混合実験モデルにおける各成分効果に関する有用な対比』（OR事典2000（分担），日本オペレーションズ・リサーチ学会編，日科技連出版社，2000/05）

〈所属学会〉日本品質管理学会，サービス学会，研究・イノベーション学会，応用統計学会，日本行動計量学会，日本経営工学会，日本教育工学会，日本教育情報学会，日本数学教育学会，日本キャリア教育学会，日本図書館情報学会，日本地域学会，日本計量生物学会

サービスデータ解析入門
サービス価値を見出す統計解析

平成30年2月23日　第1版第1刷発行

著　者　椿　美智子
発行者　村上和夫
発行所　株式会社オーム社
郵便番号　101-8460
東京都千代田区神田錦町3-1
電 話　03(3233)0641(代表)
URL https://www.ohmsha.co.jp/

組版　トップスタジオ　　印刷・製本　壮光舎印刷
ISBN978-4-274-22182-8　Printed in Japan